3일만에 끝내는

피부 미용사

필기시험 상시문제

Esthetician

Always **with you**

사람이 길에서 우연하게 만나거나 함께 살아가는 것만이 인연은 아니라고 생각합니다.
책을 펴내는 출판사와 그 책을 읽는 독자의 만남도 소중한 인연입니다.
(주)시대고시기획은 항상 독자의 마음을 헤아리기 위해 노력하고 있습니다.
늘 독자와 함께하겠습니다.

머리말

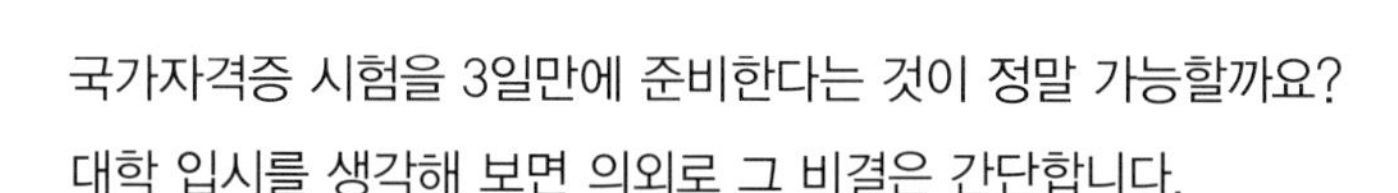

국가자격증 시험을 3일만에 준비한다는 것이 정말 가능할까요?
대학 입시를 생각해 보면 의외로 그 비결은 간단합니다.
공부에 있어 얼마나 오래 책상에 앉아 있느냐는 중요하지 않습니다. 시험에 나올 문제를 미리 알고 집중적으로 공부한다면 누구든 좋은 성적을 낼 수 있겠지요? 핵심적인 내용을 얼마나 잘 파악할 수 있는가, 주어진 시간에 얼마나 집중력을 높여 공부할 수 있는가가 바로 시험의 당락을 좌우하는 중요한 포인트인 것입니다. 많이 아는 것과 잘 가르치는 것이 다른 문제이듯, 시험을 잘 보는 것에는 분명 기술과 요령이 필요합니다.

본서에서는 피부미용사 국가자격시험의 합격을 목표로 쉽고 빠른 '지름길'을 제시합니다. 시험에 나올 내용만을 핵심적으로 정리하였고, 실전모의고사를 반복 학습함으로써 문제의 유형을 쉽게 익힐 수 있도록 구성하였습니다.
대부분의 경우 내용은 알고 있는데 질문 자체를 제대로 파악하지 못해 오답을 적는 경우가 많습니다. 또한 짧은 시간에 핵심적인 내용을 파악해야 하는 만큼, 리딩을 방해하는 불필요한 문구는 대폭 생략하였습니다.

수험생 여러분 국가자격증 취득을 위해 3일의 시간을 투자할 준비가 되셨습니까?
그렇다면 지금부터 '3일만에 끝내는 피부미용사' 도서와 함께 국가자격증 시험을 완벽 대비해 보도록 하겠습니다.
잊지 마세요! 공부는 평생토록, 시험은 쉽고 빠르게 대비!

편저자 씀

개 요

피부미용업무는 공중위생분야로서 국민의 건강과 직결되어 있는 중요한 분야로, 향후 국가의 산업구조가 제조업에서 서비스업 중심으로 전환되는 차원에서 수요가 증대되고 있다. 머리, 피부미용, 화장 등 분야별로 세분화 및 전문화되고 있는 미용의 세계적인 추세에 맞추어 피부미용을 자격제도화함으로써 피부미용분야 전문인력을 양성하여 국민의 보건과 건강을 보호하기 위하여 자격제도를 제정하였다.

수행직무

얼굴 및 신체의 피부를 아름답게 유지 · 보호 · 개선 관리하기 위하여 각 부위와 유형에 적절한 관리법과 기기 및 제품을 사용하여 피부미용을 수행한다.

진로 및 전망

피부미용사, 미용강사, 화장품 관련 연구기관 등으로 진출 가능하며 피부미용업을 창업할 수 있다.

시험요강

① 시 행 처 : 한국산업인력공단(www.q-net.or.kr)

② 시험과목
- ㉠ 필기 : 1. 피부미용이론 2. 해부생리학 3. 피부미용기기학 4. 화장품학 5. 공중위생관리학
- ㉡ 실기 : 피부미용실무

③ 검정방법
- ㉠ 필기 : 객관식 4지 택일형, 60문항(60분)
- ㉡ 실기 : 작업형(2시간 15분 정도)

④ 합격기준 : 100점 만점에 60점 이상

⑤ 응시자격 : 제한없음

원서접수 및 시행

① **접수방법** : 인터넷 접수(www.q-net.or.kr)

② **접수기간** : 회별 원서접수 첫날 10:00부터 마지막 날 18:00까지

③ **시행계획**

㉠ 시험은 상시로 치러지며 월별, 회차별 시행지역 및 시행종목은 지역별 시험장 여건 및 응시 예상인원을 고려하여 소속기관별로 조정하여 시행

㉡ 조정된 월별 세부시행계획은 전월에 한국산업인력공단 홈페이지를 통해 공고

④ **시행지역(27개 지역)** : 서울, 서울서부, 서울남부, 강원, 강원동부, 부산, 부산남부, 경남, 울산, 대구, 경북, 경북동부, 경북서부, 인천, 경기, 경기북부, 경기동부, 경기남부, 광주, 전북, 전남, 전남서부, 제주, 대전, 충북, 충남, 세종

※ 진주, 부천지역 지사 신설 예정으로 시행지역이 확대될 수 있음

⑤ **합격자 발표** : CBT 필기시험은 수험자 답안 제출과 동시에 합격 여부 확인 가능

기타 안내사항

- 천재지변, 코로나19 확산 및 응시인원 증가 등 부득이한 사유 발생 시에는 시행일정을 공단이 별도로 지정할 수 있음
- 상시시험 필기시험 합격자는 정기시험 및 수시시험에 응시할 수 있으며, 그중 실기시험에 접수한 사람은 최종합격자 발표일까지는 동일 종목의 실기시험에 재응시할 수 없음(필기시험 면제기간 : 필기시험 합격자 발표일로부터 2년간)
- 공단 인정 신분증 미지참자는 당해시험 정지(퇴실) 및 무효처리
- 코로나19 감염 확산 방지 관련 검정 대응 지침에 따라 시험 진행

최근 합격률(필기)

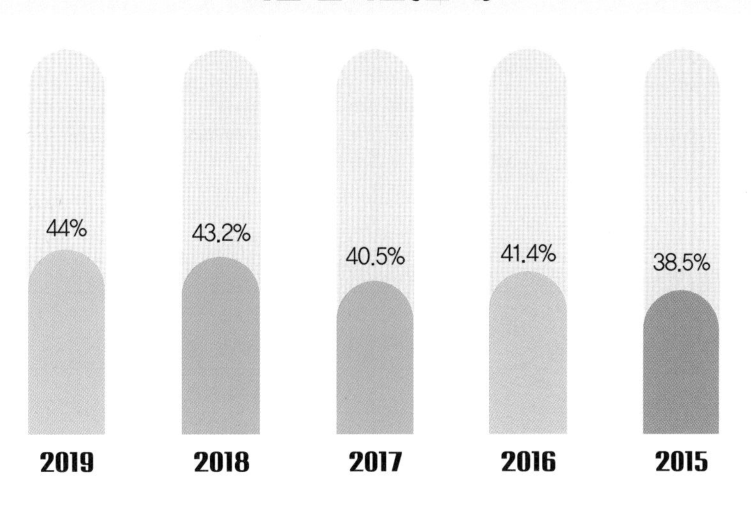

출제기준

필기과목명	주요항목	세부항목	세세항목
피부미용이론 · 해부생리학 · 피부미용기기학 · 화장품학 · 공중위생관리학	피부미용이론	피부미용개론	• 피부미용의 개념 • 피부미용의 역사
		피부분석 및 상담	• 피부분석의 목적 및 효과 • 피부상담 • 피부유형분석 • 피부분석표
		클렌징	• 클렌징의 목적 및 효과 • 클렌징 제품 • 클렌징 방법
		딥클렌징	• 딥클렌징의 목적 및 효과 • 딥클렌징 제품 • 딥클렌징 방법
		피부유형별 화장품 도포	• 화장품 도포의 목적 및 효과 • 피부유형별 화장품 종류 및 선택 • 피부유형별 화장품 도포
		매뉴얼 테크닉	• 매뉴얼 테크닉의 목적 및 효과 • 매뉴얼 테크닉의 종류 및 방법
		팩 · 마스크	• 목적과 효과 • 종류 및 사용방법
		제 모	• 제모의 목적 및 효과 • 제모의 종류 및 방법
		신체 각 부위 (팔, 다리 등) 관리	• 신체 각 부위(팔, 다리 등) 관리의 목적 및 효과 • 신체 각 부위(팔, 다리 등) 관리의 종류 및 방법
		마무리	• 마무리의 목적 및 효과 • 마무리의 방법
		피부와 부속기관	• 피부구조 및 기능 • 피부 부속기관의 구조 및 기능
		피부와 영양	• 3대 영양소, 비타민, 무기질 • 피부와 영양 • 체형과 영양
		피부장애와 질환	• 원발진과 속발진 • 피부질환
		피부와 광선	• 자외선이 미치는 영향 • 적외선이 미치는 영향
		피부면역	• 면역의 종류와 작용
		피부노화	• 피부노화의 원인 • 피부노화현상

필기과목명	주요항목	세부항목	세세항목
피부미용이론 · 해부생리학 · 피부미용기기학 · 화장품학 · 공중위생관리학	해부생리학	세포와 조직	• 세포의 구조 및 작용 • 조직구조 및 작용
		뼈대(골격)계통	• 뼈(골)의 형태 및 발생 • 전신뼈대(전신골격)
		근육계통	• 근육의 형태 및 기능 • 전신근육
		신경계통	• 신경조직 • 중추신경 • 말초신경
		순환계통	• 심장과 혈관 • 림 프
		소화기계통	• 소화기관의 종류 • 소화와 흡수
	피부미용기기학	피부미용기기 및 기구	• 기본 용어와 개념 • 전기와 전류 • 기기 · 기구의 종류 및 기능
		피부미용기기 사용법	• 기기 · 기구 사용법 • 유형별 사용방법
	화장품학	화장품학개론	• 화장품의 정의 • 화장품의 분류
		화장품제조	• 화장품의 원료 • 화장품의 기술 • 화장품의 특성
		화장품의 종류와 기능	• 기초 화장품 • 메이크업 화장품 • 모발 화장품 • 보디(Body)관리 화장품 • 네일 화장품 • 향 수 • 에센셜(아로마) 오일 및 캐리어 오일 • 기능성 화장품
	공중위생관리학	공중보건학	• 공중보건학 총론 • 질병관리 • 가족 및 노인보건 • 환경보건 • 식품위생과 영양 • 보건행정
		소독학	• 소독의 정의 및 분류 • 미생물 총론 • 병원성 미생물 • 소독방법 • 분야별 위생 · 소독
		공중위생관리법규 (법, 시행령, 시행규칙)	• 목적 및 정의 • 영업의 신고 및 폐업 • 영업자준수사항 • 면 허 • 업 무 • 행정지도감독 • 업소 위생등급 • 위생교육 • 벌 칙 • 시행령 및 시행규칙 관련 사항

목 차

ESTHETICIAN

핵심이론

필기시험 상시문제

(주)시대고시기획
(주)시대교육

www.sidaegosi.com

시험정보 · 자료실 · 이벤트
합격을 위한 최고의 선택

시대에듀

www.sdedu.co.kr

자격증 · 공무원 · 취업까지
BEST 온라인 강의 제공

피부미용이론

제 1 장 피부미용개론

1 피부미용의 개념

(1) 정 의 2009, 2010, 2011

① 두피를 제외한 전신의 피부를 청결하고 아름답게 가꾸어 건강하게 이를 유지, 개선시키는 과정

② 핸드 테크닉 및 피부미용기기, 미용제품 등을 사용하는 전신 미용술

③ 과학적 지식을 바탕으로 여러 가지 형태의 미용적인 관리를 행하는 하나의 과학

※ 미용사 영역

- 미용사(피부)영역 : 피부상태분석, 피부관리, 제모, 눈썹손질
- 미용사(일반)영역 : 파마, 커트, 염색, 모양내기, 머리피부손질, 머리감기, 눈썹손질
- 미용사(네일)영역 : 손톱과 발톱의 손질 및 화장
- 미용사(메이크업)영역 : 얼굴 등 신체의 화장·분장, 눈썹손질

(2) 세계 여러 나라의 피부미용 용어 2009

피부미용이란 용어는 독일 미학자 바움 가르덴에 의해 처음 사용되었으며, 각 나라마다 다양한 용어로 사용되고 있다.

① 독일 : Kosmetik

② 프랑스 : Esthetique

③ 영국 : Cosmetic

④ 미국 : Skin Care, Esthetic, Aesthetic

⑤ 일본 : エステ(에스테)

(3) 피부미용의 기능 2009, 2010

① 관리적(피부 보호 및 문제개선) 기능

② 심리적 기능

③ 미적(장식적) 기능

2 피부미용의 역사 2010, 2011

(1) 서 양

① 이집트
㉠ 종교의식을 중심으로 한 미용
㉡ 올리브 오일, 아몬드 오일, 양모왁스, 난황, 진흙 등 사용

② 그리스
㉠ 강한 신체를 중요시했으며 건강한 아름다움을 가꾸고자 천연향과 오일을 사용하는 마사지가 성행
㉡ 메이크업보다 깨끗한 피부를 가꾸는 데 중점을 둠

③ 로마시대
㉠ 콜드크림의 원조인 연고가 만들어졌으며, 생활 필수품으로 향수, 오일 화장이 등장
㉡ 우유, 염소젖, 밀가루 등을 이용한 피부관리 성행, 공중목욕 문화 발달

④ 중세시대
㉠ 기독교의 금욕주의 영향으로 화장 등의 미용행위가 억제되고 깨끗한 피부관리에 중점을 둠
㉡ 피부에 수증기를 쐬는 약초 스팀법이 등장

⑤ 르네상스
㉠ 과도한 치장과 분화장이 성행, 남녀가 모두 화장
㉡ 향수문화 발달

⑥ 근 세
㉠ 화장품과 함께 비누 사용 보편화
㉡ 클렌징크림 개발

⑦ 현 대
㉠ 화장품의 다양화와 대중화, 대량생산
㉡ 생화학, 생리학, 전기학 등 과학기술을 이용한 피부미용기술 발달

(2) 우리나라

① 상고시대
㉠ 단군신화에 쑥과 마늘을 복용했다는 기록
㉡ 돼지기름으로 겨울철 피부보호

② 삼국시대
㉠ 백분의 제조기술이 발달
㉡ 불교의 영향으로 향문화와 목욕문화 발달

③ 고려시대

면약의 개발 : 피부보호 및 미백효과

④ 조선시대 2011

㉠ 목욕을 즐김

㉡ '규합총서'에 두발 형태와 화장법 등에 관한 내용 소개

㉢ 전통 화장술이 완성된 시기

㉣ 혼례 미용법 발달

⑤ 근 대

'박가분'의 판매와 다양한 화장품 유입

⑥ 현 대

㉠ 1960년대 이후 본격적인 화장품 산업의 발전

㉡ 1980년대 이후 색조 및 기능성 화장품 출시와 함께 화장품 산업의 확대

제 2 장 피부분석 및 상담

1 피부미용의 분석 및 상담

(1) 피부분석 및 상담의 개요 2008

① 정 의

고객의 피부상태 및 피부유형을 파악하기 위해 실시하는 것으로 고객의 피부에 맞게 올바른 관리방향을 결정한다.

② 목 적 2011

㉠ 관리의 효과를 높이기 위해 생활습관, 식생활, 일상 업무, 건강상태, 사용화장품, 질병 등을 파악한다.

㉡ 상담내용을 기준으로 고객의 피부상태에 맞게 관리방법과 관리방향을 세운다.

③ 상담효과 2009

㉠ 피부 관리에 대한 지식획득

㉡ 고객의 불안감 및 경계심을 완화시키고 안정적이고 적극적인 상태로 유도

④ 상담방법 2010, 2011

㉠ 고객의 사생활보호와 정보유출 금지

㉡ 피부상태에 맞는 관리방법과 절차 등 설명

ⓒ 피부상태는 수시로 변화하므로 매회 분석내용을 고객카드에 기록하여 활용
ⓓ 알레르기 등과 같은 병력사항을 상담하고 기록
ⓔ 문제성 피부의 경우 과거 병원치료나 약물 치료의 경험 유무를 기록하여 관리계획표 작성

2 피부유형 분석 2009, 2010

(1) 문진법

① 고객에게 질문하여 피부유형 판독
② 사용 화장품, 생활습관, 식생활, 질병, 사용약제 등을 확인하여 고객의 현재 피부상태와의 관련성 파악

(2) 견진법

모공, 예민도, 혈액순환 등을 육안 또는 피부분석기를 이용하여 판독

(3) 촉진법

① 직접 피부를 만지거나 스패튤러로 피부에 자극을 주어 판독
② 탄력성, 예민도, 피부결, 각질상태 등을 알 수 있음

(4) 기기 판독법

① 우드램프 : 자외선을 이용한 피부분석기
② 확대경
③ 피부분석기
④ 유·수분 pH 측정기

3 피부상태 분석 2009, 2011

클렌징 후에 유·수분 함유량, 각질화 상태, 모공 크기, 탄력 상태, 색소 침착, 혈액순환 상태 등에 따라 피부상태를 분석한다.

★Tip! **피부분석 방법** 2011

기 준	피부유형
피지분비상태	건성 피부, 중성 피부, 지성 피부, 지루성 피부, 여드름 피부 2009
피부조직	얇은 피부, 두꺼운 피부, 정상 피부
수분량	표피수분부족 건성 피부, 진피수분부족 건성 피부
색소침착	과색소 침착 피부, 저색소 침착 피부
혈액순환	모세혈관 확장증, 홍반, 주사

(1) 중성 피부

① 유・수분이 균형을 이루는 가장 이상적인 피부형태

② 피부가 유연하고 피부결이 섬세함

(2) 건성 피부 2010

① 유・수분량의 균형이 깨진 상태로 각질층 수분함유량이 10% 이하임

② 모공이 거의 보이지 않으며 잔주름이 많음

③ 피부가 얇고 피부결이 섬세하며 세안 후 얼굴 당김을 느낌

④ 건성 피부, 표피수분부족 건성 피부, 진피수분부족 건성 피부로 나뉨

(3) 표피수분부족 건성 피부 2009

① 표피성 잔주름 발생

② 연령과 상관없이 발생하며 피부조직이 별로 얇게 보이지 않음

③ 외부 환경(잘못된 피부관리와 화장품의 사용)에 의해 발생

(4) 진피수분부족 건성 피부

① 탄력저하 및 피부 늘어짐이 심하고 굵고 깊은 주름이 생기기 쉬움

② 심한 다이어트, 과다한 자외선과 공해에 의한 진피손상 등이 원인

(5) 지성 피부 2009

① 모공이 넓고 피부결이 거칠고 피부가 두꺼움

② 피부색이 칙칙하고 화장이 잘 지워짐

③ 피지분비 과다로 얼굴이 번들거리고 여드름이나 뾰루지가 생기기 쉬움

(6) 복합성 피부

① 2가지 이상의 다른 피부유형이 공존

② 코와 이마 부위는 피지가 많고 모공이 큰 경우가 많음

③ 볼 부위는 피지가 적고 모공의 거의 보이지 않고 피부결이 섬세한 경우가 많음

(7) 여드름 피부

① 피지 분비가 많고 피부가 두껍고 거칢

② 피부가 번들거리고 피부 표면의 유분기에 먼지가 잘 붙어 지저분해지기 쉬움

③ 모공 입구의 폐쇄로 피지 배출이 잘 안 됨

㉠ 비염증성 여드름 : 블랙헤드, 화이트헤드

㉡ 염증성 여드름 : 구진, 농포, 결절, 낭종

(8) 모세혈관 확장(Cooper Rose) 피부 2010

① 모세혈관이 약화되거나 파열, 확장되어 실핏줄이 보이는 피부

② 피부가 대체로 얇고 심한 온도 변화에 쉽게 붉어짐

③ 추위, 바람, 날씨에 따른 온도변화, 알코올, 자외선 등이 요인

(9) 민감성 피부 2010

① 작은 자극에도 민감하게 반응

② 각질층이 얇고 홍조가 나타남

제3장 클렌징

1 클렌징의 개요 2008, 2009, 2011

(1) 정 의 2010

화장품의 잔여물, 먼지, 피부의 분비물 등을 깨끗하게 제거하는 것을 의미한다.

(2) 효 과

① 다음 단계의 제품 흡수가 용이하다.

② 피부의 생리적인 기능과 신진대사를 원활하게 한다.

(3) 조건 및 주의사항 2010

① 피지막, 피부 산성막을 손상시키지 않게 제거한다.

② 자극이 적어야 한다.

③ 피부유형 및 화장의 상태에 맞게 적절히 사용한다.

④ 클렌징 동작 중 원을 그리는 동작은 얼굴의 위를 향할 때 힘을 주고 내릴 때 힘을 뺀다.

⑤ 클렌징 동작은 근육결에 따라 근육이 처지지 않게 하고, 머리쪽을 향하게 한다.

⑥ 처음부터 끝까지 일정속도와 리듬감을 유지한다.

⑦ 눈, 코, 입에 들어가지 않게 제거한다.

2 클렌징의 단계 2010, 2011

포인트 메이크업 리무버 → 클렌징 도포 → 클렌징 손동작 → 화장품 제거 → 습포 사용

★Tip! **포인트 메이크업 클렌징** 2008, 2009

- 눈과 입술의 메이크업 제거
- 렌즈 빼고 제거
- 아이라인 : 안 → 밖으로 제거, Waterproof 마스카라의 경우 오일 성분의 아이메이크업 리무버 사용
- 입술 : 윗입술은 위 → 아래, 아랫입술은 아래 → 위로 제거

3 습 포 2009, 2010, 2011

(1) 온습포 2008, 2009, 2010

① 전 단계 화장품의 잔여물 및 노폐물 제거에 용이

② 피부의 온도 상승과 모공이 확대됨

③ 혈액순환 촉진과 근육을 이완시키는 효과

④ 예민성 피부, 모세혈관 확장 피부, 화농성 여드름 피부는 피함

⑤ 팔 안쪽에 온도를 체크한 후 사용

(2) 냉습포 2009

① 피부관리의 마지막 단계에서 사용

② 모공이 수축되는 수렴과 진정효과

4 클렌징 제품 2010, 2011

(1) 클렌징 크림 2010, 2011

① 친유성, W/O

② 유분이 많아 이중세안 필요

③ 세정력이 우수하여 진한 메이크업에 효과적

④ 지성 피부는 피함

(2) 클렌징 로션 2011

① 친수성, O/W

② 이중세안 필요 없음

③ 자극이 적고 모든 피부용

④ 클렌징 크림보다 세정력이 약해 가벼운 화장에 사용

(3) 클렌징 오일

① 친수성 오일

② 물에 쉽게 용해되어 진한 화장에 효과적

③ 건성, 노화, 지성부족, 민감성 피부에 사용

(4) 클렌징 젤 2009

① 오일 성분이 함유되지 않는 오일프리 제품

② 세정력이 우수, 이중세안 필요 없음

③ 지성, 여드름 피부에 사용

(5) 기 타

비누, 클렌징 티슈, 클렌징 워터 등

5 화장수 2009

(1) 화장수의 정의

클렌징 마지막 단계에서 피부 정리와 유・수분의 균형을 맞추기 위해 사용하는 것이다.

(2) 화장수의 기능 2010, 2011

① 세안 후 잔여 노폐물이나 메이크업 잔여물을 제거하여 피부를 청결하게 함

② 피부의 pH밸런스 조절

③ 피부진정과 쿨링 작용

④ 세안 후 남아 있는 세안제의 알칼리 성분을 제거하여 피부를 약산성으로 조절

⑤ 보습제・유연제의 함유로 각질층을 촉촉하게 하고 다음 단계 제품의 흡수를 높임

(3) 화장수의 종류

① 유연 화장수

㉠ 피부 각질층을 부드럽고 촉촉하게 하는 기능 함유

㉡ 건성, 노화 피부에 사용

② 수렴 화장수

㉠ 모공 수축 효과

㉡ 피지가 많은 피부에 사용

③ 소염 화장수

㉠ 살균 효과

㉡ 지성, 여드름 피부 등의 염증이 생긴 피부에 사용

제 4 장 딥 클렌징

1 딥 클렌징의 정의 및 효과

(1) 정 의

모공 속의 노폐물 및 각질 제거

(2) 목적 및 효과 2009, 2010, 2011

① 죽은 각질세포를 제거하여 피부 안색을 맑게 하고, 피부결을 부드럽게 함

② 면포를 연화

③ 각질 제거 후 다음 단계에서의 영양물질의 흡수를 촉진

④ 노화된 각질을 연화하여 제거

⑤ 피부상태에 맞게 주 1~2회 실시하고 건성 및 민감성 피부의 경우는 2주에 1회 정도 실시

(3) 주의사항 2011

① 눈에 들어가지 않게 한다.

② 딥 클렌징 후 자외선에 직접 노출시키지 않는다.

③ 상처부위나 모세혈관 확장 피부 등에는 피해서 사용한다.

★Tip! 클렌징과 딥 클렌징의 차이점

클렌징	피부표면의 노폐물 및 화장품 잔여물 제거
딥 클렌징	각질 및 모공 속 노폐물 제거

2 딥 클렌징의 종류 및 시술방법 2008, 2009, 2010, 2011

(1) 물리적 딥 클렌징 2011

① 스크럽 2009

㉠ 알갱이를 이용하여 피부와의 마찰을 통한 각질 제거

㉡ 순서 : 스크럽 도포 → 각질연화 → 러빙 → 제거

㉢ 알갱이가 눈에 들어가지 않게 사용하고, 제거 시 남아 있지 않도록 주의

㉣ 민감성, 여드름, 염증 피부는 피함

㉤ 과각화, 큰 모공, 면포성 여드름에는 사용 가능

② 고마지

㉠ 동・식물성 각질분해 효소 함유

㉡ 순서 : 고마지 도포 → 적당히 말림 → 손가락을 가위모양으로 만들어 근육결 방향으로 밀어냄 → 손 끝에 물 묻혀 러빙 → 제거

㉢ 근육결 방향으로 밀면서 제거

㉣ 예민성, 화농성 여드름, 모세혈관 확장 피부를 피함

③ 기기를 이용한 딥 클렌징

브러시 기기, 갈바닉 기기의 디스인크러스테이션, 진공흡입기, 스킨 스크러버 등

(2) 화학적 방법

① 효소(Enzyme) 2011

㉠ 단백질 분해 효소제가 각질을 분해

㉡ 성분 : 펩신(위), 트립신(췌장)

㉢ 효소활동 조건 : 온도, 습도, pH가 적절해야 활동

㉣ 순서 : 엔자임 파우더 + 물 섞기 → 도포 → 활동조건 충족 후 → 제거
㉤ 효소를 활성화시키기 위해 스티머 또는 온습포 사용
㉥ 모든 피부 사용 가능

② AHA(Alpha Hydroxy Acid) 2009, 2010
㉠ 과일과 식물에서 추출한 천연산
㉡ 각질 간 지질의 결합을 약화시켜 각질탈락 유도
㉢ 성분 : 글리콜산, 주석산, 젖산, 사과산, 구연산
㉣ 노화, 지성, 색소침착 피부 적용
㉤ 예민피부 피함

★Tip! 딥 클렌징 구분

방 법	종 류
화학적 방법	효소, AHA
물리적 방법	고마지, 스크럽, 기기를 통한 딥 클렌징

제5장 매뉴얼 테크닉

1 매뉴얼 테크닉의 개요

(1) 정 의

마사지라고도 하며, 어원은 "문지르다"를 뜻하는 그리스어 'Masso'에서 유래되었다.

(2) 목적 및 효과 2009, 2010, 2011

① 피부세포에 산소와 영양분 공급
② 부드러운 동작을 통해 긴장된 근육의 이완 및 통증 완화
③ 피부조직의 긴장도를 상승시켜 탄력성 증진, 피부결을 부드럽게 개선
④ 신진대사 증진, 혈액순환 촉진, 노화 지연
⑤ 심리적으로 안정감을 주고 신경을 진정시켜 긴장이완
⑥ 내분비기능의 조절
⑦ 반사작용 증가

★ Tip!

부종 감소는 매뉴얼 테크닉보다 드레이니지를 이용한 관리가 효과적이다.

(3) 매뉴얼 테크닉을 삼가야 하는 경우 2008, 2011

① 심장에 관련된 질병과 고혈압 증상
② 일광욕 후 피부가 자극을 받은 경우
③ 임신 말기의 임산부, 수술 직후나 당뇨병 환자
④ 정맥류, 혈우병, 부종 등 혈액순환에 관한 질병이 있는 경우
⑤ 감염성이 있는 피부질환, 염증이나 알레르기 등 각종 피부질환 환자
⑥ 생리 중이거나 심하게 피곤한 경우는 피함

(4) 주의사항 2009, 2010, 2011

① 관리사의 손을 따뜻하게 하고 관리
② 시작과 마지막에 쓰다듬기 동작 사용
③ 피부상태 고려하여 동작 적용
④ 매뉴얼 테크닉을 피부상태에 맞게 밀착감, 연결감, 속도감, 리듬감, 피부결 등에 유의하여 동작
⑤ 말초에서 심장 방향으로 동작
⑥ 상담을 통하여 고객의 병력 및 몸 상태 확인 후 실시

2 매뉴얼 테크닉의 종류 및 방법 2008, 2009, 2011

(1) 경찰법(Effeurage) 2009, 2010

① 손가락을 포함한 손바닥 전체로 피부를 부드럽게 쓰다듬는 동작
② 가장 많이 사용하는 동작
③ 매뉴얼 테크닉을 시작과 끝, 눈 주위 등의 연결동작으로 주로 사용
④ 신경안정
⑤ 피부의 긴장완화

(2) 강찰법(Friction)

① 손가락의 끝부분을 이용하여 원을 그리며 이동하는 동작
② 피지선 자극

(3) 유연법(Petrissage)

① 손가락을 이용하여 근육을 반죽하듯이 주무르는 동작

② 근육의 탄력성을 높이고 피하조직과 결체조직을 강화시키고 부기 해소

(4) 고타법(Tapotemet) 2010

① 피부를 두드리는 동작

② 혈액순환 촉진

③ 피부의 탄력성 증진

④ 신경조직 자극

(5) 진동법(Vibration)

① 손 전체나 손가락 등을 이용하여 피부를 흔들어서 진동시키는 동작

② 혈액순환과 림프순환 촉진

③ 근육을 이완시키고 피부 탄력 증가

(6) 닥터 자케법(자케법, Dr.Jacquet)

① 엄지와 검지로 피부를 모아서 부드럽게 끌어올려 꼬집듯이 튕겨주는 동작

② 모낭 내부의 노폐물을 모공 밖으로 배출

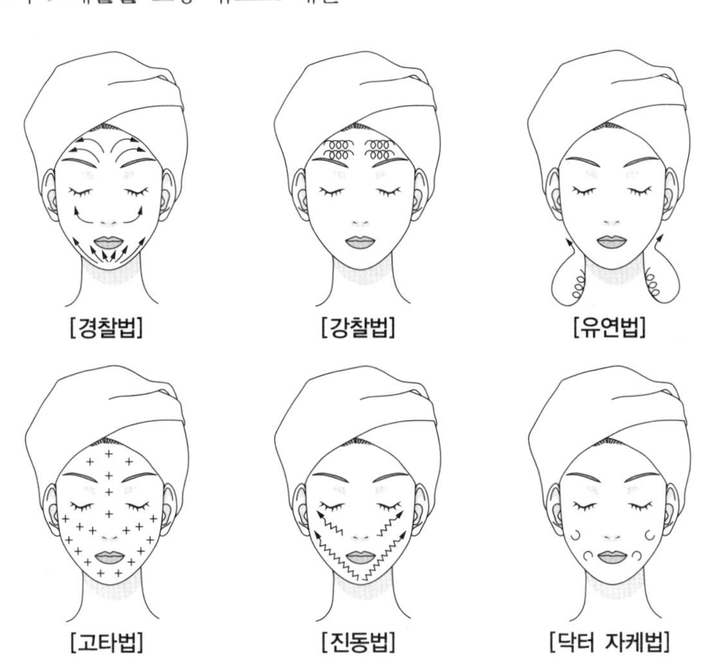

제 6 장 팩과 마스크

1 팩 사용법 2009, 2010, 2011

(1) 팩의 적정 시간은 10~20분 정도가 적당

(2) 알레르기 유무 확인 후 피부상태에 맞는 팩의 사용

(3) 눈썹, 눈 주위, 입술 위는 팩을 피하고 팩 도포 후 아이패드 적용

(4) 천연 팩의 경우 신선한 무농약 과일과 채소를 이용하여 사용하기 직전 1회분만 만들어 사용하고 재료의 혼합 시 각각의 재료의 특성을 잘 파악한 후 사용

(5) 두 가지 이상의 팩 및 마스크 사용 시 수용성 제품부터 먼저 적용하고 안에서 밖으로 도포

2 팩의 종류

(1) 제거방법에 따른 분류 2008, 2009, 2011

구 분	특 징
필오프 타입 (Peel Off Type)	• 건조되면서 얇은 필름막이 만들어지며 이를 떼어내는 팩 • 필름막 제거 시 약간의 자극이 있으며, 노폐물, 각질 세포가 같이 제거되므로 청정효과가 있음 • 예민 피부는 피하고 너무 두껍게 바르지 않음 • 젤라틴 팩 등
워시오프 타입 (Wash Off Type)	• 물로 씻어서 제거하는 팩 • 피부에 자극을 주지 않고 가볍게 제거가 가능하여 느낌이 상쾌함 • 크림, 젤, 클레이, 분말 등
티슈오프 타입 (Tissue Off Type)	• 티슈로 닦아 제거하는 팩 • 보습과 영양효과가 뛰어남 • 크림, 젤

(2) 형태에 따른 분류

구 분	특 징
파우더 타입 (Power Type)	• 분말형태 • 분말에 증류수, 화장수 등과 섞어 사용
크림 타입 (Cream Type)	• 유화 형태 • 노화, 건성 피부에 효과
젤 타입 (Gel Type)	• 수용성의 젤 형태 • 진정, 보습효과 • 모든 피부에 사용 가능하나 특히 예민성, 지성, 화농성 여드름 피부에 효과

머드 타입 (Clay Type) 2010, 2011	• 진흙 등을 이용해 만든 점토 형태 • 노폐물 제거 효과 • 지성, 여드름 피부에 효과
종이 타입 (Sheet Type)	콜라겐 등의 유효성분을 건조시켜 만든 종이에 증류수, 화장수 등의 용액을 적신 팩(콜라겐 벨벳 마스크 등)
고무 타입 (Modeling Type)	• 건조해지면서 고무형태로 변함 • 앰플 등 유효성분 침투용이

(3) 특수팩 2011

구 분	특 징
석고 마스크 2008, 2009, 2011	• 온열 및 밀봉효과 • 리프팅, 유효성분 흡수, 혈액순환, 노폐물 배출효과 • 노화, 건성 피부에 효과적 • 민감성, 모세혈관확장 피부, 여드름 피부는 피함 • 석고 베이스 크림을 사용하여 유효성분이 석고의 온도에 의해 파괴되는 것 방지
고무 마스크	• 알긴산을 주원료로 영양공급 및 밀봉효과 • 유효성분 흡수를 높임 • 진정, 보습효과, 노폐물 흡착
콜라겐 벨벳 마스크 2009, 2010	• 콜라겐을 건조시켜 종이형태로 만든 것(시트타입) • 기포가 생기지 않게 사용 • 베이스로 오일 성분은 벨벳의 보습 효과를 저하시킴으로 수용성 앰플 사용 • 노화 피부, 건조 피부, 예민 피부에 효과적
파라핀 마스크	• 온열 및 밀봉효과 • 유효성분 침투용이 • 노화, 건성 피부에 효과적

3 팩의 효과 2010, 2011

(1) 온열효과

피부의 온도상승 → 혈관확장 ↗ 혈액순환이 원활해지고 피부에 영양분 공급이 잘 됨
↘ 모공확장 → 영양분 침투 용이

(2) 밀봉효과

피부와 공기와의 차단막을 형성한다. 베이스로 사용한 유효성분이 외부 환경에 손실되지 않고 피부로의 흡수를 높인다.

(3) 청정효과

각질 및 노폐물을 제거한다.

제 7 장 | 피부유형별 화장품 도포

1 피부유형별 관리 목적 및 관리 방법 2008, 2009, 2010, 2011

(1) 정상피부

구 분	내 용	
관리목적	피부상태가 변할 수 있으므로 관리를 통한 현 상태 유지	
관리방법	클렌징	클렌징 크림, 클렌징 젤, 클렌징 오일 등 사용
	딥 클렌징	주 1회 물리적 또는 화학적 각질제거제 사용
	화장수	보습기능이 있는 유연 화장수 사용
	팩	보습팩 사용

(2) 건성피부 2009, 2010, 2011

구 분	내 용	
관리목적	유·수분 공급을 통한 건조 완화	
관리방법	클렌징	클렌징 로션, 클렌징 크림, 클렌징 오일 등 사용
	딥 클렌징	주 1회 물리적 또는 화학적 각질제거제 사용
	화장수	보습기능이 있는 유연 화장수 사용
	팩	영양 및 유·수분 공급 위주의 팩 사용
	화장품 성분	콜라겐, 엘라스틴, 하이알루론산, 아미노산 등

(3) 지성피부 2009, 2010, 2011

구 분	내 용	
관리목적	과다한 피지 제거와 수분공급을 통해 여드름의 생성을 막고 깨끗하고 투명한 피부 유지	
관리방법	클렌징	클렌징 젤, 클렌징 로션 등 사용
	딥 클렌징	주 1~2회 물리적 및 화학적 각질제거제 사용
	화장수	알코올이 함유되어 있고 피지 제거 기능이 있는 수렴 화장수 사용
	팩	보습과 피지 제거 기능이 있는 팩 사용
	화장품 성분	살리실산, 클레이, 캠퍼

(4) 복합성 피부

구 분	내 용	
관리목적	부위에 따라 차별된 관리를 시행하고 유·수분의 밸런스를 맞춤	
관리방법	클렌징	클렌징 로션
	딥 클렌징	• 지성부위 : 고마지, 스크럽 사용 • 건성부위 : 효소 사용
	화장수	보습과 수렴이 가능한 화장수 사용
	팩	• 지성부위 : 피지흡착 효과가 좋은 클레이 팩 • 건성부위 : 보습기능이 있는 팩

(5) 민감성 피부 2008, 2009

구 분	내 용	
관리목적	예민한 피부를 진정시키고 보호, 피부자극 최소화	
관리방법	클렌징	클렌징 로션, 클렌징 오일 등 사용
	딥 클렌징	효소 사용, 스크럽 등의 자극적인 제품 피함
	화장수	무알코올의 유연 화장수 사용
	팩	진정 및 보습효과가 있는 팩 사용
	화장품 성분	첩포시험 후 사용, 무색, 무취, 무알코올 화장품 사용, 알란토인, 아줄렌, 알로에 베라 등의 성분 사용

(6) 여드름 피부 2010

구 분	내 용	
관리목적	과다한 피지제거와 피지분비조절, 각질제거를 통해 피부 트러블을 완화시키며 항균, 소독, 소염 등에 중점을 두고 관리	
관리방법	클렌징	여드름 피부 완화를 위해 전문적인 세정제 사용
	딥 클렌징	물리적인 방법은 피지선을 자극하여 여드름을 더 심화시킬 수 있으므로 화학적 방법인 효소 사용(면포성 여드름의 경우 AHA 사용 가능)
	화장수	항염, 살균 등의 기능이 있는 소염 화장수 사용
	팩	피지제거, 보습, 진정, 항염 등의 효과가 있는 팩 사용
	화장품 성분	티트리, AHA, 유황 등

(7) 노화 피부

구 분	내 용	
관리목적	피부의 보호와 피부신진대사를 활성화시켜 탄력, 세포재생을 촉진	
관리방법	클렌징	클렌징 로션, 클렌징 오일 사용
	딥 클렌징	스크럽, 효소, AHA
	화장수	수분공급 기능이 있는 유연화장수 사용
	팩	석고마스크, 파라핀 마스크 등 영양공급 위주의 관리
	화장품 성분	토코페롤, SOD, 플라센타, 은행추출물 등

제8장 마무리

1 정 의 2011

마무리 동작과 함께 당일 적용한 피부 관리 내용을 고객카드에 기록하고 자가관리 방법을 조언하는 단계

2 마무리 작업 2009, 2010, 2011

(1) 주변정리

(2) 피부 관리 기록카드에 관리내용과 사용 화장품에 대해 기록

(3) 고객에게 홈케어관리 조언 후 기록

(4) 피부타입에 맞는 화장수로 피부결 정돈

(5) 피부타입에 맞는 앰플, 에센스, 아이크림, 크림, 자외선 차단제 등을 피부에 차례로 흡수

(6) 머리, 뒷목 등을 풀어 긴장된 근육을 이완

제 9 장 제 모

1 제모의 종류 및 방법 2009, 2010

(1) 영구적 제모

① 전기분해법

㉠ 모근 하나하나에 전기침을 꽂은 후에 순간적으로 전류를 흘려보내 모근 파괴

㉡ 모유두까지 파괴

㉢ 영구제모를 위해서는 반복 시술받아야 함

② 레이저 제모

㉠ 사용이 편리하고 효율적이며 안전

㉡ 털을 만드는 세포를 영구적으로 파괴

(2) 일시적 제모 2011

① 면도기를 이용한 제모

② 핀셋을 이용한 제모

③ 왁스를 이용한 제모

④ 화학적 제모 2010

㉠ 크림, 액체, 연고 등의 형태로 만들어진 화학성분을 이용

㉡ 화학성분이 털을 연화시켜 모간부분만 제거하고 넓은 부위의 털을 통증 없이 제거

㉢ 강알칼리성으로 피부자극 여부 확인(첩포시험) 후 사용

★Tip! 제모의 종류

구 분	제모 종류
영구 제모	전기 분해법, 레이저 제모
일시적 제모	핀셋, 면도기 등을 이용한 제모, 화학적 제모, 왁스 제모
모근 제모	면도기, 화학적 제모
모간 제모	전기분해법, 레이저 제모, 핀셋, 왁스 제모
화학적 방법	탈모제를 이용한 제모
물리적 방법	면도기, 핀셋, 왁스, 기기 등을 이용한 제모

(3) 왁스를 이용한 제모 2009, 2010, 2011

① 얼굴 또는 다리털 제거에 적합하며 피부관리실에서 가장 많이 사용
② 모근까지 제거되므로 4~5주 정도 지속
③ 반복시술 시 모유두의 모모세포의 퇴행으로 털이 얇아짐
④ 털의 길이는 1cm 남긴 후 제모
⑤ 왁스 제모의 종류

<table>
<tr><td rowspan="3">온왁스 2011</td><td colspan="2">• 상온에서 고체형태이며 왁스 포트에 데워 녹여서 사용
• 종류 : 하드왁스, 소프트 왁스</td></tr>
<tr><td>하드왁스</td><td>• 부직포 필요 없음
• 왁스 자체를 떼어내는 방법
• 국소부위 주로 사용(눈, 입술주위, 겨드랑이 등)</td></tr>
<tr><td>소프트 왁스</td><td>• 가장 많이 이용
• 넓은 부위에 사용(등, 다리, 팔 등)
• 넓은 부위를 한번에 제거하여 즉각적인 효과 기대
• 순서 : 시술자 손 소독 → 시술부위 소독 → 유·수분 파우더로 제거 → 왁스 온도 체크 → 털 방향으로 왁스 도포 → 부직포 붙이기 → 텐션 잡고 털 반대 방향으로 부직포 제거(빠른 속도로 제거) → 핀셋으로 정리 → 진정로션 바르기</td></tr>
<tr><td>냉왁스</td><td colspan="2">• 실내에서 유동 상태로 데우지 않고 바로 사용
• 굵거나 거센 털은 온왁스에 비해 잘 제거되지 않는 단점
• 왁스를 얇게 발라 사용</td></tr>
</table>

(4) 제모 시 주의사항 2009, 2011

① 사마귀, 점 부위에 털이 난 경우 제모 금지
② 제모 부위는 제모 전에 유분기와 땀이 없도록 청결하게 한 후 제모
③ 피지막이 제거된 상태에서 파우더를 도포
④ 정맥류, 혈관 이상, 당뇨병, 신부전 등의 증상이 있는 경우 금지
⑤ 24시간 내에 목욕, 비누사용, 세안, 메이크업, 햇빛 자극 피함
⑥ 마지막에 냉습포로 진정

제10장 전신관리

1 전신관리의 개요

(1) 전신관리의 목적 및 효과

① 전신피부에 영양분 공급을 통하여 노화 예방 및 피부결의 유연성을 향상

② 혈액순환 및 림프순환을 촉진시켜 신체의 노폐물 배출을 원활하게 함

(2) 전신관리 단계

수요법 → 각질 제거 → 전신 마사지 → 전신래핑 → 마무리 단계

2 전신관리의 종류 및 방법 2009

(1) 수요법(Hydro Therapy) 2009, 2011

① 각종 미용제품과 함께 물의 다양한 성질을 이용한 관리

② 종류 : 스파요법(Spa Therapy), 해양요법(탈라소 테라피), 온천요법

③ 주의사항

㉠ 관리 전 잠깐 휴식을 취하고 식사 직후는 1~2시간 뒤에 관리

㉡ 관리시간은 5~30분 정도가 적당

㉢ 관리 후 주스, 이온음료, 향 음료 등을 섭취

(2) 각질 제거

① 스크럽, 타월, 브러시 등을 이용한 죽은 각질 제거

② 수요법 이후에 실시

(3) 전신 마사지

스웨디시 마사지	• 스웨덴 의사 퍼핸링(Pehr Henrik Ling)에 의해 창시 • 전신의 혈관을 자극하여 혈액순환을 도와 관절의 기능 및 운동범위 향상과 근육의 긴장을 이완시키는 서양의 대표적인 수기요법
림프 드레이니지 2009	• 덴마크의 에밀 보더(Emil Vodder) 박사에 의해 창시 • 림프 순환을 촉진시켜 노폐물 배출을 원활하게 하고, 신진대사 및 면역기능을 향상시키는 마사지 기법

아로마 마사지	• 식물에서 추출한 아로마 에센셜 오일을 마사지와 병행하여 사용하는 방법 • 마사지에 의한 효과와 함께 향을 통한 심리적 효과까지 얻을 수 있음
경락 마사지	• 한국형 피부관리로 경혈점을 자극하고 경락의 흐름을 이용한 마사지 • 얼굴 축소 및 신진대사를 원활하게 하고 신체의 균형의 잡아주는 효과
아유르베딕 마사지	• 인도 전통의학에 기초 • 식물성 오일, 에센셜 오일 등을 사용하여 전신을 마사지
타이 마사지	• 태국 전통 의술기법에 기초 • 인체에 흐르는 '센'을 자극하여 독소의 정체를 해소해 주는 마사지 방법

(4) 전신래핑 2009

① 방 법

랩 또는 호일, 시트 등을 관리부위에 감싼 후 집중 관리하는 방법

② 순 서

각질 제거 → 마사지 → 보디제품 도포 → 래핑

③ 효 과

림프 및 혈액순환을 촉진시키고 독소제거와 탄력, 모세혈관 및 모공 확장을 통해 제품 흡수가 용이

④ 주의사항

㉠ 랩을 너무 세게 감싸지 않는다.

㉡ 임신, 고혈압, 임신, 당뇨병 환자, 노출된 상처 등이 있는 경우 사용하지 않는다.

(5) 림프 드레이니지 2009, 2010, 2011

적용 가능 피부 및 효과	• 민감성 피부, 여드름 피부, 모세혈관 확장 피부, 심한 부종, 염증 피부 • 셀룰라이트, 노폐물 배출, 수술 후 상처 회복에 효과
금지피부	• 심부전증, 혈전증, 급성염증, 악성종양, 감염성 피부, 알레르기성 피부 • 림프절이 심하게 부은 경우, 열이 있는 감기환자
동 작 2011	• 정지상태 원동작 • 펌프 기법 : 손가락을 밑으로 하고 펌프질하여 퍼올리는 동작 • 퍼올리기 동작 : 손목 관절을 이용한 나선형 동작 • 회전동작 • 오일을 사용하지 않고도 관리를 하며 필요시 2~3방울 정도 소량 사용

(6) 셀룰라이트 2011

유전적 요인, 내분비계의 불균형, 정맥울혈과 림프정체 등의 요인으로 인해 오렌지 껍질 피부모양으로 표현되며 노폐물 등이 배출되지 못하고 피하지방층에 쌓여서 발생하는 것으로 허벅지, 둔부, 팔 등에 많이 나타나며 주로 남성보다 여성에게서 많이 나타난다.

제 11 장 | 피부 및 피부 부속기관

1 피부의 정의 2009

피부(Skin)는 신체의 외부 표면을 덮고 있는 조직(생명유지에 불가결한 기관)으로 물리·화학 작용을 통해 신체를 외부환경으로부터 보호한다. 피부의 면적은 개인에 따라 차이가 있지만 약 1.6(여성)~1.8m^2(남성), 피부의 중량은 성인의 경우 체중의 약 15~17% 정도를 차지한다.

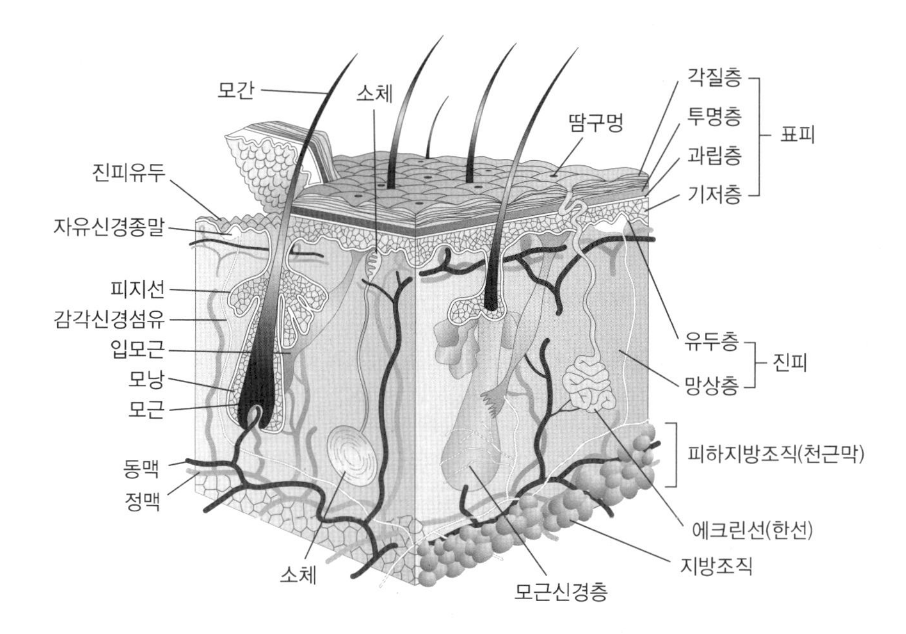

2 피부의 구조

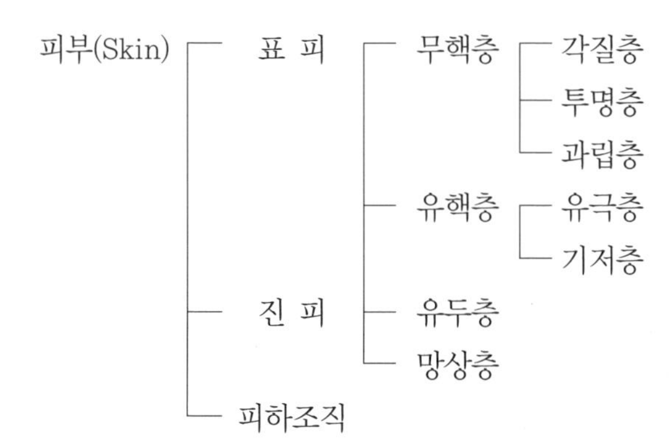

부속기관(Appendage) — 모발, 피지선, 한선, 기모근, 손·발톱 등

(1) 표피(Epidermis)

① 표피의 개념

표피는 피부의 가장 바깥쪽에 있으며 편평한 층으로 이루어진 상피조직으로 두께는 신체부위와 각질층의 두께에 따라 달라진다. 표피는 약산성 보호막을 형성하며 멜라닌색소와 베리어층은 빛과 열로부터 피부를 보호하며, 평균두께는 0.06~1mm이다.

② 표피의 구성세포

㉠ 각질형성세포 : 표피의 80%를 차지하며, 케라틴을 형성하는 표피세포이다. 각질형성세포의 교체주기는 약 28일이다. 2011

㉡ 멜라닌세포 : 대부분 기저층에 위치하며 자외선으로부터 피부가 손상되는 것을 방지한다. 멜라닌세포가 계속적으로 생산하는 멜라닌 양에 의해 피부색이 결정된다. 2009

㉢ 랑게르한스세포 : 유극층에 위치하며 각종 피부염 등 피부의 면역을 담당한다.

㉣ 메르켈세포(Merkel Cell) : 기저층에 위치하며 신경세포와 연결되어 피부에서 촉각을 감지하며 촉각세포라고도 한다.

★Tip! 각화과정(Keratinization)

기저층에서 기저세포의 분열과정 → 유극층에서 유극세포의 합성과정 → 과립층에서 케라토하이알린 과립 형성과정 → 각질층에서의 각질세포 변화과정 → 각질층 형성

③ 표피의 구조(각질층 – 투명층 – 과립층 – 유극층 – 기저층) 2009

구분	내용
각질층 (Horny Cell Layer)	• 피부의 가장 바깥에 위치한 약 15~25층의 납작한 무핵세포로 구성 • 라멜라 구조(각질과 각질 간 지질, 세라마이드가 각질 간 지질의 주성분) • 수분손실을 막아주며 자극으로부터 피부보호 및 세균침입 방어 • 각질층 내에 천연보습인자(NMF)가 존재(10~20% 수분이 함유) • 주성분 : 케라틴단백질, 천연보습인자(NMF), 세포 간 지질 ※ 세포 간 지질 성분 : 세라마이드(50%), 지방산(30%), 콜레스테롤에스터(5%) 2009
투명층 (Clear Cell Layer)	• 2~3층의 편평한 세포로 구성 • 엘라이딘(Elaidin)이라는 반유동성 물질이 함유 • 주로 손바닥과 발바닥에 존재
과립층 (Granular Cell Layer)	• 2~5층의 방추형 세포로 구성 • 케라토하이알린(Keratohyalin) 과립이 존재 • 본격적인 각화과정의 시작 • 외부로부터 수분 침투를 막음(수분저지막)
유극층 (Prickle Cell Layer)	• 5~10층의 다각형 세포로 구성 • 표피에서 가장 두꺼운 층 2009 • 면역기능을 담당하는 랑게르한스세포(Langerhans Cell) 존재 • 림프액이 흐름(혈액순환, 물질교환 – 피부호흡, 노폐물배출)
기저층 (Basal Cell Layer)	• 표피의 가장 아래층에 위치하며 단층의 원주형 세포로 구성 • 모세혈관으로부터 영양분과 산소를 공급받아 세포분열을 통해 새로운 세포 형성 • 멜라닌형성세포 존재 2008 • 기저세포와 멜라닌세포는 4~10 : 1 비율로 존재

★Tip! **수분저지막(Rein Membrane)**

> 투명층과 과립층 사이에 존재하며 외부로부터 수분의 유입과 내부 수분 손실을 막아 피부의 수분 함유량을 조절한다.

(2) 진피(Dermis)

① 진피의 개념

㉠ 표피와 피하지방층 사이에 위치하며 표피보다 15~40배가량 두터운 실질적인 피부 2008

㉡ 비탄력적인 조직으로 콜라겐(Collagen Fiber, 교원섬유)과 탄력적인 엘라스틴(Elastin Fiber, 탄력섬유) 등의 단백질섬유로 구성된 결체조직과 그 사이를 채우고 있는 무정형 기질로 이루어짐

㉢ 표피에 영양분을 공급하여 표피를 지지하며, 외부 손상으로부터 피부의 다른 조직과 신체기관을 보호하는 역할

② 진피의 구조

유두층(Papillary Layer)	망상층(Reticular Layer)
• 표피와 진피와의 경계인 물결 모양의 탄력조직으로 돌기(유두)를 형성 • 혈관과 신경종말이 존재하며 모세혈관을 통해 기저세포에 산소와 영양을 공급 • 미세한 섬유질(콜라겐)과 섬유 사이의 빈 공간으로 이루어짐	• 그물 모양(망상구조)의 결합조직 • 진피의 대부분을 이루며 피하조직과 연결 • 혈관, 림프관, 한선, 피지선, 모낭 등이 존재 ※ 랑거선(Langer's Line) : 일정한 방향성을 가지고 배열, 랑거선을 따라 절개 시 상처의 흔적 최소화

③ 진피의 구성 물질 2009, 2010

㉠ 교원섬유(Collagen Fiber : 콜라겐)

- 섬유아세포에서 만들어지며 진피의 90%를 차지하고 있는 섬유단백질
- 탄력섬유와 그물 모양으로 짜여져 있어 피부에 탄력성, 신축성 부여
- 피부탄력, 신축성, 피부보습, 주름 등에 관여

㉡ 탄력섬유(Elastic Fiber : 엘라스틴)

- 섬유아세포에서 만들어지며 약 90%의 탄력소(Elastin)로 구성
- 신축성, 탄력성(Elasticity) 우수함

㉢ 기질(Ground Substance)

- 섬유성분과 세포 사이를 채우고 있는 젤(Gel) 상태의 물질
- 친수성 다당체로 물에 녹아 끈적끈적한 점액 상태로 뮤코 다당체라고 함
- 구성성분 : 하이알루론산, 황산콘드로이친 등의 글리코사미노글리칸들로 이루어짐

④ 진피층에 존재하는 세포
㉠ 섬유아세포(Fibroblast) : 진피에 가장 많은 세포로 콜라겐과 엘라스틴으로 만듦 2009
㉡ 비만세포, 대식세포 : 면역세포

(3) 피하지방층(Subcutaneous Fat)

① 피하지방을 생산하여 체온조절기능
② 탄력성 유지 : 외부의 충격으로 몸을 보호(완충작용)
③ 수분조절기능, 영양소저장기능
④ 피하지방층의 두께에 따라 비만도가 결정
⑤ 여성의 곡선미 연출

★Tip! **셀룰라이트(Cellulite)** 2010

피하지방층이 혈관이나 림프관을 눌러 혈액순환과 림프액의 순환이 원활하지 못해 피부표면이 귤껍질 처럼 울퉁불퉁해지는 현상으로 주로 엉덩이, 허벅지, 팔 등에 잘 발생한다.

3 피부의 기능

구분	내용
보호기능	• 물리적 자극에 대한 보호 : 압박, 충격, 마찰 등의 물리적 자극으로부터 보호 • 화학적 자극에 대한 보호 : 화학물질에 대한 저항성을 나타내어 보호 • 미생물로부터의 보호 : 피부표면의 피지막은 약산성(pH 5.5)으로 세균발육 억제 및 미생물 침입으로부터 보호 • 자외선으로부터의 보호 : 멜라닌 색소는 자외선을 흡수하여 신체를 보호
체온 조절기능	모세혈관의 확장과 수축작용을 통해 체온조절기능 수행
비타민 D 합성기능	자외선에 노출 시 피부 내에서 비타민 D 합성
호흡기능	• 폐호흡량의 약 1%에 해당하는 호흡작용 • 산소를 흡수하고 체내에서 발생한 탄산가스를 배출
흡수기능	• 이물질의 침투를 막고 선택적으로 투과 • 경피흡수 : 모낭, 피지선, 한선을 통해 유효성분이 진피층까지 침투 • 강제흡수 : 피부의 수분량과 온도가 높을 때, 혈액순환이 빠를 때, 유효성분의 입자가 작고 지용성일 때 흡수율이 높음
분비작용	한선을 통해 땀을 분비하고 피지선을 통해 피지를 분비
감각기능	• 통각, 촉각 : 진피 유두층에 위치 – 통각 : 피부에 가장 많이 분포 – 촉각 : 손가락, 입술, 혀 끝 등이 예민하고 발바닥이 가장 둔함 • 온각, 냉각, 압각 : 진피의 망상층에 위치
저장기능	수분, 에너지와 영양분, 혈액의 저장고 역할

(1) 피부의 pH 2009

정상적인 피부는 약산성(pH 4.5~6.5)을 띠며 세균과 외부물질, 자극으로부터 피부를 보호한다.

Tip! pH(Power of Hydrogenion)

용액 내의 수소이온 농도의 지수로 0~14로 구분한다. 7은 중성, 7 미만은 산성, 7 초과는 알칼리성이다.

(2) 피부 부속기관

① 한선(Sweat Gland)의 종류

구 분	아포크린선(Apocrine Gland : 대한선)	에크린선(Eccrine Gland : 소한선)
위 치	겨드랑이, 유두 주위, 배꼽 주위, 성기 주위, 귀 주위 등 특정부위에 존재	• 입술, 음부, 손톱 제외한 전신에 분포 • 손바닥, 발바닥, 이마, 뺨, 몸통, 팔, 다리의 순서로 분포
특 징	• 소한선보다 크며 피하지방 가까이 위치 • 모공과 연결 • pH 5.5~6.5로 단백질 함유가 많고 특유의 독특한 체취를 발생(암내, 액취증) 2009 • 사춘기 이후에 주로 발달(젊은 여성에게 많이 발생) • 성·인종을 결정짓는 물질 함유(흑인이 가장 많이 함유) • 정신적 스트레스에 반응	• 실뭉치 모양으로 진피 깊숙이 위치 • 피부에 직접 연결 • pH 3.8~5.6의 약산성인 무색, 무취 • 체온조절 • 온열성 발한, 정신성 발한, 미각성 발한
구성 성분	99%가 수분이며 1%는 NaCl, K, Ca, 젖산, 암모니아, 요산, 크레아티닌	지질(중성지방, 지방산, 콜레스테롤), 수분, 단백질, 당질, 암모니아, 철분, 형광물질

② 피지선(Sebaceous Gland)의 종류

큰 피지선	얼굴의 T-zone 부위, 목, 등, 가슴
작은 피지선	손바닥과 발바닥을 제외한 전신에 분포
독립 피지선	털과 연결되어 있지 않은 피지선(입술, 성기, 유두, 귀두)
피지선이 없는 곳	손바닥, 발바닥

㉠ 피지 성분과 분비량

- 구성성분 : 반유동성의 유성물질, 트라이글리세라이드(Triglyceride), 왁스(Wax), 스쿠알렌(Squalene), 콜레스테롤 에스터(Cholesterol Ester) 등의 중성지질로 구성
- 분비량 : 약 1~2g/1일 2009

㉡ 피지의 기능

- 피부표면을 보호
- 수분증발 억제
- 약산성으로 세균, 곰팡이 등의 미생물의 증식과 침투 억제

★ Tip!

> 피부의 피지막은 평소에는 W/O(Water in Oil) 상태이다. 땀을 흘리면 체온의 항상성을 위해 땀을 증발시키고자 O/W(Oil in Water) 상태로 변한다. 2010

③ 모발(Hair)

㉠ 모발의 기능

- 보호기능 : 유해한 외부환경(충격, 기온, 자외선 등)으로부터 피부 보호
- 장식기능 : 신체 외관에 중요한 부분(성적 매력, 미용적 효과)
- 노폐물 배출기능, 지각기능, 충격완화기능

㉡ 모발의 분류

형태에 따른 분류	길이에 따른 분류
• 직모(Straight Hair) • 반곱슬모(Wavy Hair) • 곱슬모(Kinky Hair)	• 장모 : 두발, 수염, 음모 • 단모 : 눈썹, 속눈썹, 코털

㉢ 모발의 구조

모간(Hair Shaft)	모근(Hair Root)
• 피부표면에 나와 있는 부분 • 모표피 : 모발의 가장 바깥쪽으로 모근에서 모발의 끝을 향해 비늘모양으로 겹쳐져 모피질을 보호 • 모피질 : 모발의 85~90% 차지, 멜라닌색소와 공기를 포함하여 모발을 지탱 • 모수질 : 모발의 가장 안쪽의 층으로 원형세포로 이루어짐	• 피부내부에 있는 부분 • 모낭 : 모근을 싸고 있는 조직으로 피지선과 연결 • 모구(Hair Bulb) : 모근의 아래쪽 둥근 모양 • 모세포와 멜라닌 세포 존재 • 세포분열의 시작 • 모유두 : 모구의 중심부에 모발의 영양을 관장하는 혈관이나 신경이 분포

※ 기모근 : 자율신경계에 영향을 받으며 외부의 자극에 의해 수축한다. 속눈썹, 눈썹, 겨드랑이를 제외한 대부분의 모발에 존재한다.

㉣ 모발의 성장주기

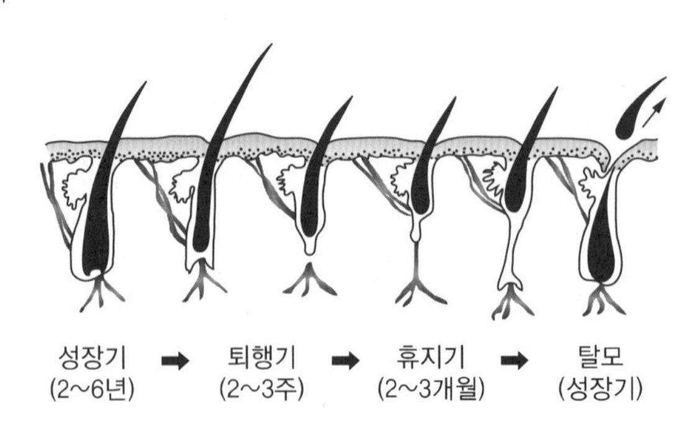

성장기(Anagen)	• 전체 모발의 85~90% • 모발이 성장을 계속하는 시기 • 평균성장기 : 3~10년(평균 0.4mm/1일)
퇴행기(Catagen)	• 전체 모발의 2% • 모발이 성장을 멈춘 시기 • 약 3주간 계속 진행
휴지기(Telogen)	• 전체 모발의 10~15% • 세포분열이 감소하다 결국 정지 • 모발의 고착력 약화되어 자연스럽게 탈락 • 지속기간 : 3개월

④ 조갑(Nail : 손톱 · 발톱)

㉠ 조갑의 기능

- 손끝과 발끝의 보호
- 물건을 잡을 때 받침대의 역할
- 손과 발의 장식적인 역할(미적 차원)

㉡ 조갑의 구조

조체(Nail Body, Plate)	손톱 본체
조상(Nail Bed)	조갑 아래 부분, 조체를 받쳐주며 모세혈관 및 신경 분포
조근(Nail Root)	조갑의 근원(뿌리 부분)
조모(Nail Metrix)	세포분열을 통해 손·발톱을 생산
조반월(Nail Lunular)	조모의 앞쪽에 희게 반달 모양으로 빛나는 충분히 각화되지 않은 부위

㉢ 조갑의 성장 2010

개인별로 차이는 있으나 평균 0.1mm/1일, 3mm/1개월 정도로 성장한다. 손톱과 발톱의 완전한 교체는 약 6개월이 걸리며 조갑은 모발과 달리 생장주기 없이 계속해서 성장한다.

㉣ 건강한 조갑의 조건

- 손가락 끝 말절골 바닥에 단단하게 부착되어 둥근 아치 형태를 이룸
- 개인차와 연령차가 있으나 12~18% 수분을 함유
- 탄력과 윤기가 있으며 일반적으로 분홍빛을 띠고 투명함

제12장 피부와 영양

영양(Nutrition)	영양소(Nutrient)
생물이 살아가는 데 필요한 에너지와 몸을 구성하는 성분을 외부에서 섭취하여 소화, 흡수, 순환, 호흡, 배설을 하는 과정	성장을 촉진하고 생리적 과정에 필요한 에너지를 공급하는 영양분이 있는 물질

1 3대 영양소 2009

(1) 탄수화물(Carbohydrate)

구분	내용
종 류	• 단당류 : 포도당, 과당, 갈락토스 • 이당류 : 맥아당, 설탕, 젖당 • 다당류 : 전분, 섬유소, 글리코겐
주요기능	• 에너지 공급 : 1g당 4kcal • 정상적인 혈당 유지 • 과다 섭취 시 : 글리코겐으로 변화되어 간이나 근육에 저장
탄수화물과 피부미용	• 과잉 공급 시 : 체질을 산성화시켜 피부면역력 저하(비만의 원인) • 섭취 부족 시 : 탈수, 저혈당, 과다한 피로

(2) 단백질(Protein)

구분	내용
종 류	• 필수 아미노산 : 인체 내에서 합성 불가, 반드시 식품을 통해 섭취 예 트립토판, 페닐알라닌, 아이소류신, 류신, 메티오닌, 발린, 트레오닌, 라이신, 히스티딘, 아르지닌 • 비필수 아미노산 : 인체 내에서 합성 가능 예 알라닌, 글라이신, 아스파르트산, 아스파라진, 글루탐산, 글루타민, 프롤린, 타이로신, 세린, 시스테인
주요기능	• 에너지 공급 : 1g당 4kcal • 신체조직의 성장과 유지 : 인체의 구성요소이며, 생명현상 유지에 필수적인 영양소, 효소와 호르몬 합성 • 면역기능 : 항체와 면역세포 형성
단백질과 피부미용	• 피부재생작용에 중요한 역할 • 과잉 공급 시 색소 침착의 원인이며, 섭취 부족 시 진피세포의 노화를 촉진시키고, 피부탄력과 면역성을 저하시킴

(3) 지방(Lipid)

종 류	• 단순지방질 : 중성지방, 밀납 • 복합지방질 : 인지질, 당지질, 지단백 • 유도지방질 : 지방산, 콜레스테롤, 스테롤
주요기능	• 에너지 공급 : 1g당 9kcal • 필수지방산의 공급원 • 지용성 비타민을 체내에 흡수 • 신체의 구성성분 • 체온 유지, 신체의 장기 보호, 유화작용
지방과 피부미용	• 피지선의 기능을 조절(피부탄력유지, 건조방지) • 과잉 공급 시 모세혈관의 노화로 피부탄력을 저하시키고, 섭취 부족 시 피부의 윤기 및 탄력을 저하시켜 피부노화를 야기함

2 5대 영양소

탄수화물, 단백질, 지방, 무기질, 비타민

(1) 무기질(Mineral)

종 류	• 다량 무기질 : 1일 섭취량 100mg 이상 예 칼슘(Ca), 인(P), 나트륨(Na), 칼륨(K), 염소(Cl), 마그네슘(Mg), 황(S) • 미량 무기질 : 1일 섭취량 100mg 미만 예 철(Fe), 구리(Cu), 아연(Zn), 플루오린(F), 아이오딘(I), 셀레늄(Se)
주요기능	• 인체 내의 대사과정을 조절하는 중요성분 • 신체의 골격과 치아조직의 형성에 관여 • 신경자극 전달, 체액의 산과 알칼리 평형조절에 관여
무기질과 피부미용	• 칼슘(Ca), 인(P), 나트륨(Na), 칼륨(K), 철(Fe), 아이오딘(I)은 피부미용에 중요한 역할 • 아연(Zn) : 백모 예방 • 칼슘(Ca), 인(P) : 피부를 진정시키는 효과

(2) 비타민(Vitamin)

주요기능	• 생리기능을 조절, 성장을 촉진 • 에너지생산 영양소의 대사를 촉진 • 인체 내에서 합성 불가(반드시 식품을 통해 섭취)
비타민과 피부미용	• 비타민 A : 모발의 건조방지(과잉 섭취 시 탈모 유발) • 비타민 C : 뛰어난 미백효과 • 비타민 D : 모발 재생, 피부 민감성 방지

(3) 비타민의 주요기능

① 수용성 비타민 : 물에 용해, 체내에 저장되지 않음

비타민 C (아스코브산, Ascorbic Acid) 2009, 2010	• 대표적인 항산화제 • 모세혈관벽 강화 • 콜라겐 합성에 관여 • 멜라닌 색소 형성 억제 • 결핍 시 : 괴혈병
비타민 B_1 (티아민, Thiamine)	• 탄수화물 대사에 도움 • 민감성 피부와 상처 치유에 좋음 • 지루성 피부 여드름 증상 • 알레르기성 증상에 작용
비타민 B_5 (판토텐산, Pantothenic Acid)	• 비타민 이용 촉진 • 감염과 스트레스에 대한 저항력 증가
비타민 B_6 (피리독신, Pyridoxine)	• 세포 재생에 관여 • 여드름, 모세혈관 확장피부에 효과적
비타민 B_7	• 신진대사 활성화 • 지방 분해 촉진, 혈중 콜레스테롤 저하
비타민 B_8	• 단백질 • 비타민 B_5, B_9의 이용 촉진
비타민 B_{12}	• 세포조직 형성 • 세포 재생 촉진 • 빈혈 방지
비타민 P 2009	• 모세혈관 저항력 강화 • 피부병 치료에 도움 • 피지 분비 조절
비타민 B_9 (엽산, Folic Acid)	• 세포의 증식, 재생에 관여 • DNA, RNA 합성 및 적혈구 생성에 필수적
비타민 H (비오틴, Biotin)	• 신진대사 활성화(탈모방지) • 염증 치유효과
비타민 B_2 (리보플라빈, Riboflavin)	• 피지 분비 조절 • 피부 보습력 증가 • 광예민, 건조, 지루성 피부, 민감한 염증성 피부에 관여

② 지용성 비타민 : 지방에 녹으며 과다 섭취 시 체내에 축적

비타민 A (레티놀, Retinol)	• 피부의 신진대사 촉진 • 피부의 각질화 과정 정상화 • 한선과 피지선의 기능 조절 • 화농성 여드름을 방지 • 함유식품 : 장어, 당근, 난황, 우유, 계란, 버터, 어류 • 결핍 시 : 야맹증
비타민 D (칼시페롤, Calciferol)	• 자외선을 통해 피부에 합성 • 함유식품 : 난황, 소간, 표고버섯, 버터, 소간 • 결핍 시 : 구루병

비타민 F	• 항산화제, 호르몬 생성 • 생식기능에 관련 • 혈액순환 촉진 • 함유식품 : 콩기름, 옥수수기름, 두부, 치즈, 계란, 시금치 • 결핍 시 : 용혈성 빈혈
비타민 K	• 혈액 응고에 관여 • 피부염과 습진에 효과적 • 모세혈관벽 강화

3 6대 영양소

탄수화물, 단백질, 지방, 무기질, 비타민, 물

(1) 수분의 특징

① 신체의 약 2/3를 차지하는 구성성분

② 생명현상 유지에 절대적

(2) 수분의 기능

① 인체를 구성하는 주요성분

② 영양소와 노폐물의 이동에 관여

③ 체내 물질대사 과정의 촉매작용

④ 신체 보호(외부충격 완충)

⑤ 체온 조절 기능

⑥ 체내 수분 균형 유지

★Tip!

피부의 수분 함량을 일정하게 유지하는 것은 피부미용에 매우 중요하다(각질층의 수분 함량 약 12~20%).

4 7대 영양소

탄수화물, 단백질, 지방, 무기질, 비타민, 물, 섬유소

(1) **열량 영양소** : 에너지 공급 예 탄수화물, 단백질, 지방

(2) **구성 영양소** : 신체 조직 구성 예 단백질, 무기질, 물

(3) **조절 영양소** : 생리기능과 대사 조절 예 비타민, 무기질, 물

제13장 피부장애와 질환

1 원발진(Primary Lesions) : 1차적 장애 2010

종 류	특 징
반점(Macule)	피부 표면에 융기나 함몰 없이 피부색의 변화가 생김(기미, 주근깨, 오타씨모반, 백반, 몽고반점 등)
구진(Papule)	• 직경 1cm 미만의 경계가 뚜렷한 작은 융기 • 여드름 초기 증상 • 흔적 없이 치유 가능
농포(Pustule)	• 1cm 미만의 경계가 뚜렷하고 단단한 돌출부위로 고름의 집합 • 치료 후 흉터가 남을 수 있음
결절(Nodule)	• 구진과 종양 사이의 중간 형태로 경계가 명확한 단단한 융기물 • 진피, 피하지방까지 침범
팽진(Wheals)	• 두드러기, 담마진 • 다양하고 불규칙하게 퍼진 일시적인 부종
소수포(Vesicles)	직경 1cm 미만의 액체를 포함한 물집(포진, 수두)
대수포(Bulla)	직경 1cm 이상의 소수포보다 큰 병변(장액성 액체 포함)
낭종(Cyst)	• 진피에 자리 잡고 통증이 동반 • 여드름의 마지막 단계(4단계)에 생성, 치료 후 흉터가 남음 2009
종양(Tumor)	• 직경 2cm 이상의 피부 증식물 • 악성종양과 양성종양으로 구분

2 속발진(Secondary Lesions) : 2차적 피부장애

종 류	특 징
인설(Scale)	피부 표면에서 떨어져 나가는 각질덩어리(비듬, 건선)
찰상(Excoriation)	가려움증(소양감)을 해소하기 위해 긁어서 나타남(찰과상)
가피(Crust)	혈청, 농, 혈액이 세균과 표피 부스러기와 섞여 피부 표면에 말라붙은 덩어리(찰과상 위 가피, 딱지)
미란(Erosion)	표피가 떨어져 나간 상태, 반흔 없이 치유 가능
균열(Fissure)	• 질병, 손상에 의해 표피에 생기는 선을 따라 깨지거나 갈라진 상태 • 건조하고 습한 상태에서 쉽게 생김(무좀, 구순염)
궤양(Ulcer)	• 표피와 진피의 소실 • 치유과정에 반흔이 생김(욕창, 3도 화상)
반흔(Scar)	피부손상, 질병에 의해 진피와 심부에 생긴 결손에 새로운 결체조직이 생성(켈로이드, 아문 상처, 외과적 절개)
위축(Atrophy)	피부가 얇아지는 상태로 주름이 생기고 혈관이 보이기도 함
태선화(Lichenification) 2009, 2010	피부가 두꺼워져 딱딱해지는 현상(만성피부염, 아토피)

3 유형별 피부질환

유 형	피부질환
온도 및 열에 의한 피부질환	• 화상(Burn) – 1도 화상 : 홍반성 화상 – 2도 화상 : 수포성 화상 2009 – 3도 화상 : 괴사성 화상 • 동상(Frostbite) • 한진(Miliaria) : 땀띠
기계적 손상에 의한 피부질환	• 굳은살(Hardned Skin) • 티눈(Corn) 2010 • 욕창(Pressure Sore)
습진(Eczema)에 의한 질환	• 접촉성 피부염 – 원발형 접촉 피부염 – 알레르기성 접촉 피부염 – 광독성 접촉 피부염 – 광알레르기성 접촉 피부염 • 지루성 피부염 • 아토피 피부염 • 건성 습진
감염성 피부질환	• 세균성 피부질환 예 농가진, 절종(종기), 봉소염 • 바이러스성 피부질환 예 수두, 대상포진, 사마귀, 감염성 연속종, 홍역 • 진균성 피부질환 예 족부백선, 조갑백선, 두부백선, 칸디다증
모발질환	원형 탈모증, 남성형 탈모증, 여성형 탈모증
색소성 피부질환	• 저색소 침착 질환 예 백색증, 백반증 • 과색소 침착 질환 예 기미, 주근깨, 흑자, 오타모반, 몽고반, 악성 흑색종 2008
안검 주위의 질환	비립종, 안검 황색종(한관종) 2010

제 14 장 피부와 광선

1 자외선 2008

(1) 자외선의 종류

종 류	자외선 A(UV-A)	자외선 B(UV-B)	자외선 C(UV-C)
파 장	320~400nm(장파장) 2011	290~320nm(중파장)	200~290nm(단파장)
특 징	• 생활자외선, 유리 통과 • 피부의 진피층까지 침투 • 콜라겐을 파괴 • 피부탄력 감소, 잔주름 유발 • 선탠(Suntan) 반응	• 레저 자외선 • 표피 및 진피 상부까지 도달 • 일광화상(Sunburn)을 일으킴 • 기미의 원인 • 유리에서 차단	• 표피의 각질층까지 도달 • 대기 중 오존층에 의해 흡수 • 살균, 소독 작용 • 자외선 살균소독기에 적용 • 피부암의 원인

(2) 자외선에 의한 부정적 피부반응

① 홍반반응
㉠ 피부가 붉어지는 현상
㉡ 자외선 조사 1시간 후 처음으로 피부에 나타나는 발적 현상
㉢ 약한 홍반 시 혈액순환 증진, 피부 건조로 인한 피지 감소 효과
㉣ 심한 홍반 시 열, 통증, 부종, 물집 등 동반

② 색소침착
㉠ 피부 색깔이 검어지는 현상
㉡ 홍반의 강도에 따라 색소 침착의 정도가 다름

③ 일광 화상
㉠ 자외선 B(UV-B)에 의해 발생
㉡ 피부가 검어지고, 일주일 정도 경과 후 표피의 두께가 두꺼워져 피부가 칙칙해짐
㉢ 심한 경우 표피 세포가 죽고 피부가 벗겨지며, 염증 · 오한 · 발열 · 물집 등 발생

④ 광노화 2009
㉠ 자외선에 노출 시 나타나는 피부의 조직학적 변화
㉡ 건조가 심해져 피부가 거칠어짐
㉢ 기저층의 각질형성 세포 증식이 빨라져 피부가 두꺼워짐
㉣ 교원섬유가 감소하여 피부 탄력 감소, 주름유발
㉤ 진피 내의 모세혈관 확장
㉥ 기미 증가, 검버섯 발생

⑤ 광과민 반응
㉠ 햇빛에 잠시만 노출되어도 과도한 일광화상을 보임
㉡ 가려움증, 발진, 착색 자국이 나타남
㉢ 광과민성 약물, 광독성 반응, 광알레르기 반응 등이 있음

(3) 자외선에 의한 긍정적 피부반응

① 비타민 D 합성에 필수적(결핍 시 구루병)
② 살균 및 소독효과
③ 혈액순환 촉진
④ 의학적 치료 : 저색소침착증의 치료

(4) 자외선 차단방법

종 류	물리적 자외선 차단제(산란제)	화학적 자외선 차단제(흡수제)	경구투여 자외선 차단제
기 능	자외선을 반사하거나 분산시키는 물리적 특성을 이용하여 자외선 차단	자외선을 흡수하여 태양광선 에너지를 잡아두는 방법으로 자외선 차단	입을 통해 섭취함으로써 자외선 차단
종 류	아연산화물, 타이타늄산화물, 철산화물, 마그네슘산화물	PABA 유도체, 살리실산유도체, 신남산유도체, 벤조페논류	베타-카로틴(비타민 A의 전구체), 칸타잔틴
단 점	피부 부작용은 없으나 백탁현상으로 인해 사용감이 좋지 않음	흡수가 용이하나 복합성 피부에 사용 시 자극성 접촉 피부염 유발	자외선을 부분적 차단(큰 효과 기대 불가)

(5) 자외선 차단지수(SPF ; Sun Protection Factor)

자외선 B(UV-B) 차단제품 사용 시 차단효과를 나타내는 지수

$$\text{자외선 차단지수(SPF)} = \frac{\text{자외선 차단제품을 사용했을 때의 최소 홍반량(MED)}}{\text{자외선 차단제품을 사용하지 않았을 때의 최소 홍반량(MED)}}$$

※ 자외선 A(UV-A) 차단지수(PA) : PA^{+}, PA^{++}, PA^{+++}

★Tip! MED

Minimal Erythma Dose의 약자로 홍반 유발 최소량을 의미한다.

2 적외선(Infrared Rays : 열선)

빛의 파장이 가시광선보다 더 긴 것으로 800nm~1mm 사이의 영역

(1) 적외선의 종류

① 근적외선 : 800~3,000nm

② 중적외선 : 3,000~30,000nm

③ 원적외선 : 30,000~1,000,000nm

(2) 적외선의 효과

① 혈액순환 촉진 및 신진대사 촉진

② 피부 깊숙이 영양분 침투

③ 피부 노폐물 배출 용이

④ 근육이완 및 통증 완화

⑤ 면역력 증진

★Tip!

일반적으로 적외선은 하루에 약 20분 이하로 사용하는 것이 좋다.

제15장 피부면역

1 면역의 정의

인체의 내부에서 발생하는 여러 질병이나 외부에서 침입하는 미생물이나 병원체를 방어하여 건강을 지속적으로 유지시켜 주는 기능이다.

2 면역의 종류 2008

자연면역 (선천성 면역, 비특이성 면역, 수동 면역)	획득면역 (후천성 면역, 능동 면역, 특이성 면역)
• 신체적 방어벽(일차적인 면역) : 피부, 타액, 기침, 재채기 • 화학적 방어벽 산성 내부 점액질로 인체의 방어벽 형성 • 식균작용과 염증반응 – 1차 : 백혈구가 공격해 유해물질 파괴 – 2차 : 림프구가 공격(90% 파괴)	• 항원 기억, 특이적으로 반응 • 선천성 면역을 보강해 줌 – B림프구 : 체액성 면역(항체 생산) 2011 – T림프구 : 세포성 면역(면역반응)

★Tip!

• 림포카인 : T세포(림프구)가 분비하는 단백질 전달물질
• 보체 : 약 20여 종의 단백질로 구성된 단백질복합체(항원 · 항체복합체와 비특이적 결합)

제16장 | 피부노화

1 노화 이론

① 유해산소(Oxygen Free Radical) 이론 : 여러 환경 요인으로부터 변질된 유해산소가 신체의 세포를 공격해 기능을 잃거나 변질된다는 이론으로 노화의 가장 큰 원인
② 유전자 조절 이론(DNA 프로그램이론) : DNA 유전자에 의해 수명이 결정된다는 이론
③ 세포분열 제한이론(텔로미어 단축설) : 세포분열과 함께 텔로미어가 짧아진다는 이론
④ 호르몬 이론 : 호르몬 분비의 불균형이 신체기능의 장애를 초래한다는 이론
⑤ 독소설 : 유해물질이 축적되어 노화가 진행된다는 이론

★Tip! **텔로미어(Telomere)**

DNA의 한 부분으로 세포핵 내 염색체의 양쪽 말단 부위

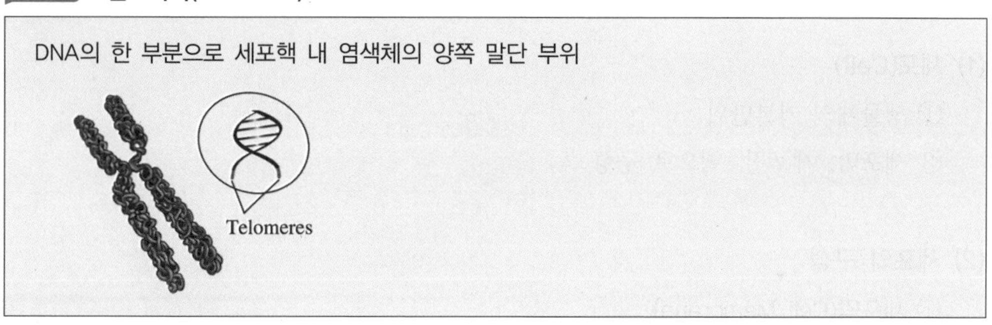

2 노화의 종류와 특징

종 류	내인성 노화 (Intrinsic Aging : 자연 노화)	광노화 (Photo Aging : 환경적 노화)
특 징	• 나이의 증가에 따라 자연적으로 발생하는 노화 • 피부(표피 · 진피) 두께가 얇아짐 • 각질형성세포 크기가 커짐 • 자외선 방어기능 저하(멜라닌 세포 감소) • 피부면역기능 감소(랑게르한스 세포의 수 감소) • 한선의 수 감소(70%) • 피부 건조와 주름 발생	• 태양광선에 의한 노화(주된 파장은 자외선 B) • 피부 건조와 주름 발생 • 피부가 두꺼워지고 탄력 저하 • 색소 침착, 모세혈관 확장 • 콜라겐의 이상 증식과 파괴

※ 노화용 화장품 : 토코페롤, 레티놀, SOD, 프로폴리스, 플라센타, 알란토인, 인삼 추출물, 은행 추출물

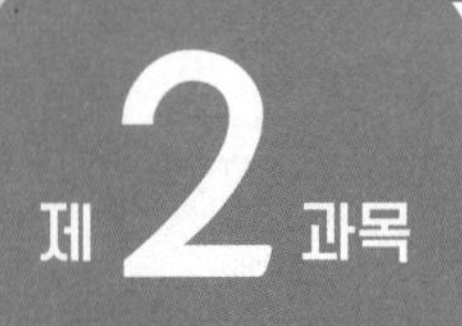

해부생리학

제 1 장 세포와 조직

1 세포와 조직

생태학적 단계 : 세포(Cell) < 조직(Tissue) < 기관(Organ) < 계통(System) < 개체(Body)

(1) 세포(Cell)

① 생물체의 기본단위

② 세포막, 세포질, 핵으로 구성

(2) 세포의 구성

① 세포막(Cell Membrane)

특 징	이중 단위막(단백질과 지질), 세포의 경계 형성, 선택적 투과 기능
성 분	인지질, 단백질, 탄수화물
기 능	외부와의 경계를 갖음, 세포의 형태 유지, 선택적 투과 기능(물질교환)

② 핵(Nucleus)

구 성	핵막, 인, 염색질, 핵질
기 능	유전정보 전달, 단백질 합성, 세포분열

③ 세포질(Cytoplasm)

종 류	특 징
미토콘드리아 (Mitochondria : 사립체)	• 이중막구조 • 분해와 합성을 통해 세포의 에너지원 ATP(아데노신삼인산염) 생산 • 세포 내 호흡 담당
리보솜 (Ribosome)	• 단백질 합성작용 • 소포체에 붙어 있거나 세포기질 내에 떠다님

종 류	특 징
소포체 (Endoplasmic Reticulum : 형질내세망)	• 여러 가지 형태의 소포들로 연결된 그물모양의 구조 – 조면소포체 : 리보솜 부착, 물질운반 담당, 합성된 단백질을 골지체로 이동 – 활면소포체 : 리보솜 부착되어 있지 않음, 지질, 인지질, 스테로이드 화합물합성
골지체(Golgi Complex)	• 단일막 구조 2011 • 단백질 합성에 관여 • 소포체에서 생산 · 운반해온 물질을 농축하여 배출
리소좀(Lysosome : 용해소체) 2011	• 단일막으로 쌓여 있는 구형의 소체 • 식세포 작용 : 외부의 이물질 분해 • 가수분해효소 포함(세포 내 소화효소에 관여)

(3) 세포막의 물질 이동

수동수송(Passive Transport)	능동수송(Active Transport)
에너지 불필요 • 확산(Diffusion) : 농도가 높은 곳에서 낮은 곳으로 이동 • 삼투(Osmosis) : 용질의 농도가 높은 곳으로 용매(물)가 이동 • 여과(Filtration) : 압력이 높은 곳에서 낮은 곳으로 이동	• 에너지(ATP) 이용 • 농도가 낮은 곳에서 높은 곳으로 이동 • 세포에서 대부분 일어나는 물질이동

제 2 장 골격계통

1 골격계(Skeletal System)의 기능 2009, 2011

(1) 신체 지지기능

(2) 보호기능

(3) 운동기능

(4) 저장기능

(5) 조혈기능

2 골(뼈)의 기본 구조

(1) **골막** : 뼈의 형성 및 조혈기능, 보호기능

(2) **골단** : 뼈의 끝부분에 위치(뼈의 길이성장 부위) 2010

(3) **해면골** : 해면질로 된 심층부의 뼈, 외부의 압력에 강함, 다공성 구조

(4) **골수강** : 뼈의 가장 안쪽에 위치, 조혈기능을 담당하는 골수가 차 있음

★Tip! **골단판**

뼈의 길이 성장을 주도

3 골(뼈)의 형태학적 분류

(1) **장골** : 대퇴골, 상완골, 요골, 비골, 결골, 척골

(2) **단골** : 수근골, 족근골

(3) **편평골** : 견갑골, 흉골, 늑골, 두개골

(4) **불규칙골** : 척추, 협골

(5) **함기골** : 측두골, 전두골, 상악골, 사골, 접형골

(6) **종자골** : 슬개골

4 골격계의 종류 2010

성인의 골격은 206개의 뼈로 구성되어 있으며, 체간골격(80개)과 체지골격(126개)으로 나눌 수 있다.

<table>
<tr><th colspan="5">골격(206개)</th></tr>
<tr><td colspan="2">체간골격(80개)</td><td colspan="3">체지골격(126개)</td></tr>
<tr><td rowspan="2">두개골(22개)</td><td>뇌두개골 : 8개
두정골 – 2
측두골 – 2
전두골 – 1
후두골 – 1
사골 – 1
접형골 – 1</td><td rowspan="8">상지골
(64개)</td><td rowspan="2">상지대
(4개)</td><td>쇄골 – 2</td></tr>
<tr><td>안면두개골 : 14개
비골 – 2
누골 – 2
관골 – 2
구개골 – 2
상악골 – 2
하비갑개 – 2
하악골 – 1
서골 – 1</td><td>견갑골 – 2</td></tr>
<tr><td rowspan="6">이소골(6개)</td><td rowspan="6">추골 – 2
등골 – 2
침골 – 2</td><td rowspan="6">자유상지골
(60개)</td><td>상완골 – 2</td></tr>
<tr><td>척골 – 2</td></tr>
<tr><td>요골 – 2</td></tr>
<tr><td>중수골 – 10</td></tr>
<tr><td>수근골 – 16</td></tr>
<tr><td>수지골 – 28</td></tr>
<tr><td colspan="2">설골(1개)</td><td rowspan="9">하지골
(62개)</td><td>하지대(2개)</td><td>관골 – 2</td></tr>
<tr><td rowspan="8">척추골(26개)</td><td rowspan="8">경추 – 7
흉추 – 12
요추 – 5
천골 – 1
미골 – 1</td><td rowspan="8">자유하지골
(60개)</td><td>대퇴골 – 2</td></tr>
<tr><td>슬개골 – 2</td></tr>
<tr><td>비골 – 2</td></tr>
<tr><td>경골 – 2</td></tr>
<tr><td>족근골 – 14</td></tr>
<tr><td>중족골 – 10</td></tr>
<tr><td>족지골 – 28</td></tr>
<tr><td colspan="2">늑골(24개)</td><td colspan="3" rowspan="2">–</td></tr>
<tr><td colspan="2">흉골(1개)</td></tr>
<tr><td colspan="2">합계 80개</td><td colspan="3">합계 126개</td></tr>
<tr><td colspan="5">골격의 총합 206개</td></tr>
</table>

5 관절(Articulation)

(1) **섬유관절** : 뼈와 뼈 사이를 섬유성 결합조직이 연결(두개골의 봉합, 인대결합, 정식 – 치아를 턱에 고정시키는 것)

(2) **연골관절** : 연골조직에 뼈가 연결

(3) **윤활관절** : 윤활액이 있어 잘 움직임, 팔 다리 등에서 많이 관찰

6 연 골 2009

골과 골 사이의 충격을 완화시키고 완충 역할을 하는 결합조직이다. 연골 세포와 섬유와 구성되어 있다.

제3장 근육계통

1 근수축의 종류

(1) **연축** : 1회의 자극으로 단시간 수축, 다시 돌아감

(2) **강축** : 짧은 간격으로 반복된 연축에 의해 나타나는 지속적인 수축 2008

(3) **긴장** : 약한 자극이 지속적으로 근육에 나타나는 약한 수축

(4) **강직** : 활동 전압이 일어나지 않고 근육이 딱딱하게 굳은 상태

★Tip! **액틴과 마이오신** 2009

근육의 수축에 관여

2 근육의 기능 2008, 2009

(1) 신체운동에 관여

(2) 자세 유지

(3) 에너지 산출 및 체열 생산

(4) 혈관 수축에 의한 혈액순환 촉진

(5) 소화운동작용

(6) 호흡 및 배뇨·배변 활동

★ Tip!

- 길항근 : 서로 반대되는 작용을 하는 근육 2009
- 신근 : 관절에서 골격을 신전시키는 근육
- 굴근 : 관절로 연결된 두 뼈의 각도가 0°에 가깝게 작용하는 근육(신근과 굴근은 서로 길항근)
- 주동근 : 관절의 움직임을 주도하는 근육
- 협력근 : 주동근을 도와주는 근육
- 가소성 : 평활근을 당겼을 때 외력(Tention)의 큰 변화 없이 본래 길이의 몇 배까지 늘어나는 것

3 근육의 구분 2009, 2010

골격근(뼈를 싸고 있는 근육)	수의근	횡문근 (가로무늬근)	운동신경
내장근(내장을 구성하는 근육)	불수의근	평활근 (민무늬근)	자율신경 (평활근은 신경을 절단해도 자동으로 움직임)
심장근(심장근육)	불수의근	횡문근 (가로무늬근)	자율신경

4 근육의 종류

(1) **입모근** : 체온저하 방지를 위해 털을 세우는 근육 2010

(2) **안륜근** : 눈 주위의 가장 얇은 근육

(3) **저작근** : 음식물을 씹을 때 움직이는 근육으로 교근, 측두근, 내익상근, 외익상근

(4) **추미근** : 미간의 주름을 형성

제 4 장 신경계통

1 신경계의 구성

뉴런(신경원) + 신경교세포

뉴런(Neuron)	신경교세포
• 신경계를 구성하는 최소 단위 2008 • 기능적인 기본 단위 – 세포체 : 핵이 존재하며 생명의 근원 – 수상돌기 : 구심성 돌기로 외부자극을 받아 세포체에 정보 전달 – 축삭돌기 : 세포체로부터 받은 정보를 말초에 전달	• 신경세포에 필요한 물질 공급 • 세포 활동에 적합한 환경 조성 • 신경세포의 지지 • 영양 공급 • 노폐물 제거 • 식세포 작용

2 신경계의 기능

(1) 감각기능

(2) 운동기능

(3) 조정기능

(4) 전달기능

3 중추신경(CNS ; Central Nervous System)

뇌	대 뇌	• 뇌 전체의 80% 차지 • 좌 · 우 대뇌반구로 구성 • 각 대뇌반구 4개의 엽으로 구성(전두엽, 두정엽, 후두엽, 측두엽)
	간 뇌	• 대뇌와 중뇌 사이에 위치(시상과 시상하부로 구분) – 시상 : 감각의 중계역할(후각 제외) – 시상하부 : 자율신경계의 대표적 중추(체온, 수분대사, 신체 항상성 조절)
	중 뇌	• 반사중추(시각, 청각) • 안구운동과 동공수축을 조절
	연 수	• 뇌와 척수를 연결 • 생명 · 생리반사 중추(호흡, 심장, 소화기관 운동에 관여)
	소 뇌	• 뇌의 후두부에 위치 • 운동중추로 몸의 평형을 유지
척수(Spinal Cord)		• 뇌와 말초신경 사이의 흥분전달 통로 역할 • 반응을 전달하는 반사중추

(1) 말초신경(PNS ; Peripheral Nervous System)

① 체성신경계(Somatic Nervous System)

㉠ 12쌍의 뇌신경

제1신경	대 뇌	후각신경
제2신경	간 뇌	시신경
제3신경	중 뇌	동안신경
제4신경	연 수	활차신경
제5신경		삼차신경
제6신경		외전신경
제7신경		안면신경
제8신경		전정와우신경
제9신경		설인신경
제10신경		미주신경
제11신경		더부신경
제12신경		설하신경

㉡ 31쌍의 척수신경 : 척수에서 추간공을 통해 나가는 말초신경

경신경	8쌍
흉신경	12쌍
천골신경	5쌍
요신경	5쌍
미골신경	1쌍

② 자율신경계(Autonomic Nervous System) : 대뇌의 영향을 받지 않는 불수의근을 말한다.

㉠ 교감신경(Sympathetic Nerve)

㉡ 부교감신경(Parasympathetic Nerve)

분 류	동 공	심박수	혈 압	혈 관	심박출량	소화작용	위액분비	배 뇨	땀 샘
교감신경	확 대	증 가	상 승	수 축	증 가	억 제	억 제	억 제	분비↑
부교감신경	축 소	감 소	하 강	확 장	감 소	증 가	증 가	–	–

★ Tip!

야간자율학습을 참석하지 않고 몰래 도망가다 교감선생님과 마주쳤을 때, 깜짝 놀라 눈이 동그래지고(동공 확대), 심장이 두근두근(심박동 증가), 머리가 아프며(혈압 상승), 먹었던 저녁도 체한 듯(소화작용 억제와 위액분비 억제), 화장실 가고 싶던 맘도 사라지고(배뇨 억제), 손에 땀을 쥐게 된다(땀 분비 증가).

제 5 장 순환계통

혈액순환계에는 심장, 혈관, 혈액이 있고, 림프순환계에는 림프, 림프관, 림프절이 있다.

1 심 장

(1) 심장의 구조

① 심장은 2개의 방(우심방, 좌심방)과 2개의 심실(우심실, 좌심실)로 구성

② 성인 심장 평균무게 : 250~300g

③ 심방벽은 심내막, 심근, 심외막의 3개의 막으로 구성

④ 심방보다 심실이 발달(심실에서 동맥을 통해 혈액을 내보내기 위함)

★ Tip!

판막은 혈액의 역류를 막아준다.
- 우심방과 우심실 사이 : 삼첨판
- 좌심방과 좌심실 사이 : 이첨판

(2) 혈액순환의 종류

① 전신순환(Systemic Circulation : 체순환)

좌심실 → 대동맥 → 소동맥 → 조직(모세혈관에서 가스교환) → 소정맥 → 대정맥 → 우심방

② 폐순환(Pulmonary Circulation : 소순환)

우심실 → 폐동맥 → 폐(가스교환) → 폐정맥 → 좌심방

2 혈 관

동맥(Artery)	정맥(Vein)	모세혈관(Capillary)
• 심장에서 온몸으로 혈액을 보내주는 혈관 • 내막, 중막, 외막의 3층 구조(중막인 평활근이 발달)	• 온몸을 돌고 심장으로 혈액을 들어오게 하는 혈관 • 이산화탄소와 노폐물 함유(판막존재 : 역류방지)	• 소동맥과 소정맥을 연결하는 혈관 • 온몸에 그물모양으로 퍼져 있음 • 물질교환(확산, 교환)

3 혈 액

(1) 혈액의 기능

① 물질의 운반 : 산소, 이산화탄소, 영양분과 노폐물, 호르몬 운반작용

② 몸의 보호 : 림프구에서 항체를 만들고 면역물질을 함유

③ 항상성 유지 : 체온조절, 세포의 일정한 수분 유지, 체액의 pH 조절

④ 혈액 응고기능 : 피브린, 프로트롬빈, 칼슘이온, 혈소판 등

⑤ 인체의 8%를 차지 2010

(2) 혈액의 구성 : 혈구(45%), 혈장(55%)으로 구성

혈구(Blood Corpuscle)	혈장(Plasma)
• 적혈구 : 골수에서 생산, 간, 비장에서 파괴(수명 120일) • 백혈구 : 항체 생산과 감염 조절(식균작용) • 혈소판 : 지혈 및 응고작용	• 90%의 수분과 10%의 전해질, 영양소, 혈장단백질 등으로 구성 • 삼투압 및 체온 유지, 항체, 혈액응고 기전

4 림프계(Lymphatic System)

(1) 림프의 기능

① 신체방어작용(포식작용과 면역반응을 통한 방어작용)을 한다.

② 소장에서 흡수한 지방을 운반한다.

③ 체액의 흐름을 담당한다(유출된 액체를 되돌리는 기능).

(2) 림프관(Lymphatic Duct)

역류를 방지하는 판막이 존재하며 조직액을 흉관과 우림프관으로 모아 정맥으로 유입한다.

(3) 림프절(Lymphatic Node)

① 유해물질 여과

② 신체 방어 : 식균 작용

③ 림프구 생산 : 면역체를 만들어내는 역할

제 6 장 소화기계통

1 소 화

섭취한 영양소를 체내에서 흡수할 수 있도록 작게 분해하는 과정

2 소화기관

소화작용을 담당하는 기관

(1) **소화관** : 음식물이 지나가며 소화와 흡수가 일어나는 통로

음식물의 이동경로
입 → 인두 → 식도 → 위 → 소장 → 대장 → 항문

(2) **소화부속기관** : 간, 담낭, 췌장(이자), 침샘, 장샘

① 구강(Oral Cavity)

㉠ 저작운동(씹는 운동) : 음식물을 씹어 부수어 타액(침)과 잘 섞이게 하여 소화관으로의 이동 시 흡수를 돕는 작용

㉡ 침샘분비기능 : 침샘에서 침을 분비(아밀레이스 포함)

② 인두(Pharynx) : 구강과 식도 사이에 위치하며, 연하작용과 기도로 이용

③ 식도(Esophagus) : 음식물을 인두에서 위로 이동(연동운동)

④ 위(Stomach)

㉠ 기계적 분절운동

㉡ 소화액 분비 : 단백질 분해효소인 펩신과 염산 분비(1~1.5L/1일)

⑤ 소장(Small Intestine)

㉠ 이자액 : 이자에서 십이지장으로 분비

㉡ 담즙 : 간에서 생성되어 쓸개에 저장, 십이지장으로 분비

㉢ 장액 : 탄수화물 소화효소, 단백질 소화 효소 함유

㉣ 영양소의 분해 : 융모돌기를 통한 영양분의 흡수

⑥ 대장(Large Intestine)

맹장 → 결장 → 직장 → 항문

㉠ 맹장 : 소장의 말단부에서 대장으로 연결되는 부위

㉡ 결장 : 상행결장, 횡행결장, 하행결장, S상 결장으로 구성

㉢ 직장 : S상 결장에서 항문으로 연결되는 부위

㉣ 항문 : 위창자관의 가장 아래쪽에 있는 구멍으로 괄약근을 통해 움직임

⑦ 간(Liver)

㉠ 당대사작용 : 혈관 내 포도당을 글리코겐의 형태로 저장

㉡ 담즙생산

㉢ 해독작용

㉣ 혈액응고인자 합성

⑧ 담낭(Gall Bladder) : 간세포에서 만들어진 담즙을 농축 및 저장한다. 음식물이 십이지장 내로 들어오면 분비하여 지방의 소화와 흡수를 돕는다.

⑨ 췌장(Pancreas, 이자) : 호르몬과 소화효소를 분비

㉠ 내분비선의 기능 : 인슐린, 글루카곤 분비

㉡ 외분비선의 기능 : 탄수화물, 단백질, 지방 분해효소 분비

★Tip! 소화 분해효소 2009, 2010

- 단백질 : 트립신, 펩신
- 탄수화물 : 아밀레이스
- 지방 : 리페이스

제 7 장 내분비계통

- 외분비선(Exocrine Gland) : 타액(침), 한선(땀)에서 분비되는 분비물질을 도관을 통해 체외, 체강으로 분비하는 선
- 내분비선(Endocrine Gland) : 일정한 도관 없이 분비물을 직접 혈액으로 방출하는 선조직

1 인체 호르몬의 종류와 기능

(1) 뇌하수체 호르몬

구분	호르몬
뇌하수체 전엽	• 성장호르몬(GH ; Growth Hormon) • 갑상선자극호르몬(TSH ; Thyroid Stimulating Hormone) • 부신피질자극호르몬(ACTH ; Adrenocorticotropic Hormone) • 유즙분비자극호르몬(Prolactine) • 난포자극호르몬(FSH ; Follicle Stimulating Hormone)
뇌하수체 중엽	멜라닌세포자극호르몬(MSH ; Melanocyte Stimulating Hormone)
뇌하수체 후엽	• 항이뇨호르몬(ADH ; Antidiuretic Hormone) • 옥시토신(Oxytocin)

(2) 갑상선 호르몬(Tyroid Hormone) : 타이록신 분비

① 갑상선 기능 항진증 : 기초대사량 증가, 불안, 초조, 체중 감소, 안구 돌출

② 갑상선 기능 저하증 : 기초대사량 감소, 피부 건조, 탈모, 무기력증, 변비

(3) 부갑상선 호르몬(PTH ; Parathyroid Hormone)

① 갑상선 후하방에 각 한 쌍씩 총 4개가 있음

② 혈액 내 칼슘 농도를 조절

㉠ 기능 항진 : 피곤, 관절통, 골다공증, 고칼슘혈증

㉡ 기능 저하 : 근육의 수축과 경련(Tetany : 테타니)

(4) 췌장(Pancreas) 호르몬

내분비선과 외분비선을 겸한 혼합성 기관

① 랑게르한스섬 α세포 : 혈당 상승, 글루카곤 분비

② 랑게르한스섬 β세포 : 혈당 저하, 인슐린 분비

★Tip! **제1형 당뇨(DM ; Diabetes Mellitus)**

랑게르한스섬 β세포에서 인슐린 분비가 잘되지 않는 경우

(5) 부신(Adrenal) 호르몬

① 부신 피질 호르몬 : 염류코티코이드(알도스테론), 당류코티코이드(코티솔), 부신안드로겐(성 호르몬)

② 부신 수질 호르몬 : 카테콜아민계 호르몬 분비, 아드레날린

(6) 성호르몬 2010

① 난소(Ovary)

㉠ 에스트로겐(난포자극 호르몬) : 난포를 자극하여 난자 성숙

㉡ 프로게스테론 분비(황체호르몬) : 임신을 준비하고 유지하는 작용, 유즙 분비촉진

② 고환(Testicle) : 테스토스테론(Testosterone) 분비

제 8 장 비뇨생식기계통

1 신장의 구조와 기능

(1) 피질(Cortex)

① 신장의 바깥부분

② 신소체

③ 사구체(모세혈관) + 보먼주머니 : 말피기소체

(2) 수질(Medulla)

① 신장의 안쪽부분

② 세뇨관과 집합관이 분포

(3) 신 우

소변이 모이는 곳으로 요도를 통해 배출

2 신원(Nephron, 네프론)

신장의 구조적·기능적 단위, 한쪽에 약 100만개씩 존재

3 요의 생성 및 배뇨 과정 2010

(1) 요의 생성

사구체 여과 → 세뇨관 재흡수 → 세뇨관 분비

(2) 배뇨 과정

생성된 소변 → 집합관 → 신우 → 수뇨관 → 방광 → 요도를 통해 배출

4 생식기계

(1) 남성 생식기

고환, 부고환, 정관, 정낭, 전립선, 음경, 음낭, 정액

(2) 여성 생식기

난소, 난관, 자궁, 질과 외음부

피부미용기기학

제 1 장 피부미용기기

1 기본용어

(1) 물 질

물체를 이루는 본바탕

(2) 원 자

물질을 이루는 가장 작은 단위

(3) 이 온 2009

① 원자나 분자가 전자를 잃거나 얻은 상태로 전기적 특성이 있음

② 종 류

㉠ 양이온 : 전자를 잃어버려 양전하를 띰

㉡ 음이온 : 전자를 받아들여 음전하를 띰

2 전기의 분류 및 용어

(1) 전 기

전자가 한 원자에서 다른 원자로 이동하는 현상으로 전자를 잃으면 +, 전자를 얻으면 −를 띰

(2) 전기의 분류

① 정전기 : 마찰전기로 정지해 있는 전기

② 동전기 : 직류와 교류가 같이 움직이는 전기

(3) 전기 용어 2008, 2009, 2010

분 류	정 의
전 류 2009, 2011	• 전도체를 따라 한 방향으로 흐르는 전자의 흐름 • +극에서 −극 쪽으로 흐름 • 전자와 전류의 방향은 반대 • 흐르는 방향과 주파수에 따라 전류 분류 • 1초에 한 점을 통과하는 전하량으로 전류의 세기를 나타냄 • 전기의 에너지가 높은 곳에서 낮은 곳으로 연속적으로 전하가 이동하는 현상
암페어	전류의 세기[단위 : A(암페어)]
전 압	전류를 흐르게 하는 압력[단위 : V(볼트)]
저 항	전류의 흐름을 방해하는 성질[단위 : Ω(옴)]
전 력	일정 시간 동안 사용되는 전류량[단위 : W(와트)]
주파수 2011	1초 동안 반복되는 진동 횟수[단위 : Hz(헤르츠)]
전도체	전류가 잘 통하는 물질
부도체	전류가 잘 통하지 않는 물질

★Tip! **전해질**

용액 내에서 이온화되어 전류를 흐르게 하는 물질

3 전류의 분류

(1) 흐르는 방향에 따른 분류 2009

종 류	특 징	
직류(DC) 2011	• 갈바닉 전류 • 시간이 지나도 전류의 흐르는 방향과 크기가 변함없이 일정하게 한쪽으로 흐르는 전류	
교류(AC)	• 시간의 흐름에 따라 전류의 방향과 크기가 주기적으로 변하는 전류 • 종류 : 격동전류, 정현파전류, 감응전류	
	격동전류	전류의 세기가 순간적으로 강약으로 변하는 전류
	정현파전류	시간의 흐름에 따라 대칭적으로 방향과 크기가 변하는 전류
	감응전류 2010	• 시간의 흐름에 따라 비대칭적으로 방향과 크기가 변하는 전류 • 종류 : 저주파, 중주파, 고주파 • 효과 : 노폐물 배출 및 혈액순환 촉진, 근육운동을 통한 근육상태 개선

(2) 주파수에 따른 분류

종 류	특 징
저주파	• 1~1,000Hz 이하 • 근육, 신경 자극
중주파	• 1,000~10,000Hz 이하 • 피부 자극이 거의 없음
고주파	• 10,000Hz 이상 • 심부열 발생

4 피부미용기기의 종류 및 기능

(1) 안면 피부미용기기

구 분	종 류	기 능
피부분석기기 2010, 2011	확대경 2011	• 육안으로 구분하기 힘든 문제성 피부 관찰에 용이 • 확대경 켜기 전 아이패드 적용 • 면포 제거 등에 용이
	우드램프	• 자외선 램프에 표시되는 색을 통해 피부상태 분석 • 피부를 어둡게 하여 사용 • 피부의 심층 상태 및 문제점을 명확히 분별가능
	스킨스코프 2009	정교한 피부 분석과 관리사와 고객이 동시에 분석할 수 있음
	유분 측정기	• 특수 플라스틱 테이프를 이용하여 측정 • 플라스틱 테이프를 피부에 30초 정도 눌러준 후 측정구에 꽂아 측정
	수분 측정기	• 유리 탐침을 피부에 눌러 측정 • 직사광선, 직접조명 아래에서 측정하지 않음 • 운동 직후 바로 측정하지 않고 휴식 후 측정 • 적정 측정 환경온도 20~22°C, 습도 40~60%
	pH 측정기	피부 산도 측정
토닉 분무기기	루카스 스프레이 머신	토닉 효과
영양 침투기기	적외선 램프 2008	• 온열작용, 근육이완, 영양분 침투가 용이
	이온토포레시스	• 갈바닉 기기의 이온 영동법 • 음극(−)과 양극(−)의 극성인력 법칙을 이용한 영양관리 방법
	고주파기	심부열 발생, 살균효과, 노폐물 배출, 내분비선의 분비 활성화
	리프팅기	탄력 및 주름관리
	초음파	음파를 이용한 기기
	파라핀 왁스	• 보습 및 혈액순환 촉진 • 노화, 건성 피부에 효과

<table>
<tr><td rowspan="4">클렌징 및
딥 클렌징 기기
2009</td><td>전동 브러시
2008, 2009, 2010, 2011</td><td>• 클렌징, 딥 클렌징, 필링 효과 및 혈액순환 촉진
• 브러시는 미지근한 물에 적신 후 사용하고 피부와 수직으로 사용
• 건성, 민감성 피부는 회전속도를 느리게 해서 사용
• 농포성, 모세혈관 확장 피부는 피함
• 사용 후 중성세제나 비눗물로 세척 후 물기 제거 → 소독하여 보관</td></tr>
<tr><td>스티머
2008, 2009, 2010, 2011</td><td>• 혈액순환 촉진 및 신진대사 활성화
• 모공을 열어 각질 제거 효과와 다음 단계 영양분 흡수 촉진
• 10분 전 미리 예열
• 사용 직전 오존 스위치 켜서 스팀과 함께 사용
• 스팀이 분사되면 고객의 얼굴에 스팀을 향하게 하고 스팀 분사방향이 코를 향하지 않게 하여 사용
• 얼굴과 분사구와의 거리는 30~40cm 정도로 사용하고 민감성 피부는 좀 더 멀리 위치하여 사용
• 피부유형에 따라 스티머 시간 조정하여 사용
• 유리병 속에 세제나 오일 등이 들어가지 않게 사용</td></tr>
<tr><td>디스인크러스테이션</td><td>• 갈바닉 전류 이용
• 각질 제거 및 피지 제거, 노폐물 제거 등의 딥 클렌징 효과</td></tr>
<tr><td>진공 흡입기
2011</td><td>• 혈액순환 및 림프순환 촉진
• 피지 및 불순물 제거 효과
• 피부에 적절한 자극을 통한 피부기능 상승시킴
• 피부에 오일이나 크림을 바르고 사용하며 한 부위에 너무 오래 사용하지 않음</td></tr>
</table>

(2) 전신 피부미용기기

종 류	기 능
진공흡입기 2010	• 피부자극을 통한 피부기능 활성화 • 피지 및 노폐물 제거, 혈액순환, 림프순환 효과 • 민감 피부, 모세혈관 확장 피부, 알레르기성 피부, 심한 탄력저하 피부, 정맥류, 여드름 피부 등에는 피함
엔더몰로지기 2010	• 셀룰라이트 분해 시 많이 사용 • 용도에 맞는 제품을 바른 후 말초에서 심장 방향으로 사용
바이브레이터기 2009	• 진동에 의해 근육운동과 지방 분해 효과 • 뼈 부위 피하고 넓은 부위를 연결감 있게 사용 • 헤드부분 고정에 주의하면서 사용
프레셔테라피	• 공기압을 이용한 압박요법 • 다리부종 등에 많이 사용
저주파기	탄력효과
중주파기	림프 및 혈액순환 촉진, 지방 분해
고주파기	심부열 발생, 혈액순환, 재생효과
초음파기 2011	• 노폐물 제거, 영양분 침투, 탄력 • 스킨 스크럽의 경우 신진대사 촉진, 각질제거, 피부 정화 작용

(3) 광선 및 열을 이용한 관리기기

구 분	종 류
광선 관리기기 2009, 2010	• 적외선기 – 적외선 램프, 원적외선 사우나, 원적외선 마사지기 – 자외선 광선기기 사용 전에는 사용을 피함 • 자외선기 – 선탠기, 살균 소독기, 우드램프 – 주로 자외선 램프의 경우는 UV-A광선을 사용 – 살균 소독기의 경우 살균이 강한 화학선이므로 사용 시 주의를 요함 • 컬러테라피 기기
열 관리기기 2008, 2010	• 스티머 • 파라핀왁스기 : 손 관리, 팩 관리, 온열효과, 혈액순환 촉진 2011 • 왁스워머 • 고주파기 • 적외선

제2장 피부미용기기 사용법

1 기기 사용법

(1) 우드램프

① 원 리 2009, 2011

자외선 파장을 이용한 기기로 우드램프에 나타나는 색상을 통해 여러 형태의 피부상태 파악

② 주의사항

주위 조명 어둡게 하고 아이패드로 눈을 보호한 후 사용

③ 우드램프를 통한 피부진단 2008, 2009, 2010, 2011

피부 상태	우드램프 반응 색상
정상 피부	청백색
건성, 수분부족 피부	연보라색
민감, 모세혈관 확장 피부	진보라색
지성, 피지, 여드름	오렌지색
노화 각질, 두꺼운 각질층	흰 색
색소 침착	암갈색
비립종	노란색
먼지, 이물질	하얀 형광색

(2) 갈바닉 기기

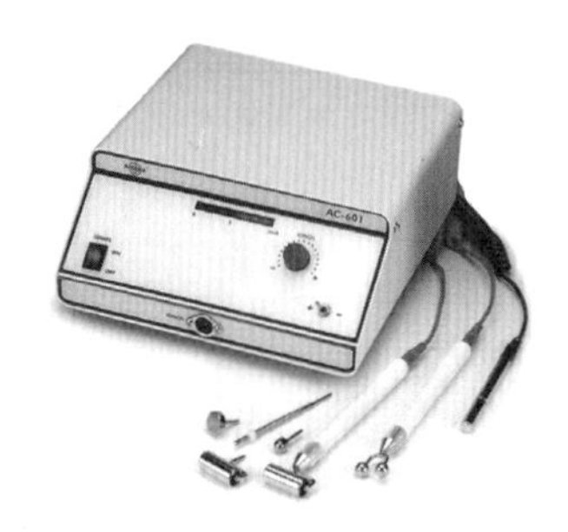

① 원 리

직류의 양극(+), 음극(−)의 성질을 이용한 관리

★ Tip!

갈바닉 직류기는 교류를 직류로 변환시키며, 이때 얻어지는 직류를 갈바닉 전류라고 한다.

② 음극, 양극 효과 2009, 2010, 2011

음극 효과	양극 효과
알칼리 반응, 아나포레시스	산 반응, 카타포레시스
알칼리성 물질 침투에 적용	산성 물질 침투에 적용
피부조직 이완	피부조직 강화
모공, 한선, 혈관 확장	모공, 한선, 혈관 수축
신경자극 증가	신경 안정 및 진정

③ 종 류

구 분	이온토포레시스(이온영동법) 2010	디스인크러스테이션 2009, 2011
원 리	음극과 양극의 특성을 이용하여 유효성분을 침투시키는 영양관리	• 알칼리 성분을 이용한 딥 클렌징 • 직류가 식염수를 통과할 때 발생하는 화학작용을 이용(화학적인 전기분해)
효 과	• 영양분 침투 • 림프순환, 혈액순환 촉진	• 딥 클렌징 • 노폐물 배출 • 알칼리 성분으로 지성과 여드름 피부에 용이, 건성피부는 피함
사용법	• 고객용 전극봉 : 젖은 스펀지나 패드로 감싸서 사용 • 관리사용 전극 : 젖은 솜으로 감아 사용 • 앰플 준비 : 오일타입은 전이되지 않으므로 수용성 앰플 준비	• 피부 클렌징 • 음극봉은 안면에 양극봉은 고객의 손이나 등에 부착 • 소금물에 기기와 전극봉을 균일하게 적심 • 유화젤리를 눈 주변에 사용해 섬광 예방 • 관리 중에 건조해지지 않게 관리 • 전극봉을 계속 적셔주며 사용
주의사항	• 스위치를 끈 상태에서 극성 변환 • 전극봉이 피부에 부착된 상태에서 기기 작동 • 전극봉이 피부에서 떨어지지 않게 주의하면서 물질 침투 • 임산부, 인공심박기, 당뇨, 모세혈관 확장증, 금속이식 수술자, 간질환자 등은 피함	

(3) 컬러테라피 기기

① 원 리

㉠ 빛의 에너지를 활용하여 피부 및 전신을 관리하는 기기

㉡ 인체의 각각의 부위에 맞는 컬러를 적용하여 일정 시간 동안 조사하는 방법으로 부작용이나 감염의 우려 없이 안전하게 사용할 수 있음

② 색상별 미치는 효과 2009, 2011

㉠ 빨강 : 혈액순환 증진, 세포재생 및 활성화, 근조직 이완, 셀룰라이트 개선

㉡ 녹색 : 신경안정 및 신체 평형유지, 스트레스성 여드름 관리

㉢ 파랑 : 염증 및 열 진정효과, 부종완화

㉣ 노랑 : 소화기계 기능 강화, 신경자극, 결합섬유 생성 촉진

㉤ 주황 : 신진대사 촉진, 긴장이완, 세포재생

(4) 고주파기

① 원 리 2010

100,000Hz 테슬라 전류(교류전류)를 이용하여 근육의 움직임 없이 신체 내의 심부열을 발생시켜 피부를 관리

② 종류 및 효과 2010

종 류	효 과
직접법 2009, 2011	• 지성, 여드름 피부에 효과적 • 피부에 푸른색 유리관으로 스파크를 일으켜 모공 수축, 살균효과, 염증성 여드름 관리(스파클링 효과) • 사용부위에 따라 유리 전극봉이 다양함 • 오일을 바르지 않은 상태에서 안면에 거즈를 덮고 시술
간접법 2009	• 건성피부, 노화피부에 효과적 • 혈액순환 촉진, 온열효과와 긴장이완 효과, 영양분 공급 • 전극봉과 홀더를 고객이 잡게 한 후 관리사의 손으로 고객의 얼굴을 관리 • 고객의 한쪽 손에는 코일이 내장된 유리 전극봉이 끼워진 홀더를, 다른 한쪽 손에는 유리전극봉을 잡게 하고 사용

화장품학

제1장 화장품학 개론

1 화장품의 정의(화장품법 제2조) 2010

인체를 청결·미화하여 매력을 더하고 용모를 밝게 변화시키거나 피부·모발의 건강을 유지 또는 증진하기 위해 인체에 바르고 문지르거나 뿌리는 등 이와 유사한 방법으로 사용되는 물품으로서 인체에 대한 작용이 경미한 것을 말한다. 다만, 의약품에 해당하는 물품은 제외한다.

(1) 화장품의 4대 요건 2008, 2009, 2010

① 안전성 : 피부에 대한 자극, 알레르기, 독성 등이 없을 것
② 안정성 : 제품 보관에 따른 변질, 변색, 변취, 미생물 오염이 없을 것
③ 사용성 : 사용감이 좋고, 편리성이 있을 것
④ 유효성 : 보습, 노화 억제, 자외선 차단, 미백 등의 효과가 있을 것

(2) 기능성 화장품 2009, 2010

특정 효과 및 효능을 갖는 제품이다.

종 류	특 징
미 백	피부의 미백에 도움을 주는 제품
주름개선	피부의 주름개선에 도움을 주는 제품
자외선 차단	피부를 곱게 태워주거나 자외선으로부터 피부를 보호하는 데에 도움을 주는 제품
여드름 완화	여드름피부를 완화하는 데 도움을 주는 제품
아토피피부 완화	아토피피부로 인한 건조함을 완화하는 데 도움을 주는 제품
튼살개선	튼살로 인한 건조함 등을 완화하는 데 도움을 주는 제품
염모제, 탈색제	모발의 색상을 변화(탈염, 탈색)시키는 기능을 가진 제품
양모제	탈모증상의 완화에 도움을 주는 제품
제모제	체모를 제거하는 기능을 가진 제품

(3) 화장품 · 의약외품 · 의약품 2009

구 분	화장품	의약외품	의약품
사용목적	청결, 미화	위생, 미화	치료, 진단, 예방
대 상	정상인	정상인	환 자
사용기간	장기간	장기간	일정 기간/단기간
부작용	없어야 함	없어야 함	가능성 있음
예 시	스킨, 로션, 크림	치약, 염색제, 여성 청결제	소화제, 진통제, 항생제

2 화장품의 분류 2009, 2010

사용부위	분 류	사용목적	주요 제품
페이셜	기초 화장품	세 안	클렌징 크림, 클렌징 폼, 클렌징 오일
		정 돈	화장수
		보호, 영양	에센스, 로션, 크림, 팩
	메이크업	베이스 메이크업	메이크업 베이스, 파운데이션, 파우더
		포인트 메이크업	아이섀도, 아이라이너, 마스카라
네 일	미용용	미 용	네일에나멜, 베이스코트, 탑코트, 리무버
	보호용	보 호	큐티클 크림, 네일 보강제
헤 어	두발용	세 발	샴푸, 린스
		트리트먼트	헤어 트리트먼트제
		정 발	헤어 무스, 헤어 젤, 헤어 스프레이, 헤어 왁스
		퍼머넌트 웨이브	퍼머넌트 웨이브 로션
		염모, 탈색	헤어컬러, 헤어 블리치, 컬러린스
	두피용	육모, 양모	육모제, 양모제(헤어토닉)
		스켈프 트리트먼트	스켈프 트리트먼트제
보 디	보디 화장품	세 정	비누, 보디클렌저
		보디 트리트먼트	보디 로션, 보디 오일, 핸드크림
		제한, 방취	데오도란트
		자외선 태닝	선스크린, 선블록, 선탠 오일
기 타	방향 화장품	방 향	퍼퓸, 샤워코롱
	아로마테라피	항스트레스, 진정 이완	에센셜 오일, 캐리어 오일

제 2 장 | 화장품 제조

1 화장품의 원료 2008, 2009, 2010, 2011

화장품은 물, 유성원료, 계면활성제, 보습제, 방부제, 산화방지제, 착색료, 향료 등을 기본으로 약 20~50여 가지의 성분으로 구성된다.

구 분	종 류	효 과
수성원료	물(Aqua, Purified Water, Deionized Water)	기초 화장품의 기본
	에탄올(Ethanol, Ethyl Alcohol)	청량감, 수렴, 살균, 소독 효과
유성원료	식물성 오일 : 올리브유, 호호바 오일	피부 자극이 없으나 부패가 쉬움
	동물성 오일 : 라놀린(양모), 스쿠알렌, 난황유	피부 친화성이 좋음
	광물성 오일 : 미네랄 오일, 실리콘, 바셀린	변질의 우려가 없으나 피부 호흡 방해
	고급 지방산 : 스테아르산, 팔미트산	천연 유지, 밀납 등에 함유
	고급 알코올 : 세틸 알코올, 올레일 알코올	유화 안정 보조제
	에스터계 : 뷰틸스테아레이트	산과 알코올의 합성. 산뜻한 촉감, 피부 유연성
	왁스 : 카르나우바 왁스, 밀납, 라놀린	립스틱, 파운데이션에 광택과 사용감 향상
계면활성제 (Surfactants)	양이온성 : 염화벤잘코늄	살균, 소독, 정전기 억제. 헤어 린스 등에 사용
	음이온성 : 알킬황산나트륨	세정 효과. 비누, 클렌징, 치약, 샴푸에 사용
	양쪽성 : 알킬다이메틸아미노초산베타인	저자극, 세정·살균·유연 효과. 베이비 제품에 사용
	비이온성 : 폴리옥시에틸렌	저자극, 안정성, 유화력 강함. 기초 화장품에 사용
보습제 (Humectants)	폴리올계 : 글리세린, PEG, PPG	유연 보습
	고분자 다당류 : 하이알루론산염	유연 보습
	천연보습인자 : 아미노산, 요소, Sodium PCA	보습 흡습
방부제	파라벤계 : 파라옥시향산메틸, 파라옥시안식향산프로필	세균 억제, 방부
	이미다졸리다이닐우레아	자극성, 파라벤류와 혼합 사용
산화방지제	BHA(뷰틸하이드록시아니솔), 비타민 E(토코페롤)	성분의 산화 방지
pH 조절제	시트릭산, 암모늄 카보나이트	산도 조절
착색료	염료 : 타르색소	물과 오일에 녹음. 화장품 자체의 색상
	안료 : 무기안료(탈크, 이산화타이타늄), 유기안료, 레이크	물과 오일에 녹지 않음. 메이크업 제품에 사용
	천연색소 : 헤나, 카로틴, 클로로필, 카르타민	안정성이 높으나 착색·광택·지속성이 약함
향 료	천연 식물성 : 계피, 그레이프프루트, 페퍼민트	-
	천연 동물성 : 사향, 영묘향, 용연향, 해리향	-
	합성향료	-
피막제/ 점도조절제	폴리비닐알코올(PVA), 잔탄검(Xanthangum), 폴리비닐피롤리돈, 셀룰로스 유도체, 젤라틴	점도를 증가 또는 감소시키는 역할
활성성분 (유효성분)	건성용 : 하이알루론산, Sodium PCA, 콜라겐	피부 보습
	노화 : 레티놀, 비타민 E(토코페롤), AHA, SOD	항산화, 항노화, 재생
	민감성 : 아줄렌, 비타민 P, 비타민 K, 위치하젤	항염, 항알레르기, 진정
	지성용 : 살리실산(BHA), 글리시리진산, 아줄렌	각질 제거, 살균, 피지 조절 및 억제
	미백용 : 알부틴, 비타민 C, 코지산	멜라닌 색소 효소 억제

※ 계면활성제 2008, 2009

- 표면장력을 낮춰 표면을 활성화시키는 물질
- 둥근머리모양의 친수성기와 막대꼬리모양의 친유성기로 구성
- 피부 자극 순서 : 양이온성 > 음이온성 > 양쪽이온성 > 비이온성
- 음이온성 계면활성제 : 세정작용이 뛰어나 비누, 샴푸 등에 사용
- 비이온성 계면활성제 : 피부 자극이 적어 화장수, 크림 등 기초화장품에 사용

※ 아하(AHA ; Alpha Hydroxy Acid) 2009

- 각질 제거 및 보습 효과
- 피부와 점막에 약간의 자극이 있음
- 종류 : 글라이콜산, 젖산, 사과산, 주석산, 구연산

2 화장품의 3대 제조기술 2010

(1) 분산(Dispersion)

물 또는 오일 성분에 미세한 고체 입자를 균일하게 혼합하는 기술을 말한다.

예 파운데이션, 립스틱, 아이섀도

(2) 유화(Emulsion) 2009

물과 오일을 안정한 상태로 균일하게 혼합하는 기술로 유화의 형태에 따라 다음과 같이 구분할 수 있다.

유중수적형 (Water in Oil, W/O형)	Oil / Water	유분이 많아 흡수가 더디고 사용감이 무거우나 지속성이 높음	크림류
수중유적형 (Oil in Water, O/W형)	Water / Oil	흡수가 빠르고 사용감이 산뜻하나 지속성이 낮음. 지성 피부, 여드름 피부에 적당함	로션류

이 외 W/O/W, O/W/O의 다상에멀션의 형태가 있다.

(3) 가용화(Solubilization)

유성 성분을 계면활성제의 미셀작용을 이용하여 투명하게 용해시키는 것을 말한다.

예 화장수, 향수, 에센스

※ 마이셀(Micelle)

계면활성제가 오일 주위를 둘러싸 작은 집합체를 만드는 것을 마이셀이라고 한다. 마이셀은 물에 녹지 않는 물질을 용해시키는 작용을 한다.

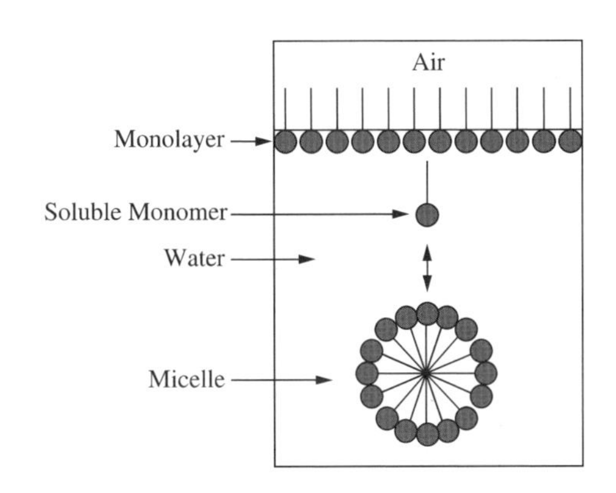

3 화장품 제조의 기본 공정

분산 → 유화 → 가용화 → 혼합 → 분쇄 → 성형 및 포장

(1) **분산** : 고속의 교반기를 회전시켜 완전 혼합, 용해시키는 공정

(2) **유화** : 유화장치를 이용하여 유성, 수성 원료를 70~80℃의 온도에서 혼합한 후 실온에서 냉각하여 크림, 로션과 같은 유액을 만드는 과정

(3) **가용화** : 교반기를 이용하여 수성원료를 알코올 원료와 섞은 뒤 여과작업을 거쳐 투명한 제품을 얻는 과정

(4) **혼합** : 안료 등을 혼합기에서 균일하게 혼합하는 과정

(5) **분쇄** : 혼합된 것을 균일하게 분쇄하는 과정

(6) **성형 및 포장** : 반제품을 완제품으로 생산하는 과정

제 3 장 화장품의 종류와 기능

1 기초 화장품

(1) 목 적

피부청결, 정돈, 보호, 영양

(2) 종 류 2010, 2011

<table>
<tr><th colspan="3">구 분</th><th>특 징</th><th>적 용</th></tr>
<tr><td rowspan="12">세안제</td><td colspan="4">이물질, 메이크업 잔여물을 제거하여 피부를 청결하게 한다.</td></tr>
<tr><td rowspan="5">닦아내는 용제형</td><td>클렌징 크림</td><td>광물성 오일 40~50% 함유, 기름 때를 녹여 제거</td><td>짙은 메이크업 시</td></tr>
<tr><td>클렌징 로션</td><td>식물성 오일, 수분함유량이 높음, 산뜻한 사용감</td><td>옅은 메이크업, 모든 피부용</td></tr>
<tr><td>클렌징 젤</td><td>유성, 수성 두 타입</td><td>• 유성 : 짙은 메이크업
• 수성 : 옅은 메이크업</td></tr>
<tr><td>클렌징 오일</td><td>세정력, 보습력 뛰어남</td><td>건성, 노화, 민감성 피부</td></tr>
<tr><td>클렌징 워터</td><td>화장수의 일종, 피부 침투성이 좋고 산뜻함</td><td>민감성 피부, 옅은 메이크업</td></tr>
<tr><td>씻어내는 계면활성제형</td><td>클렌징 폼</td><td>거품이 풍부하고 자극이 적으며 세정력 뛰어남</td><td>민감성 피부</td></tr>
<tr><td rowspan="4">딥 클렌저</td><td>스크럽(물리적)</td><td>각질 제거, 세안, 마사지 효과</td><td>• 지성 : 주 2~3회
• 건성 : 주 1~2회</td></tr>
<tr><td>고마지(물리적)</td><td>건조된 제품을 근육결대로 밀어서 각질 제거</td><td>모든 피부, 단, 민감성은 주의</td></tr>
<tr><td>효소(생물학적)</td><td>단백질 분해 효소가 각질 제거</td><td>모든 피부</td></tr>
<tr><td>AHA(화학적)</td><td>산으로 각질 제거</td><td>모든 피부, 단, 민감성은 주의</td></tr>
<tr><td rowspan="3">화장수</td><td colspan="4">피부 정돈, 보습, pH 조절</td></tr>
<tr><td>유연화장수</td><td>스킨로션/토너</td><td>보습, 피부유연</td><td>–</td></tr>
<tr><td>수렴화장수</td><td>아스트린젠트</td><td>모공 수축, 피부결 정돈, 소독</td><td>–</td></tr>
<tr><td rowspan="4">로션·에센스·크림</td><td colspan="4">수분, 영양 공급, 피부 보호기능</td></tr>
<tr><td>로션/에멀션</td><td>–</td><td>O/W형, 보습, 영양</td><td>지성 피부, 여름철 정상 피부</td></tr>
<tr><td>크 림</td><td>데이, 나이트, 화이트닝, 마사지, 모이스처, 선, 아이크림</td><td>W/O형, 피부 보호, 보습, 영양, 유분감이 많아 사용감이 무거움</td><td>–</td></tr>
<tr><td>에센스/세럼</td><td>–</td><td>O/W형, 보습, 영양, 주로 특정 목적을 위해 활성성분 첨가</td><td>–</td></tr>
</table>

팩·마스크	수분, 영양 공급, 각질 및 노폐물 제거, 혈액순환			
	필오프 (Peel-off)	코 팩	건조된 팩을 떼어내는 타입. 노폐물 및 묵은 각질 제거	주 1~2회 사용
	워시오프 (Wash-off)	머드팩	물로 씻어내는 타입	모든 피부
	티슈오프 (Tissue-off)	크림팩	거즈나 티슈로 닦아내는 타입	민감성에도 적당
	시트타입	콜라겐, 벨벳 마스크	시트를 일정 시간 붙였다 떼어내는 방법	건성, 노화, 민감성 피부
	분말타입	석고팩, 모델링	분말을 물에 개어 바르는 타입	굳는 석고팩은 민감성에 부적합

2 메이크업 화장품

(1) 목 적

결점 보완, 피부 보호, 미적 효과, 심리적 만족감

(2) 종 류 2009, 2010

구 분			특 징
베이스 메이크업	결점 커버, 피부톤 정돈, 자외선으로부터 피부 보호		
	파운데이션	리퀴드 타입	자연스러운 피부 표현, 산뜻한 사용감
		크림 타입	커버력, 지속성 우수
		케이크 타입	빠르고 간편한 사용성, 밀착력
		컨실러 타입	부분 잡티 커버
	파우더	루즈파우더(Loose Powder)	사용감이 가벼우나, 커버력이 약하고 건조
		콤팩트파우더(Compact Powder)	고형 프레스파우더, 휴대 용이, 지속성 약함
포인트 메이크업	아이브로	펜슬, 케이크 타입	눈썹 표현
	아이섀도	케이크, 크림, 펜슬 타입	눈 주위 색감과 명암 표현
	아이라이너	리퀴드, 펜슬, 케이크 타입	눈의 윤곽 표현
	마스카라	볼륨형, 롱래시형	속눈썹을 짙고 길게 표현
	립스틱	매트형, 글로스형	입술 표현
	블러셔	케이크, 크림 타입	안색, 윤곽 표현

3 모발 화장품

(1) 목 적

모발과 두피의 보호, 영양공급, 정돈, 미화

(2) 종 류

구 분	용 도	종 류	효 과
두발용	세 발	샴푸, 린스	모발과 두피의 노폐물 제거
	트리트먼트	트리트먼트, 팩	손상된 모발의 회복
	정 발	헤어 무스, 헤어 젤, 헤어 스프레이, 헤어 왁스	모발의 고정 및 정돈
	퍼머넌트 웨이브	퍼머넌트 웨이브 로션(1제, 2제)	모발에 웨이브 부여
	염모, 탈색	헤어컬러, 헤어 블리치, 컬러린스	모발의 염색 및 탈색
두피용	육모, 양모	육모제, 양모제(헤어토닉)	두피 청결, 모근 강화
	스켈프 트리트먼트	스켈프 트리트먼트제	두피 기능 정상화, 탈모예방

4 보디 화장품

(1) 목 적

보디의 청결, 유·수분 밸런스 유지

(2) 종 류 2010

용 도	종 류	효 과
세 정	비누, 보디클렌저	노폐물 제거
각질 제거	스크럽, 솔트	묵은 각질 제거
보디 트리트먼트	보디 로션, 보디 오일, 핸드크림	보습, 보호, 영양공급
제한, 방취	데오도란트	땀 억제, 항균, 냄새 제거
자외선 태닝	선스크린, 선블록, 선탠 오일	자외선으로부터 보호 또는 태닝

5 방향 화장품

(1) 향수의 요건 2009

① 향의 특징이 있어야 함

② 일정 시간 동안의 지속성이 있어야 함

③ 시대성에 부합하는 향이어야 함

④ 향의 조화가 잘 이루어져야 함

(2) 향수의 원료

① **천연향료** : 꽃, 잎, 과실, 뿌리 등의 식물에서 채취한 식물성 향료와 사향(Musk), 영묘향(Civet) 등 동물성 향료로 구분한다.

② **합성향료** : 화학적 조작으로 만들어진 방향성 물질로 가격이 저렴하며 대량생산이 가능하다.

③ **조합향료** : 천연향료와 합성향료를 배합한 향료를 말한다.

(3) 향수의 제조 과정

향료의 조합 → 희석, 용해 → 숙성, 냉각 → 여과 → 향수

(4) 농도에 따른 향수의 구분 2009, 2010

구 분	농 도	지속 시간
퍼퓸(Perfume)	15~30%	6~7시간
오데퍼퓸(EDP)	9~12%	5~6시간
오데토일렛(EDT)	6~8%	3~5시간
오데코롱(EDC)	3~5%	1~2시간
샤워코롱	1~3%	1시간

(5) 향수의 발산 속도에 따른 구분 2010

구 분	특 징	예 시
탑 노트	향수의 첫 느낌, 휘발성 강함	시트러스, 그린
미들 노트	알코올이 날아간 후의 향	플로럴, 프루티
베이스 노트	가장 마지막의 향	우디, 무스크

제 4 장 아로마테라피(Aroma Therapy)

1 아로마테라피

아로마(Aroma : 향기)와 테라피(Theraphy : 치료)의 합성어로 식물로부터 추출한 에센셜 오일을 이용하여 마사지, 흡입, 입욕, 방향요법 등의 방법을 통해 심신을 건강하게 하는 것을 말한다. 방향요법 또는 향기요법이라 불리며 대체요법의 일종이다.

2 에센셜 오일(Essential Oil : 정유)

(1) 수증기 증류과정으로 식물에서 분리된 향기물질의 혼합체이다.

(2) 휘발성이 강하며, 지방과 오일에서 잘 녹는다.

(3) 좋은 향을 지니고 있으며, 수많은 성분으로 이루어진 복합체이다.

3 에센셜 오일의 세가지 작용

(1) **약리적 작용** : 항균, 항바이러스, 항박테리아, 항염증 작용

(2) **생리적 작용** : 혈액순환 촉진, 생리기능 촉진, 소화촉진, 진정작용

(3) **심리적 작용** : 정신적 안정 및 스트레스 완화

4 주요 에센셜 오일의 추출부위 및 작용

추출부위	주요 오일	작 용
꽃	재스민, 네롤리, 일랑일랑, 로즈	여성 호르몬과 관련, 항우울
꽃 잎	로즈마리, 라벤더, 페퍼민트, 바질	해독작용
잎	티트리, 패출리, 유칼립투스	호흡기 질환
감귤류 껍질	오렌지, 레몬, 버가못, 그레이프프루트	기분전환, 원기양성
열 매	애니시드, 펜넬, 블랙페퍼	해독작용
씨	주니퍼 베리	이뇨작용
수 지	유향, 몰약	안정성, 호흡기 질환 시 가래 배출
나 무	시더우드, 로즈우드, 샌들우드	비뇨 생식기 질환
뿌 리	진저, 베티버, 당근	신경계통, 진정제

5 추출방법

에센셜 오일을 추출하는 방법은 크게 2가지로 분류할 수 있다.

(1) 물 이외의 기타 불순물을 섞이지 않게 하는 추출방법

① 수증기 증류법(Steam Distillation)

㉠ 가장 보편적이며 대량 생산이 가능하다.

㉡ 증기, 열, 농축의 과정을 거쳐 수증기와 정유가 함께 추출되어 물과 오일을 분리시키는 방법이다.

㉢ 열에 약한 식물은 성분이 파괴될 수 있다.

② 압착법(Expression)

㉠ 껍질 등을 직접 압착하여 추출한다. 레몬, 오렌지, 버가못, 라임과 같은 시트러스 계열(감귤류)의 향기 성분을 얻는 데 이용한다.

㉡ 압착할 때 향기 성분의 파괴를 막기 위해 일반적으로 냉각 압착법을 사용한다.

(2) 용매를 이용한 추출 방법

① 앱솔루트(Absolute)

㉠ 순수 알코올인 에탄올(Ethanol)을 사용한 추출법이다. 왁스가 에탄올에 녹지 않는 성질을 이용하여 에탄올에 아로마 오일이 녹아 나오게 되면 다시 여과하여 왁스를 제거, 농축시켜 아로마 에센셜 오일을 추출한다.

㉡ 재스민, 장미 등과 같이 아로마 오일의 함량이 매우 적은 식물이나 수지 등에서 아로마 오일을 추출할 때 효과적이다.

㉢ 앱솔루트는 고도로 농축되어 오일의 농도가 진하고 향기가 강하며 고가에 판매된다.

② 인퓨즈드(Infused) : 올리브 오일 같은 식물성 캐리어 오일에 담가두어 숙성시킨 후, 성분들이 오일에 녹아 나오도록 하는 추출법이다.

③ 엔플루라지(Enfleurage) : 라드(Lard)라는 동물성 기름을 사용하여 추출한다. 꽃의 정교한 정유 추출 시 사용하는 데 수고가 필요한 작업으로 가격이 비싸져 최근에는 많이 사용되지 않는다.

6 에센셜 오일 사용 시 주의사항 2009, 2010

(1) 희석 없이 직접 피부에 사용하지 않도록 한다.

(2) 정확한 용량을 지킨다. 지나치면 피부 염증, 두통, 메스꺼움, 감정 변화 등의 부작용이 발생할 수 있다.

(3) 임신 중이나 고혈압, 간질병 환자에게는 금지된 에센셜 오일을 사용하지 않도록 한다.

(4) 오일은 반드시 차광병에 뚜껑을 닫아 보관한다.

7 캐리어 오일(Base Oil, Fixed Oil, Vegetable Oil) 2009

주로 식물의 씨앗에서 추출한 오일로 에센셜 오일을 희석시켜 피부에 자극 없이, 피부 깊숙이 전달해 주는 매개체이다.

(1) 캐리어 오일의 구분

구 분	특 징	종 류
Basic Oil	마사지용, 블랜딩하여 사용	대부분의 오일
Specialized Oil	농도가 진하여 마사지용 오일을 만들 때 5~10% 정도로 주캐리어 오일과 섞어 사용. 고가	호호바(Jojoba), 아보카도(Avocado), 로즈힙시드(Rosehip Seed), 달맞이유(Evening Primrose Oil)
Macerated Oil	아몬드, 선플라워 등에 용해시켜 얻는 오일. 식물을 잘게 썰어 식물성 오일에 넣은 후, 수일간 흔들어 식물 안에 있는 물질을 녹여서 추출	카렌듈라, 멜리사, 캐롯

(2) 대표 캐리어 오일

① 호호바 오일 : 인체 피지와 지방산의 조성이 유사하여 피부친화성이 좋으며, 다른 오일에 비해 쉽게 산화되지 않는다. 여드름성, 건성 피부 등 모든 피부에 적합하다.

② 아보카도 오일 : 비타민 A, 비타민 B, 비타민 E, 단백질 등의 영양이 풍부하여 노화 피부에 효과적이다.

③ 아몬드 오일 : 피부 연화 작용으로 튼살, 건조한 피부, 가려움증 피부에 효과적이다.

제5장 기능성 화장품

1 기능성 화장품의 범위(화장품법 시행규칙 제2조) 2009, 2010

① 피부에 멜라닌색소가 침착하는 것을 방지하여 기미・주근깨 등의 생성을 억제함으로써 피부의 미백에 도움을 주는 기능을 가진 화장품

② 피부에 침착된 멜라닌색소의 색을 엷게 하여 피부의 미백에 도움을 주는 기능을 가진 화장품

③ 피부에 탄력을 주어 피부의 주름을 완화 또는 개선하는 기능을 가진 화장품

④ 강한 햇볕을 방지하여 피부를 곱게 태워주는 기능을 가진 화장품

⑤ 자외선을 차단 또는 산란시켜 자외선으로부터 피부를 보호하는 기능을 가진 화장품

⑥ 모발의 색상을 변화[탈염(脫染)・탈색(脫色)을 포함한다]시키는 기능을 가진 화장품. 다만, 일시적으로 모발의 색상을 변화시키는 제품은 제외한다.

⑦ 체모를 제거하는 기능을 가진 화장품. 다만, 물리적으로 체모를 제거하는 제품은 제외한다.

⑧ 탈모 증상의 완화에 도움을 주는 화장품. 다만, 코팅 등 물리적으로 모발을 굵게 보이게 하는 제품은 제외한다.

⑨ 여드름성 피부를 완화하는 데 도움을 주는 화장품. 다만, 인체세정용 제품류로 한정한다.
⑩ 피부장벽(피부의 가장 바깥 쪽에 존재하는 각질층의 표피를 말한다)의 기능을 회복하여 가려움 등의 개선에 도움을 주는 화장품
⑪ 튼살로 인한 붉은 선을 엷게 하는 데 도움을 주는 화장품

2 미백화장품의 메커니즘과 성분 2008, 2010, 2011

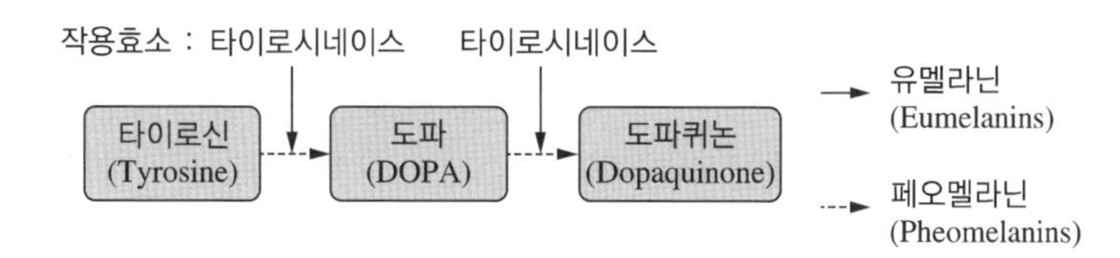

타이로신이 효소의 작용으로 인해 멜라닌으로 변해가는 것이 일종의 '산화과정'

타이로신(Tyrosine) → 도파(DOPA) → 도파퀴논(Dopaquinone) → 멜라닌(Melanin)

메커니즘	성 분	특성 및 효과
타이로시네이스의 작용 억제	알부틴, 코직산 그외 감초, 닥나무 추출물	진달래과의 월귤나무의 잎에서 추출한 하이드로퀴논 배당체로 멜라닌 활성을 도와주는 타이로시네이스 효소의 작용을 억제. 누룩곰팡이에서 추출
도파의 산화 억제	비타민 C	–
멜라닌 색소 제거	아하(AHA)	–
멜라닌 세포 사멸	하이드로퀴논	의약품. 미백효과 뛰어남

※ 타이로시네이스는 타이로신의 산화를 촉매하는 효소이다.

3 주름개선 화장품

(1) 주름개선 기능성 화장품의 효과 2011

① 피부탄력 강화
② 콜라겐 합성 촉진
③ 표피 신진대사 촉진
④ 섬유아세포의 증가

(2) 주름개선 성분

① 레티놀(비타민 A) : 지용성 비타민으로 세포 재생 및 콜라겐 합성에 효과적

② 아데노신 : 섬유세포의 증가를 통해 콜라겐, 엘라스틴의 합성 촉진

③ 토코페롤(비타민 E) : 항산화제, 항노화제

④ 베타카로틴 : 피부 재생 및 유연 효과 우수

4 자외선차단 화장품

(1) 자외선차단제 2009

① 차단제의 구성성분은 자외선 산란제와 흡수제로 구분한다.

② 산란제는 차단 효과가 우수하나 불투명하고, 흡수제는 투명하나 접촉성 피부염을 유발시킬 수 있다.

③ 산란제는 물리적인 산란작용을 하고, 흡수제는 화학적인 흡수작용을 한다.

④ 시간이 경과하면 덧발라준다.

(2) SPF 2008

$$SPF = \frac{\text{차단제를 바른 피부의 최소홍반량}}{\text{차단제를 바르지 않은 피부의 최소홍반량}}$$

① SPF는 Sun Protection Factor, 자외선차단 지수

② UV-B 방어

(3) 대표적인 자외선차단 성분

파라아미노안식향산, 옥틸다이메틸파바, 타이타늄다이옥사이드

5 그 외 기능성 화장품

(1) 피부를 곱게 태워주는 화장품

자외선에 의한 홍반을 막고 멜라닌 색소의 양을 늘려 피부색을 건강한 갈색으로 태운다.

(2) 탈염제

염색으로 착색된 모발의 인공 색소를 제거한다.

(3) 탈색제

기존 모발의 멜라닌 색소를 분해하여 모발을 밝게 한다.

(4) 제모제

미용상의 목적으로 팔, 다리, 겨드랑이, 비키니라인의 털을 제거한다.

(5) 양모제(모발촉진제)

두피의 비듬·피지 제거, 두피세포의 분열촉진, 두피에 영양을 공급하며 발모를 촉진한다.

(6) 여드름용 화장품

과다한 각질 제거, 살균·소독기능, 수렴효과, 피지분비억제 기능을 한다.

(7) 아토피용 화장품

아토피 피부염은 유전적 요인, 환경적 요인으로 심한 가려움증과 함께 피부장벽의 파손을 가져온다. 아토피피부는 지속적으로 피부를 촉촉하게 해야 한다.

(8) 튼살용 화장품

튼살로 인한 붉은 선을 옅게 한다.

공중위생관리학

제 1 장 공중보건학

1 건강과 질병

(1) 건강의 정의

질병이 없거나 허약하지 않을 뿐 아니라 육체적, 정신적, 사회적 안녕이 완전한 상태를 말한다(세계보건기구 WHO).

(2) 질병의 발생원인 2011

① 숙주 : 성별, 연령, 건강상태, 유전적 요인, 생활습관
② 병인 : 병원체의 독성, 병원체의 수
③ 환경 : 물리적, 생물학적, 경제적, 사회적 요인

(3) 질병의 예방 단계

① 1차 예방 : 환경 개선, 안전 관리, 예방 접종
② 2차 예방 : 질병의 조기 발견, 조기 치료 등 의학적 예방 활동
③ 3차 예방 : 질병의 악화 방지, 재활, 사회 복귀 등 재활의학적 예방 활동

2 공중보건학의 개요

(1) 정 의

조직된 지역 사회의 노력을 통해 질병을 예방하고, 생명 연장과 육체적, 정신적 효율을 증진시키는 기술 및 과학이 공중보건학이다(윈슬로의 정의, 1920).

공중보건학 = 질병 예방, 생명 연장, 육체적·정신적 효율 증진

(2) 공중보건의 범위

① 환경 관리 : 환경위생, 식품위생, 환경오염, 산업보건

② 질병 관리 : 감염/비감염병 관리, 역학, 기생충 관리

③ 보건 관리 : 보건행정, 보건교육, 모자보건, 의료보장제도, 보건영양, 인구보건, 가족계획, 보건통계, 정신보건, 영유아보건, 성인병관리, 사회보장

※ 공중보건학과 예방의학

구 분	공중보건학	예방의학
목 적	질병예방, 생명 연장, 육체적·정신적 효율 증진	
대 상	지역사회	개인 및 가족
책 임	공공조직	개인 및 가족
진단과 해결	지역사회 보건통계자료를 통한 보건관리	진단을 통한 처치

3 공중보건의 발전사

(1) **고대(~500년)** : 공중목욕탕, 상하수도 시설의 발달

(2) **중세(500~1500년)** : 콜레라, 한센병(나병), 페스트 등의 감염병으로 인해 검역 시작

(3) **근세(1500~1850년)** : 산업 혁명으로 도시인구 증가로 인해 보건문제 대두. 공중보건학의 기초 확립, 예방접종의 대중화

(4) **근대 (1850~1900년)** : 예방의학의 개념 확립, 세균학 및 면역학의 발달로 감염병과 질병의 치료와 예방이 가능해짐

(5) **현대(1900년 이후)** : 보건소의 보급, 사회보장제도 및 국제보건기구의 창립

4 공중보건의 평가

[보건지표, 건강지표, 국가 간/지역 간 비교지표]

구 분	보건지표	건강지표
정 의	개인, 인구집단의 건강상태뿐 아니라 보건정책, 의료제도 등 복합적인 보건 수준, 특성을 수치화한 것	개인, 인구집단의 건강 수준을 수치화
지 표	• 건강지표 : 비례사망률, 평균수명, 조사망률, 영아사망률 • 보건의료지표 : 보건정책, 의료시설 및 인력 등 • 사회경제지표 : 인구증가율, 국민소득 등	비례사망률, 평균수명, 조사망률, 영아사망률

※ 영아사망률 : 한 지역이나 국가의 공중보건을 평가하는 기초자료로 가장 신뢰성 있는 것

5 역학(Epidemiology)

역학조사란 특정 인구 집단이나 특정 지역에서 환경유해인자로 인한 건강피해가 발생하였거나 발생할 우려가 있는 경우에 질환과 사망 등 건강피해의 발생 규모를 파악하고, 환경유해인자와 질환 사이의 상관관계를 확인하여 그 원인을 규명하기 위한 활동을 말한다(환경보건법 제2조제4호).

역학 = 인구 및 질병에 관한 학문

6 감염병

(1) 법정 감염병(감염병의 예방 및 관리에 관한 법률 제2조)

① **제1급 감염병** : 생물테러감염병 또는 치명률이 높거나 집단 발생의 우려가 커서 발생 또는 유행 즉시 신고하여야 하고, 음압격리와 같은 높은 수준의 격리가 필요한 감염병을 말한다. 다만, 갑작스러운 국내 유입 또는 유행이 예견되어 긴급한 예방·관리가 필요하여 질병관리청장이 보건복지부장관과 협의하여 지정하는 감염병을 포함한다.

② **제2급 감염병** : 전파 가능성을 고려하여 발생 또는 유행 시 24시간 이내에 신고하여야 하고, 격리가 필요한 감염병을 말한다. 다만, 갑작스러운 국내 유입 또는 유행이 예견되어 긴급한 예방·관리가 필요하여 질병관리청장이 보건복지부장관과 협의하여 지정하는 감염병을 포함한다.

③ **제3급 감염병** : 그 발생을 계속 감시할 필요가 있어 발생 또는 유행 시 24시간 이내에 신고하여야 하는 감염병을 말한다. 다만, 갑작스러운 국내 유입 또는 유행이 예견되어 긴급한 예방·관리가 필요하여 질병관리청장이 보건복지부장관과 협의하여 지정하는 감염병을 포함한다.

④ **제4급 감염병** : 제1급 감염병부터 제3급 감염병까지의 감염병 외에 유행 여부를 조사하기 위하여 표본감시 활동이 필요한 감염병을 말한다.

⑤ **기생충감염병** : 기생충에 감염되어 발생하는 감염병 중 질병관리청장이 고시하는 감염병을 말한다.

[감염병의 분류]

구 분	제1급 감염병	제2급 감염병	제3급 감염병	제4급 감염병
종 류	• 에볼라바이러스병 • 마버그열 • 라싸열 • 크리미안콩고출혈열 • 남아메리카출혈열 • 리프트밸리열 • 두 창 • 페스트 • 탄 저 • 보툴리눔독소증 • 야토병 • 신종감염병증후군 • 중증급성호흡기증후군(SARS) • 중동호흡기증후군(MERS) • 동물인플루엔자 인체감염증 • 신종인플루엔자 • 디프테리아	• 결 핵 • 수 두 • 홍 역 • 콜레라 • 장티푸스 • 파라티푸스 • 세균성 이질 • 장출혈성대장균감염증 • A형간염 • 백일해 • 유행성 이하선염 • 풍 진 • 폴리오 • 수막구균 감염증 • b형헤모필루스 인플루엔자 • 폐렴구균 감염증 • 한센병 • 성홍열 • 반코마이신내성황색포도알균(VRSA) 감염증 • 카바페넴내성장내세균속균종(CRE) 감염증 • E형간염	• 파상풍 • B형간염 • 일본뇌염 • C형간염 • 말라리아 • 레지오넬라증 • 비브리오패혈증 • 발진티푸스 • 발진열 • 쯔쯔가무시증 • 렙토스피라증 • 브루셀라증 • 공수병 • 신증후군출혈열 • 후천성면역결핍증(AIDS) • 크로이츠펠트-야콥병(CJD) 및 변종크로이츠펠트-야콥병(vCJD) • 황 열 • 뎅기열 • 큐 열 • 웨스트나일열 • 라임병 • 진드기매개뇌염 • 유비저 • 치쿤구니야열 • 중증열성혈소판감소증후군(SFTS) • 지카바이러스 감염증	• 인플루엔자 • 매 독 • 회충증 • 편충증 • 요충증 • 간흡충증 • 폐흡충증 • 장흡충증 • 수족구병 • 임 질 • 클라미디아감염증 • 연성하감 • 성기단순포진 • 첨규콘딜롬 • 반코마이신내성장알균(VRE) 감염증 • 메티실린내성황색포도알균(MRSA) 감염증 • 다제내성녹농균(MRPA) 감염증 • 다제내성아시네토박터바우마니균(MRAB) 감염증 • 장관감염증 • 급성호흡기감염증 • 해외유입기생충감염증 • 엔테로바이러스감염증 • 사람유두종바이러스 감염증
신 고	즉 시	24시간 이내	24시간 이내	7일 이내

(2) 병원체의 종류에 따른 분류

구 분		질 병
세균성	소화기계	장티푸스, 콜레라, 파라티푸스, 세균성 이질 등
	호흡기계	디프테리아, 백일해, 성홍열, 결핵, 폐렴 등
바이러스성		B형 간염, 독감(인플루엔자), 소아마비, 일본뇌염, 홍역 등
리케차성		발진티푸스, 쯔쯔가무시 등

(3) 감염병의 발생 순서

> 병원소(인체, 동물, 토양 등)로부터 병원체의 탈출 → 전파 → 새로운 숙주에 침입 → 감염

(4) 면역의 종류

면역 = 병원체에 대한 저항력

① **선천적 면역** : 개인적 차이에 의해 형성되는 면역

② **후천적 면역**

㉠ 자연능동면역 : 질병 이후 형성된 면역

㉡ 인공능동면역 : 예방접종, 항원을 투입하여 항체를 만드는 것

㉢ 자연수동면역 : 수유 또는 태반을 통해 엄마의 항체를 받는 것

㉣ 인공수동면역 : 항체주사를 통해 일시적으로 질병에 대응하는 것

※ 자연능동면역 중 감염면역만 형성되는 감염병에는 매독, 임질, 말라리아 등이 있다.

7 질병 관리

구 분		질 병	특징 및 관리/예방법
기생충 질환	전파 방식에 따라	• 토양 매개성 : 회충, 편충, 구충 • 어패류 매개성 : 간흡충, 폐흡충 • 물, 채소 매개성 : 회충, 편충, 십이지장충 • 수육류 : 유구조충(돼지고기), 무구조충(쇠고기) • 모기 매개성 : 말라리아, 사상충 • 접촉 매개성 : 요충, 질트리코모나스	초기에 상태 및 습성에 따라 광범위하게 발생원, 서식처를 제거한다.
	해충에 따라	• 모기 : 일본뇌염, 말라리아, 뎅기열, 사상충 • 파리 : 장티푸스, 콜레라, 파라티푸스, 이질, 결핵 • 쥐 : 페스트, 살모넬라증, 유행성 출혈열, 서교열 • 바퀴 : 장티푸스, 세균성 이질, 콜레라, 결핵	
감염병	급 성	• 소화기 : 장티푸스, 콜레라, 세균성 이질 등 • 호흡기 : 디프테리아, 백일해, 홍역, 두창 등 • 동물매개 : 공수병, 페스트, 탄저, 렙토스피라증 등	• 감염성 • 위생관리, 보균자 관리, 예방접종
	만 성	결핵, 한센병, 성병, B형 간염 등	• 발생률 낮고 유병률 높음 • 환자 격리, 예방접종
만성질환		고혈압, 뇌졸중, 심장질환, 당뇨, 암	• 비감염성 만성퇴행성 질환 • 원인 다양하며, 발생률 낮고 유병률 높음 • 운동, 흡연금지, 식습관개선, 정기검진

※ 인수공통감염병이란 동물에 감염되는 병원체가 동시에 사람에게도 감염을 일으키는 질병으로 탄저, 광견병(공수병), 고병원성 조류인플루엔자, 동물인플루엔자 등이 있다.

8 환경보건

(1) 정 의

환경보건이란 환경오염과 유해화학물질 등이 사람의 건강과 생태계에 미치는 영향을 조사·평가하고 이를 예방·관리하는 것을 말한다(환경보건법 제2조제1호).

(2) 기 후

① 정의 : 대기 중에 발생하는 물리적 현상으로 기후의 3대 요소에는 기온, 기습, 기류가 있다.

② 기후 요소

㉠ 기온 : 실내온도는 18±2℃

㉡ 기습(습도) : 쾌적습도 40~70%

㉢ 기류(바람) : 불감기류 0.5m/sec 이하

㉣ 복사열 : 적외선의 열

③ 일 광

종 류	파장(Å)	비율(%)	특 징
적외선(열선)	7,800Å~	52%	피부온도 상승, 혈관 확장, 홍반
가시광선	3,800Å~7,800Å	34%	물체의 명암과 색구별
자외선	~3,800Å	5%	홍반, 색소 침착, 비타민 D 합성, 살균

※ 자외선의 도노선(2,900~3,200Å) 파장은 살균 작용을 한다.

④ 체 온

㉠ 정상 체온 : 36.1~37.2℃

㉡ 최적 온도 : 체온 조절에 가장 적합한 온도는 여름 21~22℃, 겨울 18~21℃

⑤ 공기의 조성

질소(78%) > 산소(21%) > 아르곤(0.93%) > 이산화탄소(0.03%) > 기타

성 분	특 성	질 병
질소(N_2)	공기 대부분 78% 차지	잠함병(고기압에서 정상기압으로 돌아올 때 혈액 속 질소가 혈관에 기포 야기)
산소(O_2)	21%	산소중독, 저산소증
이산화탄소(CO_2)	실내 공기오염 지표, 무색/무취/비독성	10% 이상 시 질식
일산화탄소(CO)	무색/무취/맹독성	헤모글로빈과 산소의 결합을 방해하여 산소결핍증 야기. 0.1% 이상 시 생명 위험

※ 군집독이란 사람이 많은 곳에서 공기의 물리적, 화학적 조성의 변화로 불쾌감, 두통 등의 생리적 이상이 생기는 현상이다.

(3) 물

① 인체 구성성분의 2/3 차지

② 성인 1일 수분 필요량은 2L 정도로 10% 상실 시 생리적 이상, 20% 상실 시 생명 위험

③ **수질 오염** : 암모니아성 질소, 과망가니즈산칼륨, 대장균군 등의 검출 상태

④ **상수 처리과정** : 취수 → 취사(큰 덩어리 분리) → 침전 → 여과 → 소독 → 급수

※ 정수법 : 침전, 여과, 소독

※ 대장균 : 수질 오염 대표적인 생물학적 지표

9 산업보건

(1) 정 의

모든 직업에서 일하는 근로자들의 육체적, 정신적, 사회적 건강을 유지・증진시키며, 근로환경으로 인한 질병을 예방하고, 적합한 작업환경에 배치하여 일하도록 하는 것이다(세계보건기구 WHO).

(2) 산업보건의 3대 목표

① 육체적, 정신적, 사회적 건강 유지 및 증진

② 노동 조건으로 근로자 보호

③ 적합한 작업환경에 배치

(3) 산업재해

노무를 제공하는 사람이 업무에 관계되는 건설물・설비・원재료・가스・증기・분진 등에 의하거나 작업 또는 그 밖의 업무로 인하여 사망 또는 부상하거나 질병에 걸리는 것을 말한다(산업안전보건법 제2조제1호).

(4) 직업병

구 분	원 인	질 병
물리적 원인	고온・고열	열사병, 열경련, 심장질환, 화상
	저 온	동상, 참호족
	소 음	난 청
	이상기압	산소중독(고압), 잠함병(감압)
	작업형태	VDT(Visual Display Terminal) 증후군
	방사선	피부암, 백혈병
	분 진	진폐증, 규폐증, 석면폐증

화학적 원인	납 중독	신경장애, 위장장애, 근육장애
	수은 중독	구내염, 근육경련, 정신장애, 수전증
	크로뮴 중독	폐암, 피부 점막의 궤양
	카드뮴 중독	폐기종, 신장기능 장애

10 식품위생과 영양

(1) 정 의

식품의 재배(생육), 생산, 제조로부터 최종적으로 사람에게 섭취되기까지 모든 단계에서 식품의 안전성 · 건전성(보존성) · 완전무결성(악화방지)을 확보하기 위한 모든 수단이다(세계보건기구 WHO).

(2) 식중독

식품 섭취로 인한 건강장애를 말한다.

① 다량의 세균이나 독소량에 의해 발병한다.

② 잠복기가 짧다.

③ 주로 식품섭취로 발생한다.

④ 2차 감염은 드물고 면역력이 생기지 않는다.

(3) 식중독의 종류

구분	내용
세균성	• 감염성 : 살모넬라, 장염 비브리오, 대장균, 캠필로박터 • 독소형 : 포도상구균, 보툴리누스균, 웰치균
자연독	• 식물성 : 독버섯, 감자(솔라닌), 청미나리 • 동물성 : 복어독, 어패류 • 곰팡이성 : 아플라톡신, 황변미독, 맥각
화학물질	불량 첨가물, 잔류농약, 조리기구 및 포장에 의한 중독

① **살모넬라 식중독** : 살모넬라는 쥐, 파리, 바퀴벌레 등에 의해 오염되며 고열과 설사, 구토를 동반한다.

② **보툴리누스 식중독** : 세균성 식중독 중 가장 치명률이 높다. 식품의 혐기성 상태에서 발육하여 신경계 증상을 일으킨다.

※ 독소형 식중독의 원인균 : 포도상구균, 보툴리누스균, 웰치균이 대표적이다.

(4) 보건 영양

① 인구집단을 대상으로 건강을 유지 및 증진시키기 위해 영양상태를 파악하고, 영양 문제 및 원인, 해결방법을 제시하며, 개선을 위한 것이다.

② 영양소의 종류
㉠ 3대 영양소 : 단백질, 탄수화물, 지방
㉡ 5대 영양소 : 단백질, 탄수화물, 지방, 무기질, 비타민
㉢ 6대 영양소 : 단백질, 탄수화물, 지방, 무기질, 비타민, 물
③ 영양소의 작용
㉠ 에너지 공급
㉡ 신체 조직의 구성
㉢ 생리 기능 조절

11 보건행정

(1) 정 의

공중보건의 목적을 달성하기 위해 공공의 책임하에 수행하는 행정 활동이다.

(2) 범 위

보건관계 기록의 보존, 환경위생, 모자보건, 대중에 대한 보건교육, 감염병관리, 보건 간호, 의료이다.

(3) 보건행정의 특성

공공성, 사회성, 과학성, 교육성, 봉사성이다.

(4) 보건행정의 조직

구분	내용
국제조직	국제공중보건사무국, 세계보건기구 WHO, 유엔환경계획 UNEP 등
중앙조직	• 보건복지부 • 식품의약품안전처 • 보건복지부 산하 질병관리본부, 국립중앙의료원, 국립재활원 등
지방조직	시·군·구 보건소

제 2 장 | 소독학

1 소독의 개념

병원성 미생물을 사멸 또는 제거하여 감염을 방지하는 것이다.

(1) **멸균** : 병원성, 비병원성 미생물 및 포자를 가진 것을 모두 사멸 또는 제거하는 것

(2) **살균** : 미생물을 사멸시키는 것. 멸균과 달리 내열성 포자는 잔존하게 됨

(3) **방부** : 미생물의 발육을 제거 또는 정지시켜 부패를 방지하는 것

※ 소독력 : 멸균 > 살균 > 방부

2 소독에 영향을 미치는 인자

농도, 온도, 반응시간

3 소독방법

구분		내용
자연 소독법		• 희석 : 살균효과는 없으나 발육을 지연시킴 • 자외선 : 290~320nm 파장의 살균효과 • 한랭(Cold) : 세균의 신진대사 지연
물리적 소독법	건열 멸균법	• 화염멸균법 : 금속, 유리, 도자기 – 불꽃에 20초 이상 접촉 • 건열멸균법 : 주사침, 유리, 금속 – 170℃에서 1~2시간 처리 • 소각소독법 : 불에 태워 멸균. 대소변, 배설물, 토사물의 소독
	습열 멸균법	• 자비소독법 : 식기, 도자기, 금속, 의복류 소독 – 100℃의 물에 15~20분가량 처리 • 고압증기멸균법 : 이・미용기구, 고무, 약액, 의류 – 121℃ 고압증기에 15~20분 가열 (아포를 형성하는 세균에 가장 좋음) • 간헐멸균법(=유통증기) : 금속, 사기, 액상 – 가열과 가열 사이에 20℃ 이상 온도 유지. 3회 실시 • 저온살균법 : 유제품, 음식물 – 62~65℃에서 30분 소독 • 여과멸균법 : 열에 불안정한 용액의 멸균에 사용
	무가열 처리법	• 자외선 • 방사선 • 초음파
화학적 소독법		• 알코올 : 에탄올 70~80%의 농도, 미용도구 및 손소독 시 사용 • 폼알데하이드 : 피부에 사용금지, 금속소독 시 사용 • 역성비누 : 무독성, 침투력, 살균력 강하여 손소독 및 식품소독 시 사용 • 석탄산(페놀계) : 소독약의 살균지표. 1~3% 수용액 사용(의류, 침구) • 과산화수소 : 3% 사용(구내염, 입 안 세척, 상처소독)

(1) 자비소독

① 100℃의 물에 15~20분가량 처리한다.
② 식기, 도자기, 주사기, 의류소독에 적합하다.
③ 물에 탄산나트륨을 넣으면 살균력이 강해진다.
④ 소독 시 물건은 열탕에 완전히 잠기도록 한다.

(2) 고압증기멸균법

① 121℃의 고온의 수증기로 가열처리한다.
② 포자를 포함한 모든 미생물을 가장 완벽히 멸균한다.
③ 이·미용기구, 고무, 약액, 의류 등에 적합하다.

(3) 알코올

단백질 변성제와 지질의 용제로서 효과적인 살균 작용을 한다.

(4) 석탄산 소독액

① 소독약의 살균지표로 쓰인다.
② 넓은 지역의 방역용 소독제로 적당하다.
③ 기구류의 소독에는 1~3% 수용액이 적당하다.
④ 세균포자나 바이러스에 대해서는 작용력이 거의 없다.
⑤ 금속기구의 소독에는 적합하지 않다.
⑥ 고온일수록 효과가 크다.

(5) 과산화수소

상처의 표면을 소독하는 데 사용하며 발생기 산소가 강력한 산화력으로 미생물을 살균한다.

(6) 승홍수

① 염화 제2수은의 수용액으로 강력한 살균력을 가진다.
② 물에 녹지 않는 무색·무취의 용액으로 독성이 강하고 금속을 부식시킨다.
③ 기물의 살균, 피부소독(0.1% 용액), 매독성 질환(0.2%)에 사용한다.
④ 점막, 금속, 음료수소독에 사용하지 않는다.
⑤ 소금을 섞었을 때 용액이 중성이 되어 자극이 완화된다.

4 소독액 용량

$$\text{수용액} = \frac{\text{용질량(소독약)}}{\text{용질량(희석액)}} \times 100 = \text{퍼센트}(100\%)$$

예 소독약이 고체인 경우 1% 수용액이란?

$$1\% = \frac{\text{소독약 } 1g}{\text{물 } 100mL} \times 100$$

예 석탄산의 희석배수 90배를 기준으로, 어떤 소독약의 석탄산계수가 4였다면 이 소독약의 희석배수는?

$$4 = \frac{x}{90} \quad \therefore\ x = 360$$

5 소독약의 사용 및 보존상의 주의사항

(1) 밀폐시켜 직사광선이 들지 않는 곳에 보관한다.

(2) 승홍이나 석탄산 등은 인체에 유해하므로 특별히 취급 주의한다.

(3) 염소제는 일광과 열에 의해 분해되지 않도록 냉암소에 보존한다.

6 미생물

육안으로 보이지 않는 0.1mm 이하의 미세한 생물체로 세균류, 사상균류, 조류, 효모류, 바이러스 등이 이에 속한다.

(1) 병원성 미생물의 종류

분 류	특 성	질 병
진균류(Fungi)	• 10만여 종 중 병원균은 200~300종 • 면역력 저하 시 질병 일으킴 • 알레르기 유발	무좀, 칸디다증, 스포로트리쿰증
세균(Bacteria)	• 인간질병의 가장 큰 원인. 위험성 높음 • 생물체에 침입/번식하여 조직 속 유해물질을 발생시킴 – 구균 : 구형 예 포도상구균 – 간균 : 길쭉한 막대모양 예 디프테리아균 – 나선균 : 나선형으로 꼬인 모양 예 콜레라균	–

기생충	• 세포 내 기생성 미생물 • 광합성이나 운동성이 없다. －리케차 : 절지동물에 의해 감염, 전파 －클라미디아 : 균 내 생산계가 없음	발진티푸스리케차, 쯔쯔가무시, 트라코마 결막의 감염, 앵무병
바이러스(Virus)	• 살아 있는 생명체 중 가장 작은 20~300nm • 접촉을 통해 쉽게 감염 • 열에 불안정	감기, 수두, 인플루엔자, 홍염, 유행성 이하선염

※ 미생물의 크기 : 곰팡이 > 효모 > 세균 > 리케차 > 바이러스

7 피부미용 관련 위생 소독

(1) 실내위생

① 벽과 바닥은 소독제 사용한다.
② 군집독에 유의하여 수시 환기한다.
③ 바닥은 청소가 용이한 재질로 카펫은 피한다.

(2) 기구 및 도구 위생 및 소독

① 작업에 필요한 제품 및 작업대는 준비단계에서 70% 알코올 또는 소독제로 소독한다.
② 파일, 면도날, 샌딩 블록 등은 1회 사용 후 폐기한다.
③ 모든 타월은 뜨거운 물로 세탁하고 통풍이 잘되는 햇볕에서 완전히 말려 사용한다.
④ 피가 묻은 세탁물은 멸균처리한다.
⑤ 금속, 유리도구 등은 100℃ 이상의 물에 10분 이상 담가 가열한다. 증기 이용 시, 100℃ 이상의 습한 열에 20분 이상 소독한다.
⑥ 플라스틱 제품은 세척 및 소독 후, 자외선 소독기에 보관한다.
⑦ 족탕기, 세면대, 각탕기는 사용 후 70% 알코올 또는 세제로 닦아 건조한다.

※ 기구 소독의 기준

소독방법	방 법	소독시간
자외선	1cm^2당 85μW 이상	20분 이상
건열멸균	100℃ 이상의 건조한 열	20분 이상
증 기	100℃ 이상의 습한 열	20분 이상
열 탕	100℃ 이상의 물	10분 이상
석탄산수	3%	10분 이상
크레졸	3%	10분 이상
에탄올	70% 에탄올	10분 이상

제 3 장 공중위생관리법규

1 목적(법 제1조)

공중위생관리법은 공중이 이용하는 영업의 위생관리 등에 관한 사항을 규정함으로써 위생 수준을 향상시켜 국민의 건강증진에 기여함을 목적으로 한다.

※ 보건복지부장관은 공중위생관리법에 의한 권한의 일부를 대통령령이 정하는 바에 의하여 시・도지사 또는 시장・군수・구청장에게 위임할 수 있다(공중위생관리법 제18조제1항).

2 정의(법 제2조)

(1) **공중위생영업** : 다수인을 대상으로 위생관리서비스를 제공하는 영업으로서 숙박업, 목욕장업, 이용업, 미용업, 세탁업, 건물위생관리업을 말한다.

(2) **이용업** : 손님의 머리카락 또는 수염을 깎거나 다듬는 등의 방법으로 손님의 용모를 단정하게 하는 영업을 말한다.

(3) **미용업** : 손님의 얼굴, 머리, 피부 및 손톱・발톱 등을 손질하여 손님의 외모를 아름답게 꾸미는 영업을 말한다.

3 공중위생영업의 신고, 폐업신고 및 승계(법 제3조, 제3조의2)

구 분	신고 사유	서 류	신고 대상	신고기간
영업신고	개업 시	• 영업시설 및 설비개요서 • 교육수료증	시장・군수・구청장	-
변경신고	• 영업소 명칭 또는 상호 변경 시 • 영업소의 주소 변경 시 • 신고한 영업장 면적의 1/3 이상의 증감 시 • 대표자의 성명 또는 생년월일 변경 시 • 미용업 업종 간 변경 시	• 영업신고증 • 변경사항을 증명하는 서류		-
폐업신고	폐업 시	폐업신고서		폐업일로부터 20일 이내
영업승계	영업승계 시	• 영업양도의 경우 : 양도・양수를 증명할 수 있는 서류 사본 • 상속의 경우 : 가족관계증명서 및 상속인임을 증명할 수 있는 서류 • 이외의 경우 : 영업자의 지위를 승계하였음을 증명할 수 있는 서류		승계일로 1개월 이내

※ 이·미용업을 승계할 수 있는 경우(법 제3조의2) 2009

- 공중위생영업자가 그 공중위생영업을 양도한 때
- 공중위생영업자가 사망한 때
- 법인의 합병이 있는 때 그 양수인·상속인 또는 합병 후 존속하는 법인이나 합병에 의하여 설립되는 법인
- 경매, 환가나 압류재산의 매각 그 밖에 이에 준하는 절차에 따라 공중위생영업 관련 시설 및 설비의 전부를 인수한 자

4 공중위생영업자가 준수하여야 하는 위생관리기준 등(시행규칙 제7조 [별표 4])

이용업자	• 이용기구 중 소독을 한 기구와 소독을 하지 아니한 기구는 각각 다른 용기에 넣어 보관하여야 한다. • 1회용 면도날은 손님 1인에 한하여 사용하여야 한다. • 영업장 안의 조명도는 75럭스 이상이 되도록 유지하여야 한다. • 영업소 내부에 이용업 신고증 및 개설자의 면허증 원본을 게시하여야 한다. • 영업소 내부에 최종지불요금표를 게시 또는 부착하여야 한다. • 신고한 영업장 면적이 66m² 이상인 영업소의 경우 영업소 외부에도 손님이 보기 쉬운 곳에 최종지불요금표를 게시 또는 부착하여야 한다. 이 경우 최종지불요금표에는 일부 항목(3개 이상)만을 표시할 수 있다. • 3가지 이상의 이용서비스를 제공하는 경우에는 개별 이용서비스의 최종지불가격 및 전체 이용서비스의 총액에 관한 내역서를 이용자에게 미리 제공하여야 한다. 이 경우 이용업자는 해당 내역서 사본을 1개월간 보관하여야 한다.
미용업자	• 점빼기·귓불 뚫기·쌍꺼풀수술·문신·박피술 그 밖에 이와 유사한 의료행위를 하여서는 아니 된다. • 피부미용을 위하여 의약품 또는 의료기기를 사용하여서는 아니 된다. • 미용기구 중 소독을 한 기구와 소독을 하지 아니한 기구는 각각 다른 용기에 넣어 보관하여야 한다. • 1회용 면도날은 손님 1인에 한하여 사용하여야 한다. • 영업장 안의 조명도는 75럭스 이상이 되도록 유지하여야 한다. • 영업소 내부에 미용업 신고증 및 개설자의 면허증 원본을 게시하여야 한다. • 영업소 내부에 최종지불요금표를 게시 또는 부착하여야 한다. • 신고한 영업장 면적이 66m² 이상인 영업소의 경우 영업소 외부에도 손님이 보기 쉬운 곳에 최종지불요금표를 게시 또는 부착하여야 한다. 이 경우 최종지불요금표에는 일부 항목(5개 이상)만을 표시할 수 있다. • 3가지 이상의 미용서비스를 제공하는 경우에는 개별 미용서비스의 최종지불가격 및 전체 미용서비스의 총액에 관한 내역서를 이용자에게 미리 제공하여야 한다. 이 경우 미용업자는 해당 내역서 사본을 1개월간 보관하여야 한다.

5 이용사 및 미용사의 면허

(1) 자격 기준(법 제6조제1항)

① 전문대학 또는 이와 같은 수준 이상의 학력이 있다고 교육부장관이 인정하는 학교에서 이용 또는 미용에 관한 학과를 졸업한 자

② 대학 또는 전문대학을 졸업한 자와 같은 수준 이상의 학력이 있는 것으로 인정되어 이용 또는 미용에 관한 학위를 취득한 자
③ 고등학교 또는 이와 같은 수준의 학력이 있다고 교육부장관이 인정하는 학교에서 이용 또는 미용에 관한 학과를 졸업한 자
④ 특성화고등학교, 고등기술학교나 고등학교 또는 고등기술학교에 준하는 각종 학교에서 1년 이상 이용 또는 미용에 관한 소정의 과정을 이수한 자
⑤ 「국가기술자격법」에 의한 이용사 또는 미용사의 자격을 취득한 자

(2) 결격사유(법 제6조제2항)

① 피성년후견인
② 「정신건강증진 및 정신질환자 복지서비스 지원에 관한 법률」 제3조제1호에 따른 정신질환자. 다만, 전문의가 이용사 또는 미용사로서 적합하다고 인정하는 사람은 그러하지 아니하다.
③ 공중의 위생에 영향을 미칠 수 있는 감염병환자로서 보건복지부령이 정하는 자
④ 마약, 대마 또는 향정신성 의약품 중독자
⑤ 면허가 취소된 후 1년이 경과되지 아니한 자

(3) 면허 정지 또는 취소(법 제7조)

① (2) 결격사유의 ①, ② 내지 ④에 해당하게 된 때(취소)
② 면허증을 다른 사람에게 대여한 때
③ 「국가기술자격법」에 따라 자격이 취소된 때(취소)
④ 「국가기술자격법」에 따라 자격정지처분을 받은 때(「국가기술자격법」에 따른 자격정지처분 기간에 한정한다)
⑤ 이중으로 면허를 취득한 때(취소)
⑥ 면허정지처분을 받고도 그 정지 기간 중에 업무를 한 때(취소)
⑦ 「성매매알선 등 행위의 처벌에 관한 법률」이나 「풍속영업의 규제에 관한 법률」을 위반하여 관계 행정기관의 장으로부터 그 사실을 통보받은 때

(4) 면허 발급자 및 면허 정지 시 수령자 : 시장・군수・구청장

(5) 면허증의 재발급 등(시행규칙 제10조제1항)

면허증의 기재사항에 변경이 있는 때, 면허증을 잃어버린 때 또는 면허증이 헐어 못쓰게 된 때에는 면허증의 재발급을 신청할 수 있다.

6 업무 범위(시행규칙 제14조)

이용사		이발 · 아이론 · 면도 · 머리피부손질 · 머리카락염색 및 머리감기
미용사	미용사 일반	파마 · 머리카락자르기 · 머리카락모양내기 · 머리피부손질 · 머리카락염색 · 머리감기, 의료기기나 의약품을 사용하지 아니하는 눈썹손질
	미용사 피부	의료기기나 의약품을 사용하지 아니하는 피부상태분석 · 피부관리 · 제모 · 눈썹손질
	미용사 네일	손톱과 발톱의 손질 및 화장
	미용사 메이크업	얼굴 등 신체의 화장 · 분장 및 의료기기나 의약품을 사용하지 아니하는 눈썹손질
	미용사 종합	미용사 일반, 피부, 네일, 메이크업의 업무를 모두 하는 영업

7 행정지도 감독

(1) 보고 및 출입 · 검사(법 제9조제1항)

시 · 도지사 또는 시장 · 군수 · 구청장은 공중위생관리상 필요하다고 인정하는 때에는 공중위생영업자에 대하여 필요한 보고를 하게 하거나 소속 공무원으로 하여금 영업소 · 사무소 등에 출입하여 공중위생영업자의 위생관리의무이행 등에 대해 검사하게 하거나 필요에 따라 공중위생영업장부나 서류를 열람하게 할 수 있다.

(2) 공중위생감시원의 자격(시행령 제8조제1항)

① 위생사 또는 환경기사 2급 이상의 자격증이 있는 사람
② 「고등교육법」에 따른 대학에서 화학 · 화공학 · 환경공학 · 위생학 분야를 전공하고 졸업한 사람 또는 이와 같은 수준 이상의 학력이 있다고 인정되는 사람
③ 외국에서 위생사 또는 환경기사의 면허를 받은 사람
④ 1년 이상 공중위생 행정에 종사한 경력이 있는 자

(3) 공중위생감시원의 업무범위(시행령 제9조)

① 시설 및 설비의 확인
② 공중위생영업 관련 시설 및 설비의 위생상태 확인 · 검사, 공중위생영업자의 위생관리의무 및 영업자준수사항 이행여부의 확인
③ 위생지도 및 개선명령 이행여부의 확인
④ 공중위생영업소의 영업의 정지, 일부 시설의 사용중지 또는 영업소 폐쇄명령 이행여부의 확인
⑤ 위생교육 이행여부의 확인

(4) 공중위생영업소의 폐쇄 등(법 제11조)

시장・군수・구청장은 공중위생영업자가 공중위생영업소의 폐쇄 규정을 위반한 경우 6월 이내의 기간을 정하여 영업의 정지 또는 일부 시설의 사용중지를 명하거나 영업소폐쇄 등을 명할 수 있다.

※ 폐쇄 명령을 받고도 계속 영업 시의 조치

- 해당 영업소의 간판 기타 영업표지물의 제거
- 해당 영업소가 위법한 영업소임을 알리는 게시물 등의 부착
- 영업을 위하여 필수불가결한 기구 또는 시설물을 사용할 수 없게 하는 봉인
  단, 영업자 등이 폐쇄 약속을 할 경우 또는 정당한 사유에 의한 봉인 해제는 가능

8 위생교육 및 평가

(1) 위생교육(법 제17조)

① 공중위생영업자는 매년 위생교육을 받아야 한다.

② 공중위생영업의 신고를 하고자 하는 자는 미리 위생교육을 받아야 한다. 다만, 보건복지부령으로 정하는 부득이한 사유로 미리 교육을 받을 수 없는 경우에는 영업개시 후 6개월 이내에 위생교육을 받을 수 있다.

③ ① 및 ②의 규정에 따른 위생교육을 받아야 하는 자 중 영업에 직접 종사하지 아니하거나 2 이상의 장소에서 영업을 하는 자는 종업원 중 영업장별로 공중위생에 관한 책임자를 지정하고 그 책임자로 하여금 위생교육을 받게 하여야 한다.

④ ①부터 ③까지의 위생교육은 보건복지부장관이 허가한 단체 또는 공중위생영업자단체가 실시할 수 있다.

⑤ ①부터 ④까지의 위생교육의 방법・절차 등에 관하여 필요한 사항은 보건복지부령으로 정한다.

(2) 위생교육(시행규칙 제23조)

① 위생교육은 3시간으로 한다.

② 위생교육의 내용은 공중위생관리법 및 관련 법규, 소양교육(친절 및 청결에 관한 사항을 포함한다), 기술교육, 공중위생에 관하여 필요한 내용으로 한다.

③ 동일한 공중위생영업자가 둘 이상의 미용업을 같은 장소에서 하는 경우에는 그중 하나의 미용업에 대한 위생교육을 받으면 나머지 미용업에 대한 위생교육도 받은 것으로 본다.

④ 위생교육 대상자 중 보건복지부장관이 고시하는 섬・벽지지역에서 영업을 하고 있거나 하려는 자에 대하여는 ⑦에 따른 교육교재를 배부하여 이를 익히고 활용하도록 함으로써 교육에 갈음할 수 있다.

⑤ 위생교육 대상자 중 휴업신고를 한 자에 대해서는 휴업신고를 한 다음 해부터 영업을 재개하기 전까지 위생교육을 유예할 수 있다.

⑥ 영업신고 전에 위생교육을 받아야 하는 자 중 다음에 해당하는 자는 영업신고를 한 후 6개월 이내에 위생교육을 받을 수 있다.

㉠ 천재지변, 본인의 질병 · 사고, 업무상 국외출장 등의 사유로 교육을 받을 수 없는 경우

㉡ 교육을 실시하는 단체의 사정 등으로 미리 교육을 받기 불가능한 경우

⑦ 위생교육을 받은 자가 위생교육을 받은 날부터 2년 이내에 위생교육을 받은 업종과 같은 업종의 영업을 하려는 경우에는 해당 영업에 대한 위생교육을 받은 것으로 본다.

⑧ 위생교육을 실시하는 단체(위생교육 실시단체)는 보건복지부장관이 고시한다.

⑨ 위생교육 실시단체는 교육교재를 편찬하여 교육대상자에게 제공하여야 한다.

⑩ 위생교육 실시단체의 장은 위생교육을 수료한 자에게 수료증을 교부하고, 교육실시 결과를 교육 후 1개월 이내에 시장 · 군수 · 구청장에게 통보하여야 하며, 수료증 교부대장 등 교육에 관한 기록을 2년 이상 보관 · 관리하여야 한다.

⑪ ①부터 ⑧까지의 규정 외에 위생교육에 관하여 필요한 세부사항은 보건복지부장관이 정한다.

(3) 위생서비스수준의 평가(법 제13조)

① 시 · 도지사는 공중위생영업소(관광숙박업 제외)의 위생관리수준을 향상시키기 위하여 위생서비스평가계획(이하 "평가계획"이라 한다)을 수립하여 시장 · 군수 · 구청장에게 통보하여야 한다.

② 시장 · 군수 · 구청장은 평가계획에 따라 관할지역별 세부평가계획을 수립한 후 공중위생영업소의 위생서비스수준을 평가(이하 "위생서비스평가"라 한다)하여야 한다.

③ 시장 · 군수 · 구청장은 위생서비스평가의 전문성을 높이기 위하여 필요하다고 인정하는 경우에는 관련 전문기관 및 단체로 하여금 위생서비스평가를 실시하게 할 수 있다.

④ ① 내지 ③의 규정에 의한 위생서비스평가의 주기 · 방법, 위생관리등급의 기준, 기타 평가에 관하여 필요한 사항은 보건복지부령으로 정한다.

(4) 위생관리등급의 구분 등(시행규칙 제21조제1항)

녹 색	최우수업소
황 색	우수업소
백 색	일반관리대상 업소

9 과징금(법 제20조)

구 분	처 분	기 준
벌칙(법 제20조)	1년 이하의 징역 또는 1천만원 이하의 벌금	• 공중위생영업의 신고를 하지 않은 자 • 영업정지명령 또는 일부 시설의 사용중지명령을 받고도 그 기간 중에 영업을 하거나 그 시설을 사용한 자 또는 영업소 폐쇄명령을 받고도 계속하여 영업을 한 자
	6월 이하의 징역 또는 500만원 이하의 벌금	• 변경신고를 하지 아니한 자 • 공중위생영업자의 지위를 승계한 자로서 신고를 하지 아니한 자 • 건전한 영업질서를 위하여 공중위생영업자가 준수하여야 할 사항을 준수하지 아니한 자
	300만원 이하의 벌금	• 다른 사람에게 이용사 또는 미용사의 면허증을 빌려주거나 빌린 사람 • 이용사 또는 미용사의 면허증을 빌려주거나 빌리는 것을 알선한 사람 • 면허의 취소 또는 정지 중에 이용업 또는 미용업을 한 자 • 면허를 받지 아니하고 이용업 또는 미용업을 개설하거나 그 업무에 종사한 자
과태료(법 제22조)	300만원 이하의 과태료	• 보고를 하지 아니하거나 관계공무원의 출입·검사 기타 조치를 거부·방해 또는 기피한 자 • 개선명령에 위반한 자 • 이용업 신고를 하지 아니하고 이용업소표시 등을 설치한 자
	200만원 이하의 과태료	• 이·미용업소의 위생관리 의무를 지키지 아니한 자 • 영업소 외의 장소에서 이용 또는 미용업무를 행한 자 • 위생교육을 받지 아니한 자

10 행정처분기준(시행규칙 제19조 [별표 7])

위반행위	근거 법조문	행정처분기준			
		1차 위반	2차 위반	3차 위반	4차 이상 위반
가. 법 제3조제1항 전단에 따른 영업신고를 하지 않거나 시설과 설비기준을 위반한 경우	법 제11조 제1항제1호				
1) 영업신고를 하지 않은 경우		영업장 폐쇄명령			
2) 시설 및 설비기준을 위반한 경우		개선명령	영업정지 15일	영업정지 1월	영업장 폐쇄명령
나. 법 제3조제1항 후단에 따른 변경신고를 하지 않은 경우	법 제11조 제1항제2호				
1) 신고를 하지 않고 영업소의 명칭 및 상호, 미용업 업종 간 변경을 하였거나 영업장 면적의 3분의 1 이상을 변경한 경우		경고 또는 개선명령	영업정지 15일	영업정지 1월	영업장 폐쇄명령
2) 신고를 하지 않고 영업소의 소재지를 변경한 경우		영업정지 1월	영업정지 2월	영업장 폐쇄명령	

위반행위	근거 법조문	행정처분기준			
		1차 위반	2차 위반	3차 위반	4차 이상 위반
다. 법 제3조의2제4항에 따른 지위승계신고를 하지 않은 경우	법 제11조 제1항제3호	경 고	영업정지 10일	영업정지 1월	영업장 폐쇄명령
라. 법 제4조에 따른 공중위생영업자의 위생관리의무 등을 지키지 않은 경우	법 제11조 제1항제4호				
1) 소독을 한 기구와 소독을 하지 않은 기구를 각각 다른 용기에 넣어 보관하지 않거나 1회용 면도날을 2인 이상의 손님에게 사용한 경우		경 고	영업정지 5일	영업정지 10일	영업장 폐쇄명령
2) 피부미용을 위하여 「약사법」에 따른 의약품 또는 「의료기기법」에 따른 의료기기를 사용한 경우		영업정지 2월	영업정지 3월	영업장 폐쇄명령	
3) 점빼기·귓불뚫기·쌍꺼풀수술·문신·박피술 그 밖에 이와 유사한 의료행위를 한 경우		영업정지 2월	영업정지 3월	영업장 폐쇄명령	
4) 미용업 신고증 및 면허증 원본을 게시하지 않거나 업소 내 조명도를 준수하지 않은 경우		경고 또는 개선명령	영업정지 5일	영업정지 10일	영업장 폐쇄명령
5) 별표 4 제4호자목 전단을 위반하여 개별 미용서비스의 최종 지불가격 및 전체 미용서비스의 총액에 관한 내역서를 이용자에게 미리 제공하지 않은 경우		경 고	영업정지 5일	영업정지 10일	영업정지 1월
마. 법 제5조를 위반하여 카메라나 기계장치를 설치한 경우	법 제11조 제1항 제4호의2	영업정지 1월	영업정지 2월	영업장 폐쇄명령	
바. 법 제7조제1항의 어느 하나에 해당하는 면허정지 및 면허취소 사유에 해당하는 경우	법 제7조 제1항				
1) 법 제6조제2항제1호부터 제4호까지에 해당하게 된 경우		면허취소			
2) 면허증을 다른 사람에게 대여한 경우		면허정지 3월	면허정지 6월	면허취소	
3) 「국가기술자격법」에 따라 자격이 취소된 경우		면허취소			
4) 「국가기술자격법」에 따라 자격정지처분을 받은 경우(「국가기술자격법」에 따른 자격정지처분 기간에 한정한다)		면허정지			
5) 이중으로 면허를 취득한 경우(나중에 발급받은 면허를 말한다)		면허취소			
6) 면허정지처분을 받고도 그 정지 기간 중 업무를 한 경우		면허취소			
사. 법 제8조제2항을 위반하여 영업소 외의 장소에서 미용 업무를 한 경우	법 제11조 제1항제5호	영업정지 1월	영업정지 2월	영업장 폐쇄명령	
아. 법 제9조에 따른 보고를 하지 않거나 거짓으로 보고한 경우 또는 관계 공무원의 출입, 검사 또는 공중위생영업 장부 또는 서류의 열람을 거부·방해하거나 기피한 경우	법 제11조 제1항제6호	영업정지 10일	영업정지 20일	영업정지 1월	영업장 폐쇄명령

위반행위	근거 법조문	행정처분기준			
		1차 위반	2차 위반	3차 위반	4차 이상 위반
자. 법 제10조에 따른 개선명령을 이행하지 않은 경우	법 제11조 제1항제7호	경 고	영업정지 10일	영업정지 1월	영업장 폐쇄명령
차. 「성매매알선 등 행위의 처벌에 관한 법률」, 「풍속영업의 규제에 관한 법률」, 「청소년 보호법」, 「아동·청소년의 성보호에 관한 법률」 또는 「의료법」을 위반하여 관계 행정기관의 장으로부터 그 사실을 통보받은 경우	법 제11조 제1항제8호				
1) 손님에게 성매매알선 등 행위 또는 음란행위를 하게 하거나 이를 알선 또는 제공한 경우					
가) 영업소		영업정지 3월	영업장 폐쇄명령		
나) 미용사		면허정지 3월	면허취소		
2) 손님에게 도박 그 밖에 사행행위를 하게 한 경우		영업정지 1월	영업정지 2월	영업장 폐쇄명령	
3) 음란한 물건을 관람·열람하게 하거나 진열 또는 보관한 경우		경 고	영업정지 15일	영업정지 1월	영업장 폐쇄명령
4) 무자격안마사로 하여금 안마사의 업무에 관한 행위를 하게 한 경우		영업정지 1월	영업정지 2월	영업장 폐쇄명령	
카. 영업정지처분을 받고도 그 영업정지 기간에 영업을 한 경우	법 제11조 제2항	영업장 폐쇄명령			
타. 공중위생영업자가 정당한 사유 없이 6개월 이상 계속 휴업하는 경우	법 제11조 제3항제1호	영업장 폐쇄명령			
파. 공중위생영업자가 「부가가치세법」 제8조에 따라 관할 세무서장에게 폐업신고를 하거나 관할 세무서장이 사업자 등록을 말소한 경우	법 제11조 제3항제2호	영업장 폐쇄명령			

더 많은 정보와 지식을
듣꾸담꾸

ESTHETICIAN

실전모의고사

제1 ~ 10회 실전모의고사

필기시험 상시문제

제 1 회 실전모의고사

01 세안 후 이마, 볼 부위가 당기며, 잔주름이 많고 화장이 잘 들뜨는 피부유형은? 2010

① 복합성 피부 ② 건성 피부
③ 노화 피부 ④ 민감 피부

해설

건성 피부
유·수분의 부족한 피부로 세안 후 얼굴 당김이 심하고 잔주름이 잘 생긴다.

02 우리나라 피부미용 역사에서 혼례 미용법이 발달하고, 세안을 위한 세제 등 목욕용품이 발달한 시대는? 2011

① 고조선시대 ② 삼국시대
③ 고려시대 ④ 조선시대

해설

② 삼국시대 : 향 문화와 목욕문화 발달
③ 고려시대 : 면약의 개발, 복숭아 꽃물로 세안을 하거나 난초를 넣어 삶은 물로 목욕

03 피부에 존재하는 감각기관 중 가장 많이 분포하는 것은? 2011

① 촉각점 ② 온각점
③ 냉각점 ④ 통각점

해설

피부에 가장 많이 분포되어 있는 감각기관은 통각점이다.

04 식중독에 관한 설명으로 옳은 것은? 2009

① 세균성 식중독 중 치사율이 가장 낮은 것은 보툴리누스 식중독이다.
② 테트로도톡신은 감자에 다량 함유되어 있다.
③ 식중독은 급격한 발생률, 지역과 무관한 동시에 다발성의 특성이 있다.
④ 식중독은 원인에 따라 세균성, 화학물질, 자연독, 곰팡이독으로 분류된다.

해설

보툴리누스균 식중독은 신경독에 의해 일어나는 독소형 식중독으로 치명률이 가장 높으며, 솔라닌은 감자에 함유된 독성 물질이다.

05 피부미용에 대한 설명으로 가장 거리가 먼 것은? 2009

① 피부를 청결하고 아름답게 가꾸어 건강하고 아름답게 변화시키는 과정이다.
② 피부미용은 에스테틱, 코스메틱, 스킨케어 등의 이름으로 불리고 있다.
③ 일반적으로 외국에서는 매니큐어, 페디큐어가 피부미용의 영역에 속한다.
④ 제품에 의존한 관리법이 주를 이룬다.

해설

피부미용은 제품뿐만 아니라 매뉴얼 테크닉, 피부미용기기, 제품 등을 이용하여 피부를 아름답게 가꾸고 유지, 개선시켜 주는 전신 미용술이다.

정답 1 ② 2 ④ 3 ④ 4 ④ 5 ④

06 전류에 대한 설명이 틀린 것은? 2011

① 전류의 방향은 도선을 따라 (+)극에서 (−)극 쪽으로 흐른다.
② 전류는 주파수에 따라 초음파, 저주파, 중주파, 고주파로 나뉜다.
③ 전류의 세기는 1초 동안 도선을 따라 움직이는 전하량을 말한다.
④ 전자의 방향과 전류의 방향은 반대이다.

해설

전류는 흐르는 방향에 따라 직류와 교류로 나뉘고 주파수에 따라 저주파, 중주파, 고주파로 나뉜다.

07 공중보건에 대한 설명으로 가장 적절한 것은? 2009

① 개인을 대상으로 한다.
② 예방의학을 대상으로 한다.
③ 집단 또는 지역사회를 대상으로 한다.
④ 사회의학을 대상으로 한다.

해설

공중보건학은 집단 또는 지역주민을 대상으로 한다.

08 피부관리의 정의와 가장 거리가 먼 것은? 2008

① 안면 및 전신의 피부를 분석하고 관리하여 피부상태를 개선시키는 것
② 얼굴과 전신의 상태를 유지 및 개선하여 근육과 골격을 정상화시키는 것
③ 피부미용사의 손과 화장품 및 적용 가능한 피부미용기기를 이용하여 관리하는 것
④ 의약품을 사용하지 않고 피부상태를 아름답고 건강하게 만드는 것

해설

피부관리는 두피를 제외한 전신관리로 피부를 보호하고 개선시키고 정상화시키는 것으로 피부의 생리기능을 자극하여 아름답고 건강한 피부를 유지하고 관리하는 미용기술로 과학적 지식을 기본으로 하여 피부관리를 행하므로 하나의 과학이라고 할 수 있다.

09 피부미용실에서 손님에 대한 피부관리의 과정 중 피부분석을 통한 고객카드 관리의 가장 바람직한 방법은? 2008

① 개인의 피부상태는 변하지 않으므로 첫 회만 피부관리를 시작할 때 한 번만 피부분석을 해서 분석 내용을 고객카드에 기록을 해 두고 매회마다 활용한다.
② 첫 회 피부관리를 시작할 때 한 번만 피부분석을 해서 분석 내용을 고객카드에 기록을 해 두고 매회마다 활용하고 마지막 회에 다시 피부분석을 해서 좋아진 것을 고객에게 비교해 준다.
③ 첫 회 피부관리를 시작할 때 한 번 피부분석을 해서 분석 내용을 고객카드에 기록을 해 두고 매회마다 활용하고 중간에 한 번, 마지막 회에 다시 한 번 피부분석을 해서 좋아진 것을 고객에게 비교해 준다.
④ 개인의 피부유형 피부상태는 수시로 변화하므로 매회마다 피부관리 전에 항상 피부분석을 해서 분석 내용을 고객카드에 기록을 해 두고 매회마다 활용한다.

해설

피부분석은 클렌징 후 실시하며 고객의 피부는 계절 환경 등에 의해 수시로 변하므로 피부관리 전에 항상 피부분석이 필요하다.

6 ② 7 ③ 8 ② 9 ④ **정답**

10 고주파 전류의 주파수(진동수)를 측정하는 단위는? 2011

① W(와트) ② A(암페어)
③ Ω(옴) ④ Hz(헤르츠)

해설

① W(전력) : 일정 시간 동안 사용되는 전류량
② A(전류) : 전류의 세기
③ Ω(저항) : 전류의 흐름을 방해하는 성질

11 상담 시 고객에 대해 취해야 할 사항 중 옳은 것은? 2010

① 상담 시 다른 고객의 신상정보, 관리정보를 제공한다.
② 고객의 사생활에 대한 정보를 정확하게 파악한다.
③ 고객과의 친밀감을 갖기 위해 사적으로 친목을 도모한다.
④ 전문적인 지식과 경험을 바탕으로 관리방법과 절차 등에 관해 차분하게 설명해 준다.

해설

고객의 피부상태에 맞는 관리 방법을 설명한다.

12 호기성 세균이 아닌 것은? 2009

① 결핵균 ② 백일해균
③ 가스괴저균 ④ 녹농균

해설

호기성 세균은 산소가 있어야 살 수 있는 세균으로 대부분의 세균이 이에 속하며, 가스괴저균은 혐기성 아포형성균에 속한다.

13 피부의 면역에 관한 설명으로 맞는 것은? 2011

① 세포성 면역에는 보체, 항체 등이 있다.
② T림프구는 항원전달세포에 해당한다.
③ B림프구는 면역글로불린이라고 불리는 항체를 생성한다.
④ 표피에 존재하는 각질형성세포는 면역조절에 작용하지 않는다.

해설

B림프구는 체액성 면역반응으로 특이항체를 생산한다.

14 화장품법상 화장품의 정의와 관련된 내용이 아닌 것은? 2011

① 신체의 구조, 기능에 영향을 미치는 것과 같은 물품
② 인체를 청결히 하고, 미화하고, 매력을 더하고 용모를 밝게 변화시키기 위해 사용하는 물품
③ 피부 혹은 모발을 건강하게 유지 또는 증진하기 위한 물품
④ 인체에 사용되는 물품으로 인체에 대한 작용이 경미한 것

해설

정의(화장품법 제2조)
"화장품"이란 인체를 청결·미화하여 매력을 더하고 용모를 밝게 변화시키거나 피부·모발의 건강을 유지 또는 증진하기 위하여 인체에 바르고 문지르거나 뿌리는 등 이와 유사한 방법으로 사용되는 물품으로서 인체에 대한 작용이 경미한 것을 말한다. 다만, 의약품에 해당하는 물품은 제외한다.

정답 10 ④ 11 ④ 12 ③ 13 ③ 14 ①

15 피부미용의 기능적 영역이 아닌 것은? 2010

① 관리적 기능
② 실제적 기능
③ 심리적 기능
④ 장식적 기능

해설

피부미용의 기능
- 관리적 기능(보호)
- 심리적 기능
- 장식적 기능(미적)

16 피부미용의 영역으로 옳은 것은?

① 얼굴 화장
② 제모(Waxing)
③ 네일아트
④ 모발 관리

해설

미용사(피부) 영역 : 피부미용(피부관리, 제모, 눈썹손질 등), 피부상태분석

17 피부색상을 결정짓는데 주요한 요인이 되는 멜라닌 색소를 만들어 내는 피부층은? 2011

① 과립층 ② 유극층
③ 기저층 ④ 유두층

해설

멜라닌 형성 세포는 표피의 기저층에 존재하며 자외선으로부터 피부손상을 막아준다.

18 전류에 대한 내용이 틀린 것은? 2009

① 전하량의 단위는 쿨롱으로 1쿨롱은 도선에 1V의 전압이 걸렸을 때 1초 동안 이동하는 전하의 양이다.
② 교류전류란 전류흐름의 방향이 시간에 따라 주기적으로 변하는 전류이다.
③ 전류의 세기는 도선의 단면을 1초 동안 흘러간 전하의 양으로서 단위는 A(암페어)이다.
④ 직류전동기는 속도조절이 자유롭다.

해설

쿨롱은 전하량의 단위로 1쿨롱은 1암페어의 전류가 1초에 전달하는 전하의 양을 말한다.

19 다음 중 UV-A(장파장 자외선)의 파장 범위는? 2011

① 320~400nm ② 290~320nm
③ 200~290nm ④ 100~200nm

해설

UV-A는 장파장 자외선으로 파장이 가장 길다.

20 독소형 식중독의 원인균은? 2009

① 황색포도상구균
② 장티푸스균
③ 돈콜레라균
④ 장염균

해설

독소형 식중독의 원인균 : 포도상구균, 보툴리누스균, 웰치균이 대표적이다.

15 ② 16 ② 17 ③ 18 ① 19 ① 20 ① 정답

21 천연 보습인자(NMF)의 구성 성분 중 40%를 차지하는 중요성분은? 2011

① 요 소 ② 젖산염
③ 무기염 ④ 아미노산

해설

NMF는 약 40%의 아미노산과 12% PCA, 12% 젖산, 7%의 요산, 약 30%의 다른 물질로 구성되어 있다.

22 아로마테라피(Aroma Therapy)에 사용되는 에센셜 오일에 대한 설명 중 가장 거리가 먼 것은? 2011

① 아로마테라피에 사용되는 에센셜 오일은 주로 수증기 증류법에 의해 추출된 것이다.
② 에센셜 오일은 공기 중의 산소, 빛 등에 의해 변질될 수 있으므로 갈색병에 보관하여 사용하는 것이 좋다.
③ 에센셜 오일은 원액을 그대로 피부에 사용해야 한다.
④ 에센셜 오일을 사용할 때에는 안전성 확보를 위하여 사전에 패치테스트(Patch Test)를 실시하여야 한다.

해설

에센셜 오일은 반드시 희석하여 사용한다.

23 여드름 피부용 화장품에 사용되는 성분과 가장 거리가 먼 것은? 2011

① 살리실산 ② 글리시리진산
③ 아줄렌 ④ 알부틴

해설

알부틴은 미백용 화장품의 원료이다.

24 법정 감염병 중 제4급 감염병에 속하는 것은?

① 매 독 ② B형간염
③ C형간염 ④ 유행성 이하선염

해설

B형간염, C형간염은 제3급 감염병, 유행성 이하선염은 제2급 감염병이다.

25 다음 중 다당류인 전분을 2당류인 맥아당이나 덱스트린으로 가수분해하는 역할을 하는 타액 내의 효소는? 2011

① 프티알린 ② 리페이스
③ 인슐린 ④ 말테이스

해설

타액 내 효소인 프티알린은 탄수화물을 분해하는 역할을 한다.

26 피부 분석 시 사용되는 방법으로 가장 거리가 먼 것은? 2009

① 고객 스스로 느끼는 피부 상태를 물어본다.
② 스패튤러를 이용하여 피부에 자극을 주어 본다.
③ 세안 전에 우드 램프를 사용하여 측정한다.
④ 유·수분 분석기 등을 이용하여 피부를 분석한다.

해설

피부 분석은 클렌징을 한 후 실시한다.

정답 21 ④ 22 ③ 23 ④ 24 ① 25 ① 26 ③

27 림프순환에서 다른 사지와는 다른 경로인 부분은? 2011

① 우측상지
② 좌측상지
③ 우측하지
④ 좌측하지

해설

흉관 : 좌측상지, 양측하지에서 생성된 림프 수송, 우측상지는 우측흉관에서 생성된 림프를 수송한다.

28 림프 드레이니지를 금해야 하는 증상에 속하지 않은 것은? 2010

① 악성종양
② 심부전증
③ 켈로이드증
④ 혈전증

해설

림프 드레이니지는 심부전증, 혈전증, 급성염증, 악성종양, 감염성 피부에는 금한다.

29 골격계의 기능이 아닌 것은? 2011

① 보호기능
② 저장기능
③ 지지기능
④ 열생산기능

해설

골격계의 기능 : 보호기능, 지지기능, 조혈기능, 운동기능, 저장기능

30 다음 중 입모근과 가장 관련 있는 것은? 2010

① 수분 조절 ② 체온 조절
③ 피지 조절 ④ 호르몬 조절

해설

입모근(기모근) : 모낭에 연결된 근육으로 자율신경계에 영향을 받으며 추위와 공포같은 외부 자극에 수축되어 모발을 서게 한다.

31 다음 중 피부의 기능이 아닌 것은? 2011

① 보호작용
② 체온조절작용
③ 비타민 A의 합성작용
④ 호흡작용

해설

자외선 조사에 의해 비타민 D가 합성된다.

32 다음 중 pH에 대한 옳은 설명은? 2011

① 어떤 물질의 용액 속에 들어 있는 수소이온의 농도를 나타낸다.
② 어떤 물질의 용액 속에 들어 있는 수소분자의 농도를 나타낸다.
③ 어떤 물질의 용액 속에 들어 있는 수소이온의 질량을 나타낸다.
④ 어떤 물질의 용액 속에 들어 있는 수소분자의 질량을 나타낸다.

해설

pH는 어떤 물질의 용액 내의 수소이온 농도 지수로 0~14로 구분되며, 7은 중성, 7 미만은 산성, 7 초과는 알칼리성이다.

27 ① 28 ③ 29 ④ 30 ② 31 ③ 32 ① 정답

33 **땀샘에 대한 설명으로 틀린 것은?** 2011

① 에크린선은 입술뿐만 아니라 전신피부에 분포되어 있다.
② 에크린선에서 분비되는 땀은 냄새가 거의 없다.
③ 아포크린선에서 분비되는 땀은 분비량은 소량이나 나쁜 냄새의 요인이 된다.
④ 아포크린선에서 분비되는 땀 자체는 무취, 무색, 무균성이나 표피에 배출된 후, 세균의 작용을 받아 부패하여 냄새가 나는 것이다.

해설

에크린선은 손바닥, 발바닥, 겨드랑이, 앞가슴 등, 코 부위에 분포하며 입술은 제외된다.

34 **피부관리를 위해 실시하는 피부상담의 목적과 가장 거리가 먼 것은?** 2008

① 고객의 방문 목적 확인
② 피부문제의 원인 파악
③ 피부관리 계획 수립
④ 고객의 사생활 파악

해설

상담의 목적은 관리의 효과를 높이기 위해 생활습관, 식생활, 일상 업무, 건강상태, 사용화장품, 질병 등을 파악하고 상담내용을 기준으로 고객의 피부상태에 맞게 관리방법과 방향을 세우는 것이다.

35 **이온에 대한 설명으로 옳지 않은 것은?** 2009

① 양전하 또는 음전하를 지닌 원자를 말한다.
② 증류수는 이온수에 속한다.
③ 원소가 전자를 잃어 양이온이 되고, 전자를 얻어 음이온이 된다.
④ 양이온과 음이온의 결합을 이온결합이라 한다.

해설

증류수는 탈이온수이다.

36 **피부미용의 개념에 대한 설명 중 틀린 것은?** 2009

① 피부미용이라는 명칭은 독일의 미학자 바움가르텐(Baum Garten)에 의해 처음 사용되었다.
② Cosmetic이란 용어는 독일어의 Kosmein에서 유래되었다.
③ Esthetique란 용어는 화장품과 피부관리를 구별하기 위해 사용된 것이다.
④ 피부미용이라는 의미로 사용되는 용어는 각 나라마다 다양하게 지칭되고 있다.

해설

피부미용의 독일어 : Kosmetik

37 **화장수의 설명 중 잘못된 것은?** 2011

① 피부의 각질층에 수분을 공급한다.
② 피부에 청량감을 준다.
③ 피부에 남아 있는 잔여물을 닦아준다.
④ 피부의 각질을 제거한다.

해설

화장수는 피부에 남은 잔여물을 닦아주고, 수분을 공급하며 이후에 오는 화장품의 흡수를 돕는다.

정답 33 ① 34 ④ 35 ② 36 ② 37 ④

38 **체조직 구성 영양소에 대한 설명으로 틀린 것은?** 2011

① 지질은 체지방의 형태로 에너지를 저장하며 생체막 성분으로 체구성 역할과 피부의 보호 역할을 한다.
② 지방이 분해되면 지방산이 되는데 이중 불포화지방산은 인체 구성성분으로 중요한 위치를 차지하므로 필수지방산이라고도 부른다.
③ 필수지방산으로 식물성 지방보다 동물성 지방을 먹는 것이 좋다.
④ 불포화지방산은 상온에서 액체상태를 유지한다.

해설
동물성 지방(포화지방산)은 건강에 좋지 않으며 몸에 이로운 불포화지방산의 섭취가 좋다.

39 **화장품 성분 중 무기안료의 특성은?** 2011

① 내광성, 내열성이 우수하다.
② 선명도와 착색력이 뛰어나다.
③ 유기 용매에 잘 녹는다.
④ 유기안료에 비해 색의 종류가 다양하다.

해설
무기안료는 색상이 화려하지 않으나 빛, 산, 알칼리에 강하고 커버력이 우수하다.

40 **인체의 3가지 형태의 근육 종류 명이 아닌 것은?** 2011

① 골격근 ② 내장근
③ 심 근 ④ 후두근

해설
근육의 분류 : 골격근, 심장근(심근), 평활근(내장근)

41 **고객이 처음 내방하였을 때 피부관리에 대한 첫 상담과정에서 고객이 얻는 효과와 가장 거리가 먼 것은?** 2009

① 전 단계의 피부관리 방법을 배우게 된다.
② 피부관리에 대한 지식을 얻게 된다.
③ 피부관리에 대한 경계심이 풀어지며 심리적으로 안정된다.
④ 피부관리에 대한 긍정적이고 적극적인 생각을 가지게 된다.

해설
고객의 피부상태에 대한 문제점과 원인 등을 파악하여 향후 피부관리에 대한 계획을 세울 수 있다.

42 **기능성 화장품의 표시 및 기재사항이 아닌 것은?** 2011

① 제품의 명칭
② 내용물의 용량 및 중량
③ 제조자의 이름
④ 제조번호

43 **공중보건학의 개념과 가장 관계가 적은 것은?** 2009

① 지역주민의 수명 연장에 관한 연구
② 감염병 예방에 관한 연구
③ 성인병 치료기술에 관한 연구
④ 육체적 정신적 효율 증진에 관한 연구

해설
공중보건학의 목적 : 질병예방, 수명연장, 신체적·정신적 건강 및 효율의 증진

38 ③ 39 ① 40 ④ 41 ① 42 ③ 43 ③ **정답**

44 화장품의 제형에 따른 특징의 설명이 틀린 것은? 2010

① 유화제품 – 물에 오일성분이 계면활성제에 의해 우유 빛으로 백탁화된 상태의 제품
② 유용화제품 – 물에 다량의 오일성분이 계면활성제에 의해 현탁하게 혼합된 상태의 제품
③ 분산제품 – 물 또는 오일성분에 미세한 고체입자가 계면활성제에 의해 균일하게 혼합된 상태의 제품
④ 가용화제품 – 물에 소량의 오일성분이 계면활성제에 의해 투명하게 용해되어 있는 상태의 제품

해설

화장품의 3대 기술은 유화, 분산, 가용화이다.

45 피부미용의 기능이 아닌 것은? 2009

① 피부 보호
② 피부 문제 개선
③ 피부질환 치료
④ 심리적 안정

해설

질환의 치료는 의료영역이다.

46 공중위생관리법상 이·미용업소의 조명 기준은? 2009

① 50럭스 이상 ② 75럭스 이상
③ 100럭스 이상 ④ 125럭스 이상

47 바이러스에 대한 일반적인 설명으로 옳은 것은? 2011

① 항생제에 감수성이 있다.
② 광학 현미경으로 관찰이 가능하다.
③ 핵산 DNA와 RNA 둘 다 가지고 있다.
④ 바이러스는 살아 있는 세포 내에서만 증식 가능하다.

해설

바이러스는 병원체 중 가장 작아 전자 현미경으로 관찰 가능하고, 살아 있는 세포 속에서만 생존한다.

48 비타민이 결핍되었을 때 발생하는 질병의 연결이 틀린 것은? 2011

① 비타민 B_1 – 각기병
② 비타민 D – 괴혈증
③ 비타민 A – 야맹증
④ 비타민 E – 불임증

해설

② 비타민 D : 구루병
구루병 : 4개월~2세 사이의 아기들에게서 잘 발생하는 것으로 알려진 비타민 D의 결핍증으로, 머리, 가슴, 팔다리뼈의 변형과 성장장애를 일으킨다.

49 피부관리를 위한 피부유형분석의 시기로 가장 적합한 것은? 2011

① 최초 상담 전
② 트리트먼트 후
③ 클렌징이 끝난 후
④ 마사지 후

해설

피부유형분석은 클렌징이 끝난 후 문진, 촉진, 견진, 피부분석기기 등의 방법으로 실시한다.

정답 44 ② 45 ③ 46 ② 47 ④ 48 ② 49 ③

50 세포 내 소화기관으로 노폐물과 이물질을 처리하는 역할을 하는 기관은? 2011

① 미토콘드리아 ② 리보솜
③ 리소좀 ④ 골지체

해설

리소좀(용해소체) : 세균이나 각종 이물질의 식균작용

51 다음 중 오염된 주사기, 면도날 등으로 인해 감염이 잘되는 만성 감염병은? 2009

① 렙토스피라증
② 트라코마
③ 간 염
④ 파라티푸스

해설

B형 간염은 환자의 혈액, 침 등에 오염된 주사기나 면도날 등에 의해 전파되거나 성 접촉을 통해 전파되며, 치료가 쉽지 않고 치사율이 높다.

52 직류(Direct Current)에 대한 설명으로 옳은 것은? 2010

① 시간의 흐름에 따라 방향과 크기가 비대칭적으로 변한다.
② 변압기에 의해 승압 또는 강압이 가능하다.
③ 정현파 전류가 대표적이다.
④ 지속적으로 한쪽 방향으로만 이동하는 전류의 흐름이다.

해설

직류는 시간이 지나도 전류의 흐르는 방향과 크기가 변함없이 일정하게 한쪽으로 흐르는 전류이다.

53 피부미용 역사에 대한 설명이 틀린 것은? 2010

① 고대 이집트에서는 피부미용을 위해 천연재료를 사용하였다.
② 고대 그리스에서는 식이요법, 운동, 마사지, 목욕 등을 통해 건강을 유지하였다.
③ 고대 로마인은 청결과 장식을 중요시하여 오일, 향수, 화장이 생활의 필수품이었다.
④ 국내의 피부미용이 전문화되기 시작한 것은 19세기 중반부터였다.

해설

1960년대 이후부터 국내의 피부미용은 본격적으로 발전되었다.

54 일반적으로 피부 표면의 pH는? 2011

① 약 4.5~5.5
② 약 9.5~10.5
③ 약 2.5~3.5
④ 약 7.5~8.5

해설

피부의 pH는 약 4.5~5.5로 약산성이다.

55 발열 증상이 가장 심한 식중독은? 2009

① 살모넬라 식중독
② 웰치균 식중독
③ 복어독 중독
④ 포도상구균 식중독

해설

살모넬라는 쥐, 파리, 바퀴벌레 등에 의해 오염되며 고열과 설사, 구토를 동반한다.

50 ③ 51 ③ 52 ④ 53 ④ 54 ① 55 ① 정답

56 뉴런과 뉴런의 접속부위를 무엇이라고 하는가? 2011

① 신경원 ② 랑비에 결절
③ 시냅스 ④ 축삭종말

해설

시냅스 : 뉴런과 뉴런이 연결된 부위

57 자외선에 대한 설명으로 틀린 것은? 2008

① 자외선 B는 유리에 의하여 차단할 수 있다.
② 자외선 A의 파장은 320~400nm이다.
③ 자외선 C는 오존층에 의해 차단될 수 있다.
④ 피부에 제일 깊게 침투하는 것은 자외선 B이다.

해설

가장 깊이 침투하는 자외선은 장파장(UV-A)이다.

58 두부의 근을 안면근과 저작근으로 나눌 때 안면근에 속하지 않는 근육은? 2008

① 협 근 ② 후두전두근
③ 교 근 ④ 안륜근

해설

교근은 씹는 작용을 하는 저작근에 속한다.

59 우드램프에 대한 설명으로 옳은 것은? 2011

① 피부 분석을 위한 기기이다.
② 밝은 곳에서 사용하는 기기이다.
③ 클렌징하기 전 사용하여야 한다.
④ 적외선을 이용한 기기이다.

해설

우드램프는 자외선 파장을 이용한 피부 분석기기로 클렌징한 후 주위 조명을 어둡게 하고 아이패드로 눈을 보호하고 사용한다.

60 미백 화장품에 사용되지 않는 원료는? 2011

① 비타민 C 유도체
② 코직산
③ 레티놀
④ 알부틴

해설

비타민 A(레티놀)는 피부 재생 및 주름 개선 효과가 뛰어나다.

정답 56 ③ 57 ④ 58 ③ 59 ① 60 ③

제 2 회 실전모의고사

01 성장호르몬에 대한 설명으로 틀린 것은? 2010

① 분비 부위는 뇌하수체 후엽이다.
② 기능 저하 시 어린이의 경우 저신장증이 된다.
③ 기능으로는 골, 근육, 내장의 성장을 촉진한다.
④ 분비 과다 시 어린이는 거인증, 성인의 경우 말단 비대증이 된다.

해설

성장호르몬의 분비 부위는 뇌하수체 전엽이다.
뇌하수체 후엽에서 분비되는 호르몬 : 항이뇨호르몬, 옥시토신

02 영업소 폐쇄명령을 받고도 영업을 계속할 때의 벌칙기준은? 2011

① 1년 이하의 징역 또는 1천만원 이하의 벌금
② 1년 이하의 징역 또는 500만원 이하의 벌금
③ 6월 이하의 징역 또는 500만원 이하의 벌금
④ 6월 이하의 징역 또는 300만원 이하의 벌금

03 심장근을 무늬모양과 의지에 따라 분류하면 옳은 것은? 2010

① 횡문근, 수의근
② 횡문근, 불수의근
③ 평활근, 수의근
④ 평활근, 불수의근

해설

심장은 가로무늬 횡문근이며 불수의근이다.

04 대부분 O/W형 유화타입이며, 오일양이 적어 여름철에 많이 사용하고 젊은 연령층이 선호하는 파운데이션은? 2010

① 크림 파운데이션
② 파우더 파운데이션
③ 트윈 케이크
④ 리퀴드 파운데이션

해설

리퀴드 파운데이션은 수분의 함량이 높아 가벼우며, 자연스러운 메이크업 시 적합하다.

1 ① 2 ① 3 ② 4 ④ 정답

05 각 피부유형에 대한 설명으로 틀린 것은? 2010

① 유성 지루피부 – 과잉 분비된 피지가 피부 표면에 기름기를 만들어 항상 번질거리는 피부

② 건성 지루피부 – 피지분비기능의 상승으로 피지는 과다 분비되어 표피에 기름기가 흐르나 보습기능이 저하되어 피부표면의 당김 현상이 일어나는 피부

③ 표피수분부족 건성 피부 – 피부 자체의 내적 원인에 의해 피부 자체의 수화기능에 문제가 되어 생기는 피부

④ 모세혈관 확장 피부 – 코와 뺨 부위의 피부가 항상 붉거나 피부 표면에 붉은 실핏줄이 보이는 피부

해설

표피수분부족 건성 피부는 외부 환경, 잘못된 피부관리와 화장품의 사용 등으로 발생하며 연령과 상관없다.

06 전류의 설명으로 옳은 것은? 2009

① 양(+)전자들이 양(+)극을 향해 흐르는 것이다.

② 음(−)전자들이 음(−)극을 향해 흐르는 것이다.

③ 전자들이 전도체를 따라 한 방향으로 흐르는 것이다.

④ 전자들이 양극(+)방향과 음극(−)방향을 번갈아 흐르는 것이다.

해설

전류는 전도체를 따라 한 방향으로 흐르는 전자의 흐름을 말하며, +극에서 −극 쪽으로 흐른다.

07 용액 내에서 이온화되어 전도체가 되는 물질은? 2010

① 전기분해 ② 전해질
③ 혼합물 ④ 분 자

해설

② 전해질 : 용매에 녹아 이온으로 해리되어 전류를 흐르게 하는 물질
① 전기분해 : 물질이 전기 에너지에 의해 산환·환원 반응이 일어나게 하는 것
③ 혼합물 : 두 종류의 물질이 물리적으로 단순히 섞여 있는 물질
④ 분자 : 물질적 특성을 가지고 있는 가장 작은 단위

08 여드름 피부에 관련된 설명으로 틀린 것은? 2011

① 여드름은 사춘기에 피지분비가 왕성해지면서 나타나는 비염증성, 염증성 피부발진이다.

② 여드름은 사춘기에 일시적으로 나타나며 30대 정도에 모두 사라진다.

③ 다양한 원인에 의해 피지가 많이 생기고 모공입구의 폐쇄로 인해 피지배출이 잘 되지 않는다.

④ 선척적인 체질상 체내 호르몬의 이상현상으로 지루성 피부에서 발생되는 여드름 형태는 심상성 여드름이라 한다.

해설

여드름은 사춘기에 주로 발생하지만 30대에서도 여러 가지 내·외적인 원인에 의해 여드름이 발생하기도 한다.

정답 5 ③ 6 ③ 7 ② 8 ②

09 다음 설명과 가장 가까운 피부타입은?

2009

- 모공이 넓다.
- 뾰루지가 잘 난다.
- 정상 피부보다 두껍다.
- 블랙헤드가 생성되기 쉽다.

① 지성 피부 ② 민감 피부
③ 건성 피부 ④ 정상 피부

해설

지성 피부의 특징은 피지분비 과다로 모공이 넓고 여드름, 뾰루지 등이 생기기 쉽다.

10 크림타입의 클렌징 제품에 대한 설명으로 옳은 것은?

2010

① W/O 타입으로 유성성분과 메이크업 제거에 효과적이다.
② 노화 피부에 적합하고 물에 잘 용해가 된다.
③ 친수성으로 모든 피부에 사용 가능하다.
④ 클렌징 효과는 약하나 끈적임이 없고 지성 피부에 특히 적합하다.

해설

클렌징 크림은 W/O 타입으로 유분이 많이 함유되어 두꺼운 화장과 건성 피부에 사용 가능하고 지성 피부는 피해서 사용한다.

11 다음 중 자외선이 피부에 미치는 영향이 아닌 것은?

2011

① 색소 침착
② 살균효과
③ 홍반 형성
④ 비타민 A의 합성

해설

자외선은 비타민 D 합성에 관여한다.

12 신경계에 관한 내용 중 틀린 것은?

2010

① 뇌와 척수는 중추신경계이다.
② 대뇌의 주요 부위는 뇌간, 간뇌, 중뇌, 교뇌 및 연수이다.
③ 척수로부터 나오는 31쌍의 척수신경은 말초신경을 이룬다.
④ 척수의 전각에는 감각신경세포가 그리고 후각에는 운동신경세포가 분포한다.

해설

척수 : 운동성신경(전근), 감각성신경(전근)에 분포

13 화장수(스킨로션)를 사용하는 목적과 가장 거리가 먼 것은?

2010

① 세안을 하고 나서도 지워지지 않는 피부의 잔여물을 제거하기 위해서
② 세안 후 남아 있는 세안제의 알칼리성 성분 등을 닦아내어 피부표면의 산도를 약산성으로 회복시켜 피부를 부드럽게 하기 위해서
③ 보습제, 유연제의 함유로 각질층을 촉촉하고 부드럽게 하면서 다음 단계에 사용할 제품의 흡수를 용이하게 하기 위해서
④ 각종 영양 물질을 함유하고 있어, 피부의 탄력을 증진시키기 위해서

해설

화장수는 클렌징의 마지막 단계로 피부에 보습을 주고 피부의 pH를 맞추고 다음 단계의 제품의 흡수도를 높인다.

9 ① 10 ① 11 ④ 12 ④ 13 ④ **정답**

14 피부 관리 시술단계가 옳은 것은? 2009

① 클렌징 – 피부분석 – 딥 클렌징 – 매뉴얼 테크닉 – 팩 – 마무리
② 피부분석 – 클렌징 – 딥 클렌징 – 매뉴얼 테크닉 – 팩 – 마무리
③ 피부분석 – 클렌징 – 매뉴얼 테크닉 – 딥 클렌징 – 팩 – 마무리
④ 클렌징 – 딥 클렌징 – 팩 – 매뉴얼 테크닉 – 마무리 – 피부분석

해설

피부분석은 클렌징 이후에 실시한다.

15 직류와 교류에 대한 설명으로 옳은 것은? 2009

① 교류를 갈바닉 전류라고도 한다.
② 교류전류에는 평류, 단속 평류가 있다.
③ 직류는 전류의 흐르는 방향이 시간의 흐름에 따라 변하지 않는다.
④ 직류전류에는 정현파, 감응, 격동 전류가 있다.

해설

전류에는 직류와 교류가 있으며, 갈바닉은 직류를 이용한 전류이고 교류전류에는 정현파, 감응, 격동 전류가 있다.

16 다음 중 단골에 해당하는 것은?

① 상완골 ② 비 골
③ 견갑골 ④ 수근골

해설

장골 : 대퇴골, 상완골, 요골, 비골, 척골

17 우리 피부의 세포가 기저층에서 생성되어 각질세포로 변화하여 피부 표면으로부터 떨어져 나가는 데 걸리는 기간은? 2011

① 대략 60일
② 대략 28일
③ 대략 120일
④ 대략 280일

해설

각질형성세포의 교체주기는 약 28일이다.

18 다음 중 쥐와 관계없는 감염병은? 2010

① 유행성 출혈열 ② 페스트
③ 공수병 ④ 살모넬라증

해설

공수병 : 개에 의해 감염되는 감염병

19 피부에 있어 색소세포가 가장 많이 존재하고 있는 곳은? 2011

① 표피의 각질층
② 표피의 기저층
③ 진피의 유두층
④ 진피의 망상층

해설

멜라닌을 만들어내는 멜라닌 세포는 대부분 표피의 기저층에 위치한다.

정답 14 ① 15 ③ 16 ④ 17 ② 18 ③ 19 ②

20 피부분석표 작성 시 피부 표면의 혈액순환상태에 따른 분류표시가 아닌 것은? 2011

① 홍반 피부(Erythrosis Skin)
② 심한 홍반 피부(Couperose Skin)
③ 주사성 피부(Rosacea Skin)
④ 과색소 피부(Hyper Pigmentation Skin)

해설

색소침착에 따른 분류
• 과색소 피부
• 저색소 피부

21 사춘기 이후에 주로 분비가 되며, 모공을 통하여 분비되어 독특한 체취를 발생시키는 것은? 2011

① 소한선 ② 대한선
③ 피지선 ④ 갑상선

해설

대한선(아포크린선)은 사춘기 이후에 주로 발달하며 특유의 체취를 낸다.

22 자연능동면역 중 감염면역만 형성되는 감염병은? 2009

① 두창, 홍역
② 일본뇌염, 폴리오
③ 매독, 임질
④ 디프테리아, 폐렴

해설

자연능동면역 중 감염면역만 형성되는 질병은 매독, 임질, 말라리아가 있다.

23 체내에 부족하면 괴혈병을 유발시키고, 피부와 잇몸에서 피가 나오게 하며 빈혈을 일으켜 피부를 창백하게 하는 것은? 2011

① 비타민 A
② 비타민 B_2
③ 비타민 C
④ 비타민 K

해설

비타민 C가 결핍 시 괴혈병이 유발된다.

24 담즙을 만들며, 포도당을 글리코겐으로 저장하는 소화기관은? 2008

① 간 ② 위
③ 충 수 ④ 췌 장

해설

간의 기능 : 영양물질 합성(포도당을 글리코겐으로 저장), 해독작용, 담즙분비, 혈액응고 관여

25 표피수분부족 피부의 특징이 아닌 것은? 2009

① 연령에 관계없이 발생한다.
② 피부조직에 표피성 잔주름이 형성된다.
③ 피부 당김이 진피(내부)에서 심하게 느껴진다.
④ 피부조직이 별로 얇게 보이지 않는다.

해설

진피에서의 건조는 진피수분부족 피부이다.

20 ④ 21 ② 22 ③ 23 ③ 24 ① 25 ③ 정답

26 심장에 대한 설명 중 틀린 것은? 2010

① 성인 심장은 무게가 평균 250~300g 정도이다.
② 심장은 심방중격에 의해 좌·우심방, 심실은 심실중격에 의해 좌·우심실로 나누어진다.
③ 심장은 2/3가 흉골 정중선에서 좌측으로 치우쳐 있다.
④ 심장근육은 심실보다는 심방에서 매우 발달되어 있다.

해설

심장근육은 온몸으로 혈액을 보내는 심실근육이 더 발달되어 있다.

27 다음 중 가장 강한 살균작용을 하는 광선은? 2008

① 자외선　② 적외선
③ 가시광선　④ 원적외선

해설

자외선은 살균력이 강한 화학선으로 290nm 이하의 UV-C는 에너지가 강하고 살균력이 강해 박테리아나 바이러스를 파괴한다.

28 인체의 골격은 몇 개의 뼈(골)로 이루어지는가? 2010

① 약 206개　② 약 216개
③ 약 265개　④ 약 365개

해설

인체의 골격은 206개의 뼈로 구성된다.

29 건성 피부, 중성 피부, 지성 피부를 구분하는 가장 기본적인 피부유형 분석 기준은? 2009

① 피부의 조직상태
② 피지분비 상태
③ 모공의 크기
④ 피부의 탄력도

해설

피지분비 상태에 따라 유·수분이 부족한 건성 피부, 유분과다인 지성 피부, 유·수분 밸런스가 이상적인 정상 피부로 구분한다.

30 세포 내 소기관 중에서 세포 내의 호흡생리를 담당하고, 이화작용과 동화작용에 의해 에너지를 생산하는 기관은? 2010

① 미토콘드리아　② 리보솜
③ 리소좀　④ 중심소체

해설

미토콘드리아는 세포 내 호흡을 담당하고 에너지를 생산하는 기관이다.

31 습포의 효과에 대한 내용과 가장 거리가 먼 것은? 2008

① 온습포는 모공을 확장시키는데 도움을 준다.
② 온습포는 혈액순환촉진, 적절한 수분공급의 효과가 있다.
③ 냉습포는 모공을 수축시키며 피부를 진정시킨다.
④ 온습포는 팩 제거 후 사용하면 효과적이다.

해설

팩 제거 후는 모공수축 및 피부를 진정시키기 위해 냉습포를 사용한다.

정답 26 ④　27 ①　28 ①　29 ②　30 ①　31 ④

32 **매개곤충과 전파하는 감염병의 연결이 틀린 것은?** 2010

① 쥐 – 유행성 출혈열
② 모기 – 일본뇌염
③ 파리 – 사상충
④ 쥐벼룩 – 페스트

해설

사상충은 모기에 의해 발생되는 질병이다.

33 **이온에 대한 설명으로 틀린 것은?** 2009

① 원자가 전자를 얻거나 잃으면 전하를 띠게 되는데 이온은 이 전하를 띤 입자를 말한다.
② 같은 전하의 이온은 끌어당긴다.
③ 중성인 원자가 전자를 얻으면 음이온이라 불리는 음전하를 띤 이온이 된다.
④ 브러시 사용 후 중성세제로 세척한다.

해설

이온은 양이온과 음이온이 있으며 같은 전자는 서로 밀어내고 다른 전자는 끌어당긴다.

34 **지성 피부의 특징으로 맞는 것은?** 2009

① 모세혈관이 약화되거나 확장되어 피부표면으로 보인다.
② 피지분비가 왕성하여 피부 번들거림이 심하며 피부결이 곱지 못하다.
③ 표피가 얇고 피부표면이 항상 건조하고 잔주름이 쉽게 생긴다.
④ 표피가 얇고 투명해 보이며 외부자극에 쉽게 붉어진다.

해설

① 모세혈관 확장 피부 : 모세혈관이 약화되거나 확장되어 피부표면으로 보인다.
③ 건성 피부 : 표피가 얇고 피부표면이 항상 건조하고 잔주름이 잘 생긴다.
④ 민감 피부 : 표피가 얇고 투명해 보이며 외부자극에 쉽게 붉어진다.

35 **습포에 대한 설명으로 맞는 것은?** 2009

① 피부미용 관리에서 냉습포는 사용하지 않는다.
② 해면을 사용하기 전에 습포를 우선 사용한다.
③ 냉습포는 피부를 긴장시키며 진정효과를 위해 사용한다.
④ 온습포는 피부미용 관리의 마무리 단계에서 피부 수렴효과를 위해 사용한다.

해설

- 냉습포 : 피부관리의 마지막 단계에서 사용하고 수렴, 진정효과
- 온습포 : 혈액순환촉진, 모공확대, 노폐물 배출

36 **피부유형에 대한 설명 중 틀린 것은?** 2010

① 정상 피부 – 유·수분 균형이 잘 잡혀 있다.
② 민감성 피부 – 각질이 드문드문 보인다.
③ 노화 피부 – 미세하거나 선명한 주름이 보인다.
④ 지성 피부 – 모공이 크고 표면이 귤껍질같이 보이기 쉽다.

해설

민감성 피부는 붉은기가 보이며 각질층이 매우 얇다.

32 ③ 33 ② 34 ② 35 ③ 36 ② **정답**

37 전류의 세기를 측정하는 단위는? 2010

① 볼 트 ② 암페어
③ 와 트 ④ 주파수

해설

② 암페어 : 전류의 세기
① 볼트 : 전류의 압력
③ 와트 : 일정시간 동안 사용된 전류의 양
④ 주파수 : 1초 동안 반복되는 진동 횟수

38 다음 중에서 접촉 감염지수(감수성지수)가 가장 높은 질병은? 2010

① 홍 역 ② 소아마비
③ 디프테리아 ④ 성홍열

해설

감염지수는 미감염자가 병원체에 접촉되어 발병하는 비율을 말하며, 홍역과 두창이 가장 높고 폴리오(소아마비)가 가장 낮다.

39 실핏선 피부(Cooper Rose)의 특징이라고 볼 수 없는 것은? 2010

① 혈관의 탄력이 떨어져 있는 상태이다.
② 피부가 대체로 얇다.
③ 지나친 온도 변화에 쉽게 붉어진다.
④ 모세혈관의 수축으로 혈액의 흐름이 원활하지 못하다.

해설

실핏선 피부는 모세혈관이 확장된 피부이다.

40 진달래과의 월귤나무의 잎에서 추출한 하이드로퀴논 배당페로 멜라닌 활성을 도와주는 타이로시네이스 효소의 작용을 억제하는 미백화장품의 성분은? 2010

① 감마-오리자놀
② 알부틴
③ AHA
④ 비타민 C

해설

알부틴은 멜라닌 생성 과정 중 타이로시네이스의 작용을 억제하여 미백효과를 준다.

41 "피부에 대한 자극, 알레르기, 독성이 없어야 한다."는 내용은 화장품의 4대 요건 중 어느 것에 해당하는가? 2010

① 안전성 ② 안정성
③ 사용성 ④ 유효성

해설

안정성은 제품의 변질, 변색, 변취, 미생물의 오염이 없는 것을 말한다.

42 보디 관리 화장품이 가지는 기능과 가장 거리가 먼 것은? 2010

① 세 정 ② 트리트먼트
③ 연 마 ④ 일소방지

해설

보디 화장품은 세정, 보호, 보습, 체취억제 등의 기능이 있다.

정답 37 ② 38 ① 39 ④ 40 ② 41 ① 42 ③

43 향수를 뿌린 후 즉시 느껴지는 향수의 첫 느낌으로, 주로 휘발성이 강한 향료들로 이루어져 있는 노트(Note)는? 2010

① 탑 노트(Top Note)
② 미들 노트(Middle Note)
③ 하트 노트(Heart Note)
④ 베이스 노트(Base Note)

해설

탑 노트는 향수의 첫 느낌으로 휘발성이 강하다.

44 세균성 식중독이 소화기계 감염병과 다른 점은? 2009

① 균량이나 독소량이 소량이다.
② 대체적으로 잠복기가 길다.
③ 연쇄전파에 의한 2차 감염이 드물다.
④ 원인식품 섭취와 무관하게 일어난다.

해설

세균성 식중독은 가열로 세균이 사멸되므로 중독되는 일이 없다.

45 내가 좋아하는 향수를 구입하여 샤워 후 보디에 나만의 향으로 산뜻하고 상쾌함을 유지시키고자 한다면, 부향률은 어느 정도로 하는 것이 좋은가? 2010

① 1~3%　　② 3~5%
③ 6~8%　　④ 9~12%

해설

샤워 후 사용하는 샤워코롱은 전신에 사용하는 방향제품으로 1~3% 부향률을 가지고 있으며, 가볍고 산뜻하다.

46 인수공통감염병에 해당하는 것은? 2010

① 천연두　　② 콜레라
③ 디프테리아　　④ 공수병

해설

인수공통감염병은 사람과 동물이 동일한 병원체에 의해 감염된 상태를 말하며 결핵, 탄저, 광견병(공수병), 고병원성 조류인플루엔자, 동물인플루엔자 등이 있다.

47 다음 중 (　) 안에 가장 적합한 것은? 2009

> 공중위생관리법상 "미용업"의 정의는 손님의 얼굴, 머리, 피부 및 손톱·발톱 등을 손질하여 손님의 (　)를(을) 아름답게 꾸미는 영업이다.

① 모 습　　② 의 양
③ 외 모　　④ 신 체

해설

미용업(공중위생관리법 제2조제1항제5호)
손님의 얼굴, 머리, 피부 및 손톱·발톱 등을 손질하여 손님의 외모를 아름답게 꾸미는 영업을 말한다.

48 전기에 대한 설명으로 틀린 것은? 2008

① 전류란 전도체를 따라 움직이는 (−)전하를 지닌 전자의 흐름이다.
② 도체란 전류가 쉽게 흐르는 물질을 말한다.
③ 전류의 크기의 단위는 볼트(Volt)이다.
④ 전류에는 직류(DC)와 교류(AC)가 있다.

해설

볼트는 전압의 단위이며, 전류의 세기는 암페어(A)이다.

43 ① 44 ③ 45 ① 46 ④ 47 ③ 48 ③ 정답

49 피지선에 대한 설명으로 틀린 것은? 2011

① 피지를 분비하는 선으로 진피층에 위치한다.
② 피지선은 손바닥에는 없다.
③ 피지의 하루 분비량은 10~20g 정도이다.
④ 피지선이 많은 부위는 코 주위이다.

해설

피지의 분비량은 1~2g/1일이다.

50 제1급 감염병에 대한 설명으로 옳지 않은 것은?

① 결핵, 수두, 홍역, 콜레라, 장티푸스 등이 포함된다.
② 제1급 감염병에 걸린 감염병환자 등은 감염병관리기관에서 입원치료를 받아야 한다.
③ 갑작스러운 국내 유입 또는 유행이 예견되어 긴급한 예방·관리가 필요하여 보건복지부장관이 지정하는 감염병을 포함한다.
④ 생물테러 감염병 또는 치명률이 높거나 집단 발생의 우려가 커서 발생 또는 유행 즉시 신고하여야 한다.

해설

①은 제2급 감염병에 관한 설명이다.

51 한선에 대한 설명 중 틀린 것은? 2011

① 체온 조절기능이 있다.
② 진피와 피하지방 조직의 경계부위에 위치한다.
③ 입술을 포함한 전신에 존재한다.
④ 에크린선과 아포크린선이 있다.

해설

입술, 손톱, 음부는 제외된다.

52 다음 중 제3급 감염병이 아닌 것은?

① 파상풍
② 연성하감
③ 레지오넬라증
④ 쯔쯔가무시증

해설

연성하감은 제4급 감염병이다.

53 3대 영양소를 소화하는 모든 효소를 가지고 있으며, 인슐린(Insulin)과 글루카곤(Glucagon)을 분비하여 혈당량을 조절하는 기관은? 2010

① 췌 장 ② 간 장
③ 담 낭 ④ 충 수

해설

췌장에서 α세포(글루카곤)와 β세포(인슐린)가 분비된다.

54 일반적인 미생물의 번식에 가장 중요한 요소로만 나열된 것은? 2011

① 온도 – 적외선 – pH
② 온도 – 습도 – 자외선
③ 온도 – 습도 – 영양분
④ 온도 – 습도 – 시간

해설

온도, 습도, 영양분은 미생물 번식에 가장 중요한 요소이다.

정답 49 ③ 50 ① 51 ③ 52 ② 53 ① 54 ③

55 고압증기멸균법에 있어 10lbs, 115.5℃의 상태에서 몇 분간 처리하는 것이 가장 좋은가? 2009

① 5분 ② 15분
③ 30분 ④ 60분

해설

고압증기멸균법
- 10lbs, 115.5℃ 30분
- 15lbs, 121.5℃ 20분
- 20lbs, 126.5℃ 15분

56 건성 피부의 특징과 가장 거리가 먼 것은? 2010

① 각질층의 수분이 50% 이하로 부족하다.
② 피부가 손상되기 쉬우며 주름 발생이 쉽다.
③ 피부가 얇고 외관으로 피부결이 섬세해 보인다.
④ 모공이 작다.

해설

건성 피부는 각질층의 수분이 10% 이하로 부족하다.

57 다음 중 인체의 임파선에서 노폐물의 이동을 통해 해독작용을 도와주는 관리방법은? 2009

① 향기요법
② 보디 랩
③ 반사요법
④ 림프 드레이니지

해설

림프 드레이니지는 림프 순환을 촉진시켜 노폐물 배출 및 부종에 효과적이다.

58 기미에 대한 설명으로 틀린 것은? 2008

① 피부 내에 멜라닌이 합성되지 않아 야기되는 것이다.
② 경계가 명확한 갈색의 점으로 나타난다.
③ 선탠기에 의해서도 기미가 생길 수 있다.
④ 30~40대의 중년여성에게 잘 나타나고 재발이 잘된다.

해설

기미는 멜라닌형성세포의 과도한 생성으로 발생된다.

59 다음 중 피지선이 분포되어 있지 않은 부위는? 2010

① 손바닥 ② 코
③ 가 슴 ④ 이 마

해설

피지선은 손바닥과 발바닥을 제외한 신체의 대부분에 분포한다.

60 피부에 미치는 갈바닉 전류의 양극(+)의 효과는? 2010

① 피부진정
② 피부유연화
③ 혈관확장
④ 모공세정

해설

갈바닉 전류의 양극 효과는 산 반응, 모공, 한선, 혈관이 수축되고 신경안정과 진정효과가 있다.

정답 55 ③ 56 ① 57 ④ 58 ① 59 ① 60 ①

제3회 실전모의고사

01 피부 관리 시 최종마무리 단계에서 냉타월을 사용하는 이유로 가장 적합한 것은? 2011

① 고객을 잠에서 깨우기 위해서
② 깨끗이 닦아내기 위해서
③ 모공을 열어주기 위해서
④ 이완된 피부를 수축시키기 위해서

해설

관리의 마무리는 냉타월을 이용해 모공 및 피부를 수축시킨다.

02 손톱, 발톱의 설명으로 틀린 것은?

① 정상적인 손·발톱의 교체는 대략 6개월가량 걸린다.
② 개인에 따라 성장의 속도는 차이가 있지만 매일 1mm가량 성장한다.
③ 손끝과 발끝을 보호한다.
④ 물건을 잡을 때 받침대 역할을 한다.

해설

1일 평균 0.1mm, 1개월에 약 3mm 정도 자란다.

03 다음 중 제2급 감염병이 아닌 것은?

① 백일해 ② 폴리오
③ 뎅기열 ④ A형간염

해설

③ 뎅기열은 제3급 감염병이다.
제2급 감염병 : 결핵, 수두, 홍역, 콜레라, 장티푸스, 파라티푸스, 세균성 이질, 장출혈성대장균감염증, A형간염, 백일해, 유행성 이하선염, 풍진, 폴리오, 수막구균 감염증, b형헤모필루스인플루엔자, 폐렴구균 감염증, 한센병, 성홍열, 반코마이신내성황색포도알균(VRSA) 감염증, 카바페넴내성장내세균속균종(CRE) 감염증, E형간염

04 클렌징 제품의 선택과 관련된 내용과 가장 거리가 먼 것은? 2010

① 피부에 자극이 적어야 한다.
② 피부의 유형에 맞는 제품을 선택해야 한다.
③ 특수 영양성분이 함유되어 있어야 한다.
④ 화장이 짙을 때는 세정력이 높은 클렌징 제품을 사용하여야 한다.

해설

클렌징은 화장품 잔여물 및 노폐물 제거 효과가 있으며 다음 단계의 영양분 흡수를 돕는다.

05 입술화장을 지우는 방법이 틀리게 설명된 것은? 2010

① 입술을 적당히 벌리고 가볍게 닦아낸다.
② 윗입술은 위에서 아래로 닦아낸다.
③ 아랫입술은 아래에서 위로 닦아낸다.
④ 입술 중간에서 외곽부위로 닦아낸다.

정답 1 ④ 2 ② 3 ③ 4 ③ 5 ④

06 클렌징 제품에 대한 설명으로 틀린 것은?

2011

① 클렌징 밀크는 O/W 타입으로 친유성이며 건성, 노화, 민감성 피부에만 사용할 수 있다.
② 클렌징 오일은 일반 오일과 다르게 물에 용해되는 특성이 있고 탈수 피부, 민감성 피부, 약건성 피부에 사용하면 효과적이다.
③ 비누는 사용 역사가 가장 오래된 클렌징 제품이고 종류가 다양하다.
④ 클렌징 크림은 친유성과 친수성이 있으며 친유성은 반드시 이중세안을 해서 클렌징 제품이 피부에 남아 있지 않도록 해야 한다.

해설

클렌징 로션은 친수성인 O/W 타입으로 모든 피부에 사용 가능하고, 친유성은 W/O 타입이다.

07 아로마 오일에 대한 설명 중 틀린 것은?

2010

① 아로마 오일은 면역기능을 높여 준다.
② 아로마 오일은 감기, 피부미용에 효과적이다.
③ 아로마 오일은 피부관리는 물론 화상, 여드름, 염증 치유에도 쓰인다.
④ 아로마 오일은 피지에 쉽게 용해되지 않으므로 다른 첨가물을 혼합하여 사용한다.

해설

아로마 오일은 다양한 신체적, 심리적 영향을 가지며, 인체에 큰 영향을 미칠 수 있기 때문에 피부에 직접 사용하지 않고 캐리어 오일을 섞어 사용한다.

08 보디 화장품의 종류와 사용 목적의 연결이 적합하지 않은 것은?

2010

① 보디클렌저 - 세정/용제
② 데오도란트 파우더 - 탈색/제모
③ 선스크린 - 자외선 방어
④ 바스 솔트 - 세정/용제

해설

데오도란트는 겨드랑이의 땀을 억제 및 흡수하여 체취를 방지하는 제품이다.

09 갈바닉 전류의 음극에서 생성되는 알칼리를 이용하여 피부 표면의 피지와 모공 속의 노폐물을 세정하는 방법은?

2011

① 이온토포레시스
② 리프팅 트리트먼트
③ 디스인크러스테이션
④ 고주파 트리트먼트

해설

갈바닉 기기의 이온토포레시스는 영양분 침투, 림프순환, 혈액순환 촉진 효과가 있고 디스인크러스테이션은 알칼리 성분을 이용한 딥 클렌징으로 노폐물 배출 및 각질제거 효과가 있다.

10 이·미용업의 면허를 받지 않은 자가 이·미용의 업무를 하였을 때의 벌칙기준은?

2010

① 100만원 이하의 벌금
② 200만원 이하의 벌금
③ 300만원 이하의 벌금
④ 500만원 이하의 벌금

6 ① 7 ④ 8 ② 9 ③ 10 ③ **정답**

해설

벌칙(공중위생관리법 제20조제3항)
다음의 어느 하나에 해당하는 사람은 300만원 이하의 벌금에 처한다.
- 면허의 취소 또는 정지 중에 이용업 또는 미용업을 한 자
- 면허를 받지 아니하고 이용업 또는 미용업을 개설하거나 그 업무에 종사한 자

11 기능성 화장품에 속하지 않는 것은? 2010

① 피부의 미백에 도움을 주는 제품
② 자외선으로부터 피부를 보호해 주는 제품
③ 피부 주름 개선에 도움을 주는 제품
④ 피부 여드름 치료에 도움을 주는 제품

해설

④ 여드름 치료가 아니라 완화에 도움을 주는 제품이다.

기능성 화장품의 범위(화장품법 시행규칙 제2조제9호)
여드름성 피부를 완화하는 데 도움을 주는 화장품. 다만, 인체세정용 제품류로 한정한다.

12 안면 클렌징 시술 시의 주의사항 중 틀린 것은? 2010

① 고객의 눈이나 코 속으로 화장품이 들어가지 않도록 한다.
② 근육결 반대방향으로 시술한다.
③ 처음부터 끝까지 일정한 속도와 리듬감을 유지하도록 한다.
④ 동작은 근육이 처지지 않게 한다.

해설

클렌징 동작은 일정한 속도와 리듬감을 유지하면서 근육결 방향으로 실시한다.

13 다음 중 자비소독을 하기에 가장 적합한 것은? 2008

① 스테인리스 볼
② 제모용 고무장갑
③ 플라스틱 스패튤러
④ 피부관리용 팩붓

해설

자비소독은 끓는 물을 이용한 소독법으로 의류나 타월, 도자기, 금속 등의 소독에 적합하다.

14 평활근은 잡아당기면 쉽게 늘어나서 장력(Tension)의 큰 변화 없이 본래 길이의 몇 배까지도 되는데, 이와 같은 성질을 무엇이라고 하는가? 2010

① 연축(Twitch)
② 강직(Contracture)
③ 긴장(Tonus)
④ 가소성(Plasticity)

해설

근수축의 종류 : 연축, 강축, 긴장, 강직

15 인체에 질병을 일으키는 병원체 중 대체로 살아 있는 세포에서만 증식하고 크기가 가장 작아 전자현미경으로만 관찰할 수 있는 것은? 2010

① 구 균 ② 간 균
③ 바이러스 ④ 원생동물

해설

바이러스는 병원체 중 가장 작아 전자현미경으로 관찰 가능하고, 살아 있는 세포 속에서만 생존한다.

정답 | 11 ④ 12 ② 13 ① 14 ④ 15 ③

16 이 · 미용업소에서 수건소독에 가장 많이 사용되는 물리적 소독법은? 2009

① 석탄산소독
② 알코올소독
③ 자비소독
④ 과산화수소소독

해설

자비소독은 끓는 물을 이용한 소독법으로 의류나 타월, 도자기 등의 소독에 적합하다.

17 다음 중 발의 뼈에 대한 설명으로 틀린 것은?

① 족근골은 7개의 근위 족근골과 원위 족근골로 나뉜다.
② 거골, 중골, 주상골은 근위 족근골에 해당된다.
③ 지골은 14개로 이루어져 있다.
④ 중족골은 7개로 이루어져 있다.

해설

④ 중족골은 5개로 이루어져 있다.

18 피부의 구조 중 콜라겐과 엘라스틴이 자리 잡고 있는 층은?

① 표 피 ② 진 피
③ 피하조직 ④ 기저층

해설

진피는 피부의 90% 차지하는 실질적인 피부로 교원섬유(콜라겐)와 탄력섬유(엘라스틴)으로 구성되어 있다.

19 다음 중 신장의 신문으로 출입하는 것이 아닌 것은? 2010

① 요 도 ② 신 우
③ 맥 관 ④ 신 경

해설

요도는 방광에 저장되어 있는 소변을 배출하는 관이다.

20 피부를 분석할 때 사용하는 기기로 짝지어진 것은? 2010

① 진공흡입기, 패터기
② 고주파기, 초음파기
③ 우드램프, 확대경
④ 분무기, 스티머

해설

피부분석기기로는 우드램프, 확대경, 스킨스코프, 유분측정기, 수분측정기, pH측정기기가 있다.

21 고형의 파라핀을 녹이는 파라핀기의 적용범위가 아닌 것은? 2011

① 손관리
② 혈액순환 촉진
③ 살 균
④ 팩 관리

해설

파라핀 기기는 온열을 이용한 기기로 혈액순환 촉진 효과가 있고 손, 발, 얼굴 등의 팩 관리 시 사용할 수 있다.

16 ③ 17 ④ 18 ② 19 ① 20 ③ 21 ③ **정답**

22 피부가 느끼는 오감 중에서 가장 감각이 둔감한 것은? 2010

① 냉각(冷覺) ② 온각(溫覺)
③ 통각(痛覺) ④ 압각(壓覺)

해설

압각은 피부를 압박하였을 때 느껴지며 온각은 가장 둔한 감각이다.

23 기미가 생기는 원인으로 가장 거리가 먼 것은?

① 정신적 불안
② 비타민 C 과다
③ 내분비 기능장애
④ 질이 좋지 않은 화장품의 사용

해설

비타민 C는 멜라닌색소 형성을 억제한다.

24 다음 중 뇌, 척수를 보호하는 골이 아닌 것은? 2010

① 두정골 ② 측두골
③ 척 추 ④ 흉 골

해설

척수 : 운동성신경(전근), 감각성신경(전근)에 분포

25 다음 중 혈액응고와 관련이 가장 먼 것은? 2010

① 조혈자극인자 ② 피브린
③ 프로트롬빈 ④ 칼슘이온

해설

조혈자극인자는 혈액의 생성에 관여한다.

26 일반적인 클렌징에 해당되는 사항이 아닌 것은? 2008

① 색소화장 제거
② 먼지 및 유분의 잔여물 제거
③ 메이크업 잔여물 및 피부표면의 노폐물 제거
④ 효소나 고마지를 이용한 깊은 단계의 묵은 각질 제거

해설

클렌징은 화장품의 잔여물이나 노폐물을 제거하는 것이고 딥 클렌징은 각질 제거 및 모공 속의 노폐물 제거이다. 효소나 고마지를 이용한 각질 제거는 딥 클렌징이다.

27 자외선 차단을 도와주는 화장품 성분이 아닌 것은? 2010

① 파라아미노안식향산(Para-aminobenzoic Acid)
② 옥틸다이메틸파바(Octyldimethyl PABA)
③ 콜라겐(Collagen)
④ 타이타늄다이옥사이드(Titanium Dioxide)

해설

콜라겐은 피부 보습과 영양을 주는 단백질 성분이다.

28 다음 중 소화기관이 아닌 것은? 2010

① 구 강 ② 인 두
③ 기 도 ④ 간

정답 22 ② 23 ② 24 ④ 25 ① 26 ④ 27 ③ 28 ③

해설

기도는 호흡과 관련된 기관이다.

29 다음 중 세포 재생이 더 이상되지 않으며 기름샘과 땀샘이 없는 것은?

① 흉 터 ② 티 눈
③ 두드러기 ④ 습 진

해설

흉터는 진피의 깊은 층까지 손상되었던 피부가 치유된 흔적이다. 치유가 된 후에도 흉터로 남게 되며 세포 재생이 되지 않는다.

30 다음 중 중추신경계가 아닌 것은?

① 대 뇌 ② 소 뇌
③ 뇌신경 ④ 척 수

해설

중추신경계는 뇌(대뇌, 간뇌, 중뇌, 연수, 소뇌)와 척수로 이루어져 있다.

31 테슬라 전류(Tesla Current)가 사용되는 기기는? 2010

① 갈바닉(The Galvanic Machine)
② 전기분무기
③ 고주파기기
④ 스팀기(The Vapor Izer)

해설

테슬라 전류는 교류 전류를 말하며, 고주파 기기는 100,000Hz 이상의 테슬라 전류를 이용하여 심부열을 발생시킨다.

32 왁스를 이용한 제모 방법으로 적합하지 않은 것은?

① 피지막이 제거된 상태에서 파우더를 도포한다.
② 털이 성장하는 방향으로 왁스를 바른다.
③ 쿨 왁스를 바를 때는 털이 잘 제거되도록 왁스를 얇게 바른다.
④ 남은 왁스를 오일로 제거한 후 온습포로 진정한다.

해설

왁스제거 후 진정로션을 발라 피부를 진정시킨다.

33 다음에서 클렌징 제품과 그에 대한 설명이 바르게 짝지어진 것은? 2010

① 클렌징 티슈 – 지방에 예민한 알레르기 피부에 좋으며 세정력이 우수하다.
② 폼 클렌징 – 눈 화장을 지울 때 자주 사용된다.
③ 클렌징 오일 – 물에 용해가 잘되며, 건성, 노화, 수분부족 지성 피부 및 민감성 피부에 좋다.
④ 클렌징 밀크 – 화장을 연하게 하는 피부보다 두텁게 하는 피부에 좋으며, 쉽게 부패되지 않는다.

해설

- 클렌징 폼 : 피지 제거
- 클렌징 밀크 : 가벼운 화장을 지울 때 사용
- 클렌징 크림 : 두꺼운 화장을 지울 때 사용

정답 29 ① 30 ③ 31 ③ 32 ④ 33 ③

34 비듬이나 때처럼 박리현상을 일으키는 피부층은?

① 표피의 기저층
② 표피의 과립층
③ 표피의 각질층
④ 진피의 유두층

해설

표피의 각질층에서는 각화과정을 통해 각질이 탈락된다.

35 석탄산 소독액에 관한 설명으로 틀린 것은? 2008

① 기구류의 소독에는 1~3% 수용액이 적당하다.
② 세균포자나 바이러스에 대해서는 작용력이 거의 없다.
③ 금속기구의 소독에는 적합하지 않다.
④ 소독액 온도가 낮을수록 효력이 높다.

해설

석탄산은 저온에서 효과가 떨어진다.

36 디스인크러스테이션에 대한 설명 중 틀린 것은? 2009

① 화학적인 전기분해에 기초를 두고 있으며 직류가 식염수를 통과할 때 발생하는 화학작용을 이용한다.
② 모공에 있는 피지를 분해하는 작용을 한다.
③ 지성과 여드름 피부 관리에 적합하게 사용될 수 있다.
④ 양극봉은 활동 전극봉이며 박리관리를 위하여 안면에 사용된다.

해설

갈바닉 기기의 디스인크러스테이션 사용 시 음극봉은 안면에 양극봉은 고객의 손이나 등에 부착하여 사용한다.

37 다음 설명 중 파운데이션의 일반적인 기능과 가장 거리가 먼 것은? 2010

① 피부색을 기호에 맞게 바꾼다.
② 피부의 기미, 주근깨 등 결점을 커버한다.
③ 자외선으로부터 피부를 보호한다.
④ 피지 억제와 화장을 지속시켜 준다.

해설

메이크업 베이스는 피지를 억제하고 파운데이션의 지속력을 높인다.

38 다음 중 세포막의 기능 설명이 틀린 것은? 2010

① 세포의 경계를 형성한다.
② 물질을 확산에 의해 통과시킬 수 있다.
③ 단백질을 합성하는 장소이다.
④ 조직을 이식할 때 자기 조직이 아닌 것을 인식할 수 있다.

해설

RNA : DNA 암호를 받아 단백질 합성에 관여한다.

정답 34 ③ 35 ④ 36 ④ 37 ④ 38 ③

39 클렌징에 대한 설명이 아닌 것은? 2009

① 피부의 피지, 메이크업 잔여물을 없애기 위해서이다.
② 모공 깊숙이 있는 불순물과 피부 표면의 각질의 제거를 주목적으로 한다.
③ 제품흡수를 효율적으로 도와준다.
④ 피부의 생리적인 기능을 정상으로 도와준다.

해설

모공 속 노폐물 및 각질제거는 딥 클렌징에 대한 설명이다.

40 화장품을 선택할 때에 검토해야 하는 조건이 아닌 것은? 2010

① 피부나 점막, 두발 등에 손상을 주거나 알레르기 등을 일으킬 염려가 없는 것
② 구성 성분이 균일한 성상으로 혼합되어 있지 않는 것
③ 사용 중이나 사용 후에 불쾌감이 없고 사용감이 산뜻한 것
④ 보존성이 좋아서 잘 변질되지 않는 것

해설

화장품의 4대 요건 : 안전성, 안정성, 사용성, 유효성

41 보디 샴푸의 성질로 틀린 것은? 2010

① 세포 간에 존재하는 지질을 가능한 보호
② 피부의 요소, 염분을 효과적으로 제거
③ 세균의 증식 억제
④ 세정제의 각질층 내 침투로 지질을 용출

해설

주기능은 피부표면의 세정이다.

42 실내의 가장 쾌적한 온도와 습도는? 2010

① 14℃, 20%
② 16℃, 30%
③ 18℃, 60%
④ 20℃, 89%

해설

실내온도는 18±2℃, 습도는 40~70%가 가장 적당하다.

43 클렌징 순서가 가장 적합한 것은? 2010

① 클렌징 손동작 → 화장품 제거 → 포인트 메이크업 클렌징 → 클렌징제품 도포 → 습포
② 화장품 제거 → 포인트 메이크업 클렌징 → 클렌징제품 도포 → 클렌징 손동작 → 습포
③ 클렌징제품 도포 → 클렌징 손동작 → 포인트 메이크업 클렌징 → 화장품 제거 → 습포
④ 포인트 메이크업 클렌징 → 클렌징제품 도포 → 클렌징 손동작 → 화장품 제거 → 습포

해설

클렌징 순서 : 포인트 메이크업 리무버 → 클렌징 도포 → 클렌징 손동작 → 화장품 제거 → 습포사용

44 상수의 수질오염 분석 시 대표적인 생물학적 지표로 이용되는 것은? 2009

① 대장균
② 살모넬라균
③ 장티푸스균
④ 포도상구균

39 ② 40 ② 41 ④ 42 ③ 43 ④ 44 ① 정답

45 다음 중 파리가 매개할 수 있는 질병과 거리가 먼 것은? 2010

① 아메바성 이질
② 장티푸스
③ 발진티푸스
④ 콜레라

해설

파리가 매개하는 감염병은 장티푸스, 파라티푸스, 아메바성 이질, 콜레라, 결핵 등이다.

46 온습포의 효과로 바른 것은? 2010

① 혈액을 촉진시켜 조직의 영양공급을 돕는다.
② 혈관 수축 작용을 한다.
③ 피부 수렴 작용을 한다.
④ 모공을 수축시킨다.

해설

모공을 수축시키는 수렴 작용은 냉습포의 효과이다.

47 화장수의 작용이 아닌 것은? 2009

① 피부에 남은 클렌징 잔여물 제거 작용
② 피부의 pH 밸런스 조절 작용
③ 피부에 집중적인 영양공급 작용
④ 피부 진정 또는 쿨링 작용

해설

집중적인 영양공급은 팩이나 마스크 단계에서 실시한다.

48 이·미용사 면허를 받을 수 있는 자가 아닌 것은? 2011

① 고등학교에서 이용 또는 미용에 관한 학과를 졸업한 자
② 국가기술자격법에 의한 이용사 또는 미용사 자격을 취득한 자
③ 보건복지부장관이 인정하는 외국인 이용사 또는 미용사 자격 소지자
④ 전문대학에서 이용 또는 미용에 관한 학과 졸업자

해설

③은 이·미용사 면허를 받을 수 있는 자에 포함되지 않는다.

49 다음 중 예방법으로 생균백신을 사용하는 것은? 2010

① 홍 역　② 콜레라
③ 디프테리아　④ 파상풍

해설

결핵, 폴리오, 홍역, 탄저, 공수병 등에 생균백신을 사용한다.

50 질병 전파의 개달물(介達物)에 해당되는 것은? 2010

① 공기, 물
② 우유, 음식물
③ 의복, 침구
④ 파리, 모기

해설

개달물은 매개체가 숙주에 들어가지 않고 병원체를 운반하는 수단으로 의복, 침구 등이 이에 속한다.

정답 45 ③ 46 ① 47 ③ 48 ③ 49 ① 50 ③

51 결핵환자의 객담 처리방법 중 가장 효과적인 것은? 2010

① 소각법
② 알코올소독
③ 크레졸소독
④ 매몰법

해설

병원체의 배설물, 토사물 등은 불에 태워 멸균하는 것이 가장 효과적이다.

52 순도 100% 소독약 원액 2mL에 증류수 98mL를 혼합하여 100%mL의 소독약을 만들었다면 이 소독약의 농도는? 2008

① 2% ② 3%
③ 5% ④ 98%

해설

수용액

$$\frac{\text{용질량(소독약)}}{\text{용질량(희석액)}}\times100=100\%$$

$$\frac{2}{98}\times100=2\%$$

53 다음 중 클렌징의 목적과 가장 관계가 깊은 것은? 2010

① 피지 및 노폐물 제거
② 피부막 제거
③ 자외선으로부터 피부보호
④ 잡티 제거

해설

클렌징 : 피부표면의 노폐물 및 화장품의 잔여물 제거

54 피부를 분석 시 고객과 관리사가 동시에 피부상태를 보면서 분석하기에 가장 적합한 피부분석기기는? 2009

① 확대경 ② 우드램프
③ 브러싱 ④ 스킨스코프

해설

피부 분석기기

- 확대경 : 피부를 확대시켜 보는 것으로 육안으로 관찰하기 어려운 피부의 문제점 관찰이 용이
- 우드램프 : 자외선 파장을 이용한 기기로 여러 가지 피부상태를 색상으로 나타내는 기기
- 스킨스코프 : 관리사와 고객이 동시에 피부상태를 보면서 분석할 수 있는 기기
- 브러싱 : 클렌징 및 딥 클렌징 기기

55 다음 중 원발진에 속하는 것은?

① 수포, 반점, 인설
② 수포, 균열, 반점
③ 반점, 구진, 결절
④ 반점, 가피, 구진

해설

원발진(1차적 장애)

반점, 홍반, 구진, 농포, 팽진, 소수포, 대수포, 결절, 종양, 낭종(낭포)

56 다음 중 각질이상에 의한 피부질환은?

① 주근깨(작반)
② 기미(간반)
③ 티 눈
④ 리일 흑피증

해설

기미, 주근깨, 리일 흑피증은 과색소침착 현상이다.

51 ① 52 ① 53 ① 54 ④ 55 ③ 56 ③ **정답**

57 보디샴푸에 요구되는 기능과 가장 거리가 먼 것은? 2009

① 피부 각질층 세포 간 지질 보호
② 부드럽고 치밀한 기포 부여
③ 높은 기포 지속성 유지
④ 강력한 세정성 부여

해설

보디샴푸의 가장 주된 기능은 기본적인 피부 표면의 세정이다.

58 포인트 메이크업 클렌징 과정 시 주의할 사항으로 틀린 것은? 2008

① 콘택트렌즈를 뺀 후 시술한다.
② 아이라인을 제거 시 안에서 밖으로 닦아낸다.
③ 마스카라를 짙게 한 경우 강하게 자극하여 닦아낸다.
④ 입술화장을 제거 시 윗입술은 위에서 아래로, 아랫입술은 아래에서 위로 닦는다.

해설

눈 주위는 피부결이 얇고 건조하여 주름이 생기기 쉬우므로 부드럽고 자극되지 않게 제거한다.

59 다음 중 동물과 감염병의 병원소로 연결이 잘못된 것은? 2009

① 소 – 결핵
② 쥐 – 말라리아
③ 돼지 – 일본뇌염
④ 개 – 공수병

해설

- 모기 매개 감염병 : 말라리아, 사상충, 황열, 일본뇌염
- 쥐 매개 감염병 : 페스트, 발진열, 살모넬라증 등

60 매우 낮은 전압의 직류를 이용하며, 이온영동법과 디스인크러스테이션의 두 가지 중요한 기능을 하는 기기는? 2011

① 초음파기기 ② 저주파기기
③ 고주파기기 ④ 갈바닉기기

해설

갈바닉은 직류를 이용한 관리로 영양분을 침투시킬 수 있는 이온토포레시스(이온영동법)와 딥 클렌징 효과가 있는 디스인크러스테이션의 기능이 있다.

정답 57 ④ 58 ③ 59 ② 60 ④

실전모의고사

01 온습포의 작용으로 볼 수 없는 것은? 2009

① 모공을 수축시키는 작용이 있다.
② 혈액순환을 촉진시키는 작용이 있다.
③ 피지분비선을 자극시키는 작용이 있다.
④ 피부조직에 영양공급이 원활히 될 수 있도록 작용한다.

해설
냉습포는 모공수축과 진정효과가 있다.

02 인체의 창상용 소독약으로 부적당한 것은? 2010

① 승홍수　② 머큐로크롬액
③ 희옥도정기　④ 아크리놀

해설
승홍수는 인체의 점막, 금속 소독에 사용하지 않는다.

03 짙은 화장을 지우는 클렌징 제품 타입으로 중성과 건성 피부에 적합하며, 사용 후 이중 세안을 해야 하는 것은? 2011

① 클렌징 크림　② 클렌징 로션
③ 클렌징 워터　④ 클렌징 젤

해설
클렌징 크림은 유분이 많은 W/O타입으로 두꺼운 화장과 중성, 건성 피부에 적합하다.

04 소독장비 사용 시 주의해야 할 사항 중 옳은 것은? 2009

① 건열멸균기 – 멸균된 물건을 소독기에서 꺼낸 즉시 냉각시켜야 살균 효과가 크다.
② 자비소독기 – 금속성 기구들은 물이 끓기 전부터 넣고 끓인다.
③ 간헐멸균기 – 가열과 가열 사이에 20℃ 이상의 온도를 유지한다.
④ 자외선소독기 – 날이 예리한 기구 소독 시 타올 등으로 싸서 넣는다.

05 손바닥과 발바닥 등 비교적 피부층이 두터운 부위에 주로 분포되어 있으며 수분침투를 방지하고 피부를 윤기 있게 해 주는 기능을 가진 엘라이딘이라는 단백질을 함유하고 있는 피 세포층은? 2010

① 각질층　② 유두층
③ 투명층　④ 망상층

해설
투명층은 주로 손과 발바닥에 존재하며 엘라이딘이라는 반유동물질을 함유하고 있다.

1 ① 2 ① 3 ① 4 ③ 5 ③ 정답

06 클렌징 제품의 올바른 선택조건이 아닌 것은? 2009

① 클렌징이 잘되어야 한다.
② 피부의 산성막을 손상시키지 않는 제품이어야 한다.
③ 피부유형에 따라 적절한 제품을 선택해야 한다.
④ 충분하게 거품이 일어나는 제품을 선택한다.

해설

거품이 많이 일어나는 제품은 주로 지성, 여드름용의 세안제로 적당하며 건조, 예민 피부에는 피하는 게 좋다.

07 천연과일에서 추출한 필링제는? 2009

① AHA ② 라틱산
③ TCA ④ 페 놀

해설

AHA : Alpha Hydroxy Acid로 식물 또는 과일에서 추출한 산으로 글라이콜산, 주석산, 젖산, 사과산, 구연산 등이 있다.

08 모세혈관이 위치하며 콜라겐 조직과 탄력적인 엘라스틴섬유 및 뮤코다당류로 구성되어 있는 피부의 부분은? 2010

① 표 피 ② 유극층
③ 진 피 ④ 피하조직

해설

진피 : 교원섬유(콜라겐)와 탄력섬유(엘라스틴)로 구성되어 있다.

09 크림 파운데이션에 대한 설명 중 알맞은 것은? 2009

① 얼굴의 형태를 바꾸어 준다.
② 피부의 잡티나 결점을 커버해 주는 목적으로 사용된다.
③ O/W형은 W/O형에 비해 비교적 사용감이 무겁고 퍼짐성이 낮다.
④ 화장 시 산뜻하고 청량감이 있으나 커버력이 약하다.

해설

크림 파운데이션은 유분을 많이 함유하고 있어 커버력, 지속력이 강하나 사용감이 무겁다.

10 병원성 또는 비병원성 미생물 및 아포를 가진 것을 전부 사멸 또는 제거하는 것을 무엇이라 하는가? 2010

① 멸균(Sterilization)
② 소독(Disinfection)
③ 방부(Antiseptic)
④ 정균(Microbiostasis)

해설

멸균은 병원성 또는 비병원성 미생물 및 아포를 전부 사멸시키는 것을 말한다.

11 난자를 형성하는 성선인 동시에, 에스트로겐과 프로게스테론을 분비하는 재분비선은?

① 난 소 ② 고 환
③ 태 반 ④ 췌 장

해설

난소에서는 여성호르몬인 에스트로겐과 프로게스테론을 분비한다.

정답 6 ④ 7 ① 8 ③ 9 ② 10 ① 11 ①

12 소독약의 사용 및 보존상의 주의점으로서 틀린 것은? 2009

① 일반적으로 소독약은 밀폐시켜 일광이 직사되지 않는 곳에 보존해야 한다.
② 모든 소독약은 사용할 때마다 반드시 새로이 만들어 사용하여야 한다.
③ 승홍이나 석탄산 같은 것은 인체에 유해하므로 특별히 주의 취급하여야 한다.
④ 염소제는 일광과 열에 의해 분해되지 않도록 냉암소에 보존하는 것이 좋다.

해설

소독약은 안정성이 강하고 오래 두어도 화학적 변화가 적어, 만들어 놓은 것을 사용해도 좋다.

13 딥 클렌징에 대한 내용으로 가장 적합한 것은? 2010

① 노화된 각질을 부드럽게 연화하여 제거한다.
② 피부표면의 더러움을 제거하는 것이 주목적이다.
③ 주로 메이크업의 제거를 위해 사용한다.
④ 고마지, 스크럽 등이 해당하며, 화학적 필링이라고 한다.

해설

- 클렌징 : 피부표면의 노폐물 및 화장품 잔여물 제거
- 딥 클렌징 : 모공 속 노폐물 및 각질제거

14 다음 중 위팔을 올리거나 내릴 때 또는 바깥쪽으로 돌릴 때 사용되는 근육의 명칭은? 2009

① 승모근 ② 흉쇄유돌근
③ 대둔근 ④ 비복근

해설

승모근은 견갑골을 올리고 내외측 회전에 관여한다.

15 성장기까지 뼈의 길이 성장을 주도하는 것은? 2010

① 골 막 ② 골단판
③ 골 수 ④ 해면골

해설

뼈 길이 성장은 골단층(성장판)이라 불리는 골단판에서 관여한다.

16 다음 중 원발진으로만 짝지어진 것은? 2010

① 농포, 수포 ② 색소침착, 찰상
③ 티눈, 흉터 ④ 동상, 궤양

해설

흉터(반흔), 찰상, 궤양은 2차적인 증상(속발진)에 속한다.

17 다음 화장품 중 그 분류가 다른 것은? 2010

① 화 장 ② 클렌징 크림
③ 샴 푸 ④ 팩

정답: 12 ② 13 ① 14 ① 15 ② 16 ① 17 ③

해설

샴푸는 헤어용 제품이다.

18 글라이콜산이나 젖산을 이용하여 각질층에 침투시키는 방법으로 각질세포의 응집력을 약화시키며 자연 탈피를 유도시키는 필링제는? 2009

① Phenol ② TCA
③ AHA ④ BP

해설

AHA는 각질 간 지질을 산화시켜 각질 탈락을 유도하는 천연식물에서 추출한 성분이다.

19 피부색소인 멜라닌을 주로 함유하고 있는 세포층은? 2010

① 각질층 ② 과립층
③ 기저층 ④ 유극층

해설

표피의 기저층에는 멜라닌 세포가 존재한다.

20 나이아신 부족과 아미노산 중 트립토판 결핍으로 생기는 질병으로써 옥수수를 주식으로 하는 지역에서 자주 발생하는 것은? 2010

① 각기증 ② 괴혈병
③ 구루병 ④ 펠라그라병

해설

나이아신은 B군 비타민 중의 하나로 옥수수에는 함유되어 있지 않아 옥수수가 주식인 나라에는 피부병의 하나인 펠라그라병이 발생한다.

21 피부관리 후 마무리 동작에서 수렴작용을 할 수 있는 가장 적합한 방법은? 2009

① 건타월을 이용한 마무리 관리
② 미지근한 타월을 이용한 마무리 관리
③ 냉타월을 이용한 마무리 관리
④ 스팀타월을 이용한 마무리 관리

해설

냉습포는 피부에 긴장을 주고 모공수축, 진정효과가 있으며 피부관리의 마지막에 주로 사용한다.

22 다음 중 소독약품의 적정 희석농도가 틀린 것은? 2010

① 석탄산 3%
② 승홍 0.1%
③ 알코올 70%
④ 크레졸 0.3%

해설

크레졸의 희석 농도는 3%이다.

23 성장촉진, 생리대사의 보조역할, 신경안정과 면역기능 강화 등의 역할을 하는 영양소는? 2010

① 단백질 ② 비타민
③ 무기질 ④ 지 방

해설

비타민의 기능 : 생리작용조절, 성장촉진, 체내 대사의 조효소, 면역기능강화

정답 18 ③ 19 ③ 20 ④ 21 ③ 22 ④ 23 ②

24 **고압증기멸균법에 있어 20lbs, 126.5℃의 상태에서 몇 분간 처리하는 것이 가장 좋은가?** 2009

① 5분 ② 15분
③ 30분 ④ 60분

해설

고압증기멸균법
- 10lbs, 115.5℃ 30분
- 15lbs, 121.5℃ 20분
- 20lbs, 126.5℃ 15분

25 **다음 중 윗몸일으키기를 하였을 때 주로 강해지는 근육은?** 2010

① 이두박근 ② 복직근
③ 삼각근 ④ 횡경막

해설

복직근 : 복부를 이루고 있는 근육의 하나로 척추를 앞으로 구부리거나 복압을 가할 때 작용한다.

26 **화장품 성분 중에서 양모에서 정제한 것은?** 2010

① 바셀린 ② 밍크 오일
③ 플라센타 ④ 라놀린

해설

라놀린은 양모에서 추출한 성분으로 피부 친화성이 좋고 피부를 유연하게 하며 영양을 공급한다.

27 **인체의 혈액량은 체중의 약 몇 %인가?** 2010

① 약 2% ② 약 8%
③ 약 20% ④ 약 30%

해설

혈액은 체중의 약 8%를 차지한다.

28 **각 소화기관별 분비되는 소화 효소와 소화시킬 수 있는 영양소가 올바르게 짝지어진 것은?** 2010

① 소장 : 키모트립신 – 단백질
② 위 : 펩신 – 지방
③ 입 : 락테이스 – 탄수화물
④ 췌장 : 트립신 – 단백질

해설

췌장의 외분비선은 단백질을 분해하는 트립신을 분비한다.

29 **딥 클렌징의 효과에 대한 설명이 아닌 것은?** 2008

① 피부표면을 매끈하게 한다.
② 면포를 강화시킨다.
③ 혈색을 좋아지게 한다.
④ 불필요한 각질세포를 제거한다.

해설

딥 클렌징은 각질제거 및 여드름, 면포 등의 배출에 효과적이다.

24 ② 25 ② 26 ④ 27 ② 28 ④ 29 ② 정답

30 딥 클렌징의 분류가 옳은 것은? 2010

① 고마지 - 물리적 각질관리
② 스크럽 - 화학적 각질관리
③ AHA - 물리적 각질관리
④ 효소 - 물리적 각질관리

해설

- 물리적 각질관리 : 고마지, 스크럽
- 화학적 각질관리 : AHA, 효소

31 화장품의 4대 품질 조건에 대한 설명이 틀린 것은? 2010

① 안전성 - 피부에 대한 자극, 알레르기, 독성이 없을 것
② 안정성 - 변색, 변취, 미생물의 오염이 없을 것
③ 사용성 - 피부에 사용감이 좋고 잘 스며들 것
④ 유효성 - 질병치료 및 진단에 사용할 수 있는 것

해설

유효성은 화장품의 보습, 노화 억제, 자외선 차단, 미백 등의 효과를 말한다.

32 이온토포레시스(Iontophoresis)의 주효과는? 2010

① 세균 및 미생물을 살균시킨다.
② 고농축 유효성분을 피부 깊숙이 침투시킨다.
③ 셀룰라이트를 감소시킨다.
④ 심부열을 증가시킨다.

해설

이온토포레시스는 영양성분을 침투시키는 효과가 있으며 고주파는 심부열을 증가시키고 고주파의 직접법은 모공수축, 살균효과가 있어 여드름, 지성 피부에 효과적이다.

33 프리마톨을 가장 잘 설명한 것은? 2010

① 석션 유리관을 이용하여 모공의 피지와 불필요한 각질을 제거하기 위해 사용하는 기기이다.
② 회전브러시를 이용하여 모공의 피지와 불필요한 각질을 제거하기 위해 사용하는 기기이다.
③ 스프레이를 이용하여 모공의 피지와 불필요한 각질을 제거하기 위해 사용하는 기기이다.
④ 우드램프를 이용하여 모공의 피지와 불필요한 각질을 제거하기 위해 사용하는 기기이다.

해설

- 진공흡입기 : 석션 유리관을 이용하여 모공의 피지와 불필요한 각질을 제거하는 기기
- 스프레이 : 토닉 분무기기
- 우드램프 : 자외선 파장을 이용한 피부 분석기기

34 우드램프로 피부상태를 판단할 때 건성 피부는 어떤 색으로 나타나는가?

① 암갈색
② 흰 색
③ 연보라색
④ 진보라색

정답 30 ① 31 ④ 32 ② 33 ② 34 ③

해설

피부상태에 따른 우드램프 반응 색상

피부 상태	우드램프 반응 색상
정상 피부	청백색
건성, 수분부족 피부	연보라색
민감, 모세혈관 확장 피부	진보라색
지성, 피지, 여드름	오렌지색
노화 각질, 두꺼운 각질층	흰 색
색소 침착	암갈색
비립종	노란색
먼지, 이물질	하얀 형광색

35 알코올소독의 미생물 세포에 대한 주된 작용 기전은? 2011

① 할로겐 복합물 형성
② 단백질 변성
③ 효소의 완전 파괴
④ 균체의 완전 융해

해설

알코올소독은 미생물의 단백질 변성이나 용균, 대사 기전에 저해작용을 일으키는 화학적 소독법으로, 세균포자 및 사상균에 대해서는 효과가 없다.

36 안면진공흡입기의 사용방법으로 가장 거리가 먼 것은? 2011

① 사용 시 크림이나 오일을 바르고 사용한다.
② 한 부위에 오래 사용하지 않도록 조심한다.
③ 탄력이 부족한 예민, 노화 피부에 더욱 효과적이다.
④ 관리가 끝난 후 벤토즈는 미온수와 중성세제를 이용하여 잘 세척하고 알코올 소독 후 보관한다.

해설

안면진공흡입기는 피부를 진공상태로 만들어 세포와 조직에 자극을 주므로 예민 피부는 피해서 사용한다.

37 환자 접촉자가 손의 소독 시 사용하는 약품으로 가장 부적당한 것은? 2010

① 크레졸수 ② 승홍수
③ 역성비누 ④ 석탄산

해설

석탄산은 소독약의 살균지표로 넓은 지역의 방역용 소독제로 적당하다.

38 페이셜 스크럽(Facial Scrub)에 관한 설명 중 옳은 것은? 2010

① 민감성 피부의 경우에는 스크럽제를 문지를 때 무리하게 압을 가하지만 않으면 매일 사용해도 상관없다.
② 피부 노폐물, 세균, 메이크업 찌꺼기 등을 깨끗하게 지워주기 때문에 메이크업을 했을 경우는 반드시 사용한다.
③ 각화된 각질을 제거해 줌으로써 세포의 재생을 촉진해 준다.
④ 스크럽제로 문지르면 신경과 혈관을 자극하여 혈액순환을 촉진시켜 주므로 15분 정도 충분히 마사지가 되도록 문질러 준다.

해설

스크럽은 묵은 각질을 제거하여 피부 재생을 도우나, 지나치게 세게 사용하거나 오래 사용할 시 피부에 자극을 줄 수 있다.

35 ② 36 ③ 37 ④ 38 ③ 정답

39 **비누에 대한 설명으로 틀린 것은?** 2010

① 비누의 세정작용은 비누 수용액이 오염과 피부 사이에 침투하여 부착을 약화시켜 떨어지기 쉽게 하는 것이다.
② 비누는 거품이 풍성하고 잘 헹구어져야 한다.
③ 비누는 세정작용뿐만 아니라 살균, 소독효과를 주로 가진다.
④ 메디케이티드 비누는 소염제를 배합한 제품으로 여드름, 면도 상처 및 피부 거칠음 방지효과가 있다.

해설

비누는 세정 작용만을 가진다.

40 **다음 중 척수신경이 아닌 것은?** 2010

① 경신경
② 흉신경
③ 천골신경
④ 미주신경

해설

제10번 뇌신경 : 미주신경

41 **세정용 화장수의 일종으로 가벼운 화장의 제거에 사용하기에 가장 적합한 것은?** 2010

① 클렌징 오일
② 클렌징 워터
③ 클렌징 로션
④ 클렌징 크림

42 **다음 내용에 해당하는 세포질 내부의 구조물은?** 2010

- 세포 내의 호흡생리에 관여
- 이중막으로 싸여진 계란형(타원형)의 모양
- 아데노신 삼인산(Adenosin Triphosphate)을 생산

① 형질내세망(Endolpasmic Reticulum)
② 용해소체(Lysosome)
③ 골지체(Golgi Apparatus)
④ 사립체(Mitochondria)

해설

미토콘드리아는 세포호흡에 관여하고 에너지(ATP)를 생산한다.

43 **피부의 각질(케라틴)을 만들어 내는 세포는?** 2010

① 색소세포　② 기저세포
③ 각질형성세포　④ 섬유아세포

해설

각질형성세포는 각화세포라고 하며 케라틴을 만들어 낸다.

44 **보건복지부장관은 공중위생관리법에 의한 권한의 일부를 무엇이 정하는 바에 의해 시·도지사에게 위임할 수 있는가?** 2009

① 대통령령
② 보건복지부령
③ 공중위생관리법 시행규칙
④ 행정안전부령

정답 39 ③ 40 ④ 41 ② 42 ④ 43 ③ 44 ①

해설

위임 및 위탁(공중위생관리법 제18조제1항)
보건복지부장관은 이 법에 의한 권한의 일부를 대통령령이 정하는 바에 의하여 시·도지사, 시장·군수·구청장에게 위임할 수 있다.

45 습포에 대한 설명으로 틀린 것은? 2010

① 타월은 항상 자비소독 등의 방법을 실시한 후 사용한다.
② 온습포는 팔의 안쪽에 대어서 온도를 확인한 후 사용한다.
③ 피부 관리의 최종단계에서 피부의 경직을 위해 온습포를 사용한다.
④ 피부 관리 시 사용되는 습포에는 온습포와 냉습포의 두 종류가 일반적이다.

해설

피부관리의 마지막에서는 냉습포를 사용하여 피부에 긴장을 준다.

46 용품이나 기구 등을 일차적으로 청결하게 세척하는 것은 다음의 소독방법 중 어디에 해당되는가? 2011

① 희 석 ② 방 부
③ 정 균 ④ 여 과

해설

희석은 살균 효과가 없으나 균수를 감소시킨다.

47 다음 중 보디용 화장품이 아닌 것은? 2010

① 샤워 젤 ② 바스 오일
③ 데오도란트 ④ 헤어에센스

48 딥 클렌징과 관련이 가장 먼 것은? 2010

① 더마스코프(Dermascope)
② 프리마톨(Frimator)
③ 엑스폴리에이션(Exfoliation)
④ 디스인크러스테이션(Disincrustation)

해설

① 더마스코프 : 피부진단기기
② 프리마톨 : 전동 브러시를 이용한 딥 클렌징
③ 엑스폴리에이션 : 스크럽을 이용한 딥 클렌징
④ 디스인크러스테이션 : 갈바닉 기기를 이용한 딥 클렌징

49 소독에 사용되는 약제의 이상적인 조건은? 2011

① 살균하고자 하는 대상물을 손상시키지 않아야 한다.
② 취급방법이 복잡해야 한다.
③ 용매에 쉽게 용해되지 않아야 한다.
④ 향기로운 냄새가 나야 한다.

해설

소독약은 용해성과 안정성이 있으며, 냄새가 없고 탈취력이 있어야 한다.

45 ③ 46 ① 47 ④ 48 ① 49 ① **정답**

50 수분측정기로 표피의 수분 함유량을 측정하고자 할 때 고려해야 하는 내용이 아닌 것은? 2009

① 온도는 20~22℃에서 측정하여야 한다.
② 직사광선이나 직접조명 아래에서 측정한다.
③ 운동 직후에는 휴식을 취한 후 측정하도록 한다.
④ 습도는 40~60%가 적당하다.

해설

수분측정기는 직사광선이나 직접조명을 피해서 측정한다.

51 켈로이드는 어떤 조직이 비정상으로 성장한 것인가? 2010

① 피하지방조직
② 정상 상피조직
③ 정상 분비선 조직
④ 결합조직

해설

켈로이드는 결합조직의 비정상적인 증식이다.

52 이·미용업 종사자가 손을 씻을 때 많이 사용하는 소독약은? 2010

① 크레졸수 ② 페놀수
③ 과산화수소 ④ 역성 비누

해설

역성 비누는 손소독에 적당하다.

53 골과 골 사이의 충격을 흡수하는 결합조직은? 2009

① 섬 유 ② 연 골
③ 관 절 ④ 조 직

해설

연골 : 골격계통의 하나로 결합조직이며 완충역할을 한다.

54 다음 소독제 중에서 할로겐계에 속하지 않는 것은? 2010

① 표백분
② 석탄산
③ 차아염소산나트륨
④ 염소 유기화합물

해설

석탄산은 페놀계 화합물이다.

55 지성 피부의 면포추출에 사용하기 가장 적합한 기기는? 2010

① 분무기
② 전동브러시
③ 리프팅기
④ 진공흡입기

해설

진공흡입기는 피부 표면을 진공상태로 만들어 피부조직에 압력을 가하는 기기로 혈액순환, 딥 클렌징, 면포 추출 효과가 있다.

정답 50 ② 51 ④ 52 ④ 53 ② 54 ② 55 ④

56 **다음 중 미백용 화장품 성분으로 옳은 것은?**

① 알란토인 ② 알부틴
③ 아줄렌 ④ 알로에베라

해설

알부틴은 미백용 화장품 성분이다.

57 **팩과 관련한 내용 중 틀린 것은?** 2010

① 피부 상태에 따라서 선별해서 사용해야 한다.
② 팩을 바르기 전 냉타월로 피부를 진정시킨 후 사용하면 효과적이다.
③ 피부에 상처가 있는 경우에는 사용을 삼간다.
④ 눈썹, 눈 주위, 입술 위는 팩 사용을 피한다.

해설

냉타월은 팩 사용 후 마무리 단계에 적용한다.

58 **피부유형별 화장품 사용 시 AHA의 적용피부가 아닌 것은?** 2010

① 예민 피부
② 노화 피부
③ 지성 피부
④ 색소침착 피부

해설

AHA는 자극이 있으므로 예민 피부, 모세혈관 확장 피부는 피해서 사용한다.

59 **피부미용기기로 사용되는 진공흡입기(Vacuum or Suction)과 관련이 없는 것은?** 2011

① 피부에 적절한 자극을 주어 피부기능을 왕성하게 한다.
② 피지 제거, 불순물 제거에 효과적이다.
③ 민감성 피부나 모세혈관 확장증에 적용하면 효과가 좋다.
④ 혈액순환촉진, 림프순환촉진에 효과가 있다.

해설

진공흡입기는 피부표면을 진공상태로 만들어 적당한 압을 가하는 관리로 노폐물 제거, 혈액순환, 림프순환 등에는 효과적이나 피부가 약한 민감성 피부나 모세혈관 확장증에는 사용하지 않는다.

60 **딥 클렌징 시 스크럽 제품을 사용할 때 주의해야 할 사항 중 틀린 것은?** 2009

① 코튼이나 해면을 사용하여 닦아낼 때 알갱이가 남지 않도록 깨끗하게 닦아낸다.
② 과각화된 피부, 모공이 큰 피부, 면포성 여드름 피부에는 적합하지 않다.
③ 눈이나 입 속으로 들어가지 않도록 조심한다.
④ 심한 핸드링을 피하며, 마사지 동작을 해서는 안 된다.

해설

스크럽은 물리적 각질제거로 염증 피부, 모세혈관 확장 피부, 예민 피부 등에는 사용을 피한다.

정답 56 ② 57 ② 58 ① 59 ③ 60 ②

실전모의고사

01 한 지역이나 국가의 공중보건을 평가하는 기초자료로 가장 신뢰성 있게 인정되고 있는 것은? 2009

① 질병이환율
② 영아사망률
③ 신생아사망률
④ 조사망률

해설

영아사망률은 일반사망률에 비해 통계적 유의성이 높고 조사망률이 크기 때문에 국가의 건강수준을 나타내는 가장 대표적 지표이다.

02 딥 클렌징 시술과정에 대한 내용 중 틀린 것은? 2010

① 깨끗이 클렌징이 된 상태에서 적용한다.
② 필링제를 중앙에서 바깥쪽, 아래에서 위쪽으로 도포한다.
③ 고마지 타입은 팩이 마른 상태에서 근육결대로 가볍게 밀어준다.
④ 딥 클렌징 단계에서는 수분 보충을 위해 스티머를 반드시 사용한다.

해설

각질제거제의 종류에 따라 스티머의 사용이 결정된다. 효소의 경우는 스티머를 사용하지만 AHA는 자극이 있으므로 스티머를 사용하지 않는다.

03 화장품의 사용목적과 가장 거리가 먼 것은? 2010

① 인체를 청결, 미화하기 위하여 사용한다.
② 용모를 변화시키기 위하여 사용한다.
③ 피부, 모발의 건강을 유지하기 위하여 사용한다.
④ 인체에 대한 약리적인 효과를 주기 위해 사용한다.

해설

화장품은 의약품에 해당하는 물품은 제외된다.

04 다음 중 효소필링이 적합하지 않은 피부는? 2010

① 각질이 두껍고 피부표면이 건조하여 당기는 피부
② 비립종을 가진 피부
③ 화이트헤드, 블랙헤드를 가지고 있는 지성피부
④ 자외선에 의해 손상된 피부

해설

손상된 피부는 각질제거를 피한다.

정답 1 ② 2 ④ 3 ④ 4 ④

05 스티머 활용 시의 주의사항과 가장 거리가 먼 것은? 2008

① 오존을 사용하지 않는 스티머를 사용하는 경우는 아이패드를 하지 않아도 된다.
② 스팀이 나오기 전 오존을 켜서 준비한다.
③ 상처가 있거나 일광에 손상된 피부에는 사용을 제한하는 것이 좋다.
④ 피부타입에 따라 스티머의 시간을 조정한다.

해설

스티머 기기는 사용 직전 오존을 켜서 준비한다.

06 광역시 지역에서 이·미용업소를 운영하는 사람이 영업소의 소재지를 변경하고자 할 때의 조치사항으로 옳은 것은? 2010

① 시장에게 변경허가를 받아야 한다.
② 관할 구청장에게 변경허가를 받아야 한다.
③ 시장에게 변경신고를 하면 된다.
④ 관할 구청장에게 변경신고를 하면 된다.

해설

공중위생영업의 신고 및 폐업신고(공중위생관리법 제3조 제1항)
공중위생영업을 하고자 하는 자는 공중위생영업의 종류별로 보건복지부령이 정하는 시설 및 설비를 갖추고 시장·군수·구청장에게 신고하여야 한다. 보건복지부령이 정하는 중요사항을 변경하고자 하는 때에도 또한 같다.

07 딥 클렌징(Deep Cleansing) 시 사용되는 제품의 형태와 가장 거리가 먼 것은? 2010

① 액체(AHA) 타입
② 고마지(Gommage) 타입
③ 스프레이(Spray) 타입
④ 크림(Cream) 타입

해설

스프레이 타입은 화장수 제품의 형태이다.

08 다음 중 화학적 소독법에 해당되는 것은? 2010

① 알코올소독법 ② 자비소독법
③ 고압증기멸균법 ④ 간헐멸균법

해설

자비소독법, 고압증기멸균법, 간헐멸균법은 물리적 소독법이다.

09 딥 클렌징의 효과에 대한 설명으로 틀린 것은? 2009

① 면포를 연화시킨다.
② 피부 표면을 매끈하게 해 주고 혈색을 맑게 한다.
③ 클렌징의 효과가 있으며 피부의 불필요한 각질세포를 제거한다.
④ 혈액순환촉진을 시키고 피부조직에 영양을 공급한다.

해설

딥 클렌징은 다음 단계의 영양분의 흡수를 돕는다.

10 진공흡입기 적용을 금지해야 하는 경우와 가장 거리가 먼 것은? 2010

① 모세혈관 확장 피부
② 알레르기성 피부
③ 지나치게 탄력이 저하된 피부
④ 건성 피부

해설

진공흡입기는 모세혈관 확장 피부, 알레르기성 피부, 지나치게 탄력이 저하된 피부는 사용을 금지한다.

5 ② 6 ④ 7 ③ 8 ① 9 ④ 10 ④ **정답**

11 **피부의 각화과정(Keratinization)이란?** 2010

① 피부가 손톱, 발톱으로 딱딱하게 변하는 것을 말한다.
② 피부세포가 기저층에서 각질층까지 분열되어 올라가 죽은 각질 세포로 되는 현상을 말한다.
③ 기저세포 중의 멜라닌 색소가 많아져서 피부가 검게 되는 것을 말한다.
④ 피부가 거칠어져서 주름이 생겨 노화되는 것을 말한다.

해설

각화과정 : 피부 세포가 기저층에서 각질층까지 분열되어 올라가 죽은 각질 세포로 되는 현상

12 **매뉴얼 테크닉에 대한 설명 중 거리가 먼 것은?** 2010

① 체내의 노폐물 배설 작용을 도와준다.
② 신진대사의 기능이 빨라져 혈압을 내려준다.
③ 몸의 긴장을 풀어줌으로써 건강한 몸과 마음을 갖게 한다.
④ 혈액순환을 도와 피부에 탄력을 준다.

해설

혈액순환과 함께 신진대사 기능을 촉진시킨다.

13 **계면활성제에 대한 설명 중 잘못된 것은?** 2009

① 계면활성제는 계면을 활성화시키는 물질이다.
② 계면활성제는 친수성기와 친유성기를 모두 소유하고 있다.
③ 계면활성제는 표면장력을 높이고 기름을 유화시키는 등의 특징을 가지고 있다.
④ 계면활성제는 표면활성제라고도 한다.

해설

계면활성제는 표면장력을 낮추어 오염물질이 쉽게 분리되어 나올 수 있도록 해 준다.

14 **내분비와 외분비를 겸한 혼합성 기관으로 3대 영양소를 분해할 수 있는 소화효소를 모두 가지고 있는 소화기관은?** 2010

① 췌 장
② 간
③ 위
④ 대 장

해설

췌장은 내분비와 외분비선을 겸한 혼합성 기관으로 단백질을 분해하는 트립신, 탄수화물을 분해하는 아밀레이스, 지방을 분해하는 리페이스를 분비한다.

정답 11 ② 12 ② 13 ③ 14 ①

15 식품의 혐기성 상태에서 발육하여 체외독소로서 신경독소를 분비하며 치명률이 가장 높은 식중독으로 알려진 것은? 2010

① 살모넬라 식중독
② 보툴리누스균 식중독
③ 웰치균 식중독
④ 알레르기성 식중독

해설

보툴리누스균은 세균성 식중독 중 가장 치명률이 높으며, 식품의 혐기성 상태에서 발육하여 신경계 증상을 일으킨다.

16 물사마귀라고도 불리우며 황색 또는 분홍색의 반투명성 구진(2~3mm 크기)을 가지는 피양성종으로 땀샘관의 개출구 이상으로 피지분비가 막혀 생성되는 것은? 2010

① 한관종 ② 혈관종
③ 섬유종 ④ 지방종

해설

한관종은 에크린한선에서 유래된 작은 반투명성의 구진이다.

17 열을 이용한 기기가 아닌 것은? 2010

① 스티머 ② 이온토포레시스
③ 파라핀 왁스기 ④ 적외선등

해설

열을 이용한 관리기기로는 스티머, 파라핀 왁스기, 고주파기, 왁스워머, 적외선등이 있으며, 이온토포레시스는 갈바닉 전류를 이용한 기기이다.

18 장기간에 걸쳐 반복하여 긁거나 비벼서 표피가 건조하고 가죽처럼 두꺼워진 상태는? 2010

① 가 피 ② 낭 종
③ 태 선 ④ 반 흔

해설

태선화 : 표피와 진피의 일부가 가죽처럼 두꺼워지며 딱딱해지는 현상

19 갈바닉 전류 중 음극(-)을 이용한 것으로 제품을 피부로 스며들게 하기 위해 사용하는 것은? 2009

① 아나포레시스(Anaphoresis)
② 에피더마브레이션(Epidermabrassion)
③ 카타포레시스(Cataphoresis)
④ 전기 마스크(Electronis Mask)

해설

갈바닉 전류의 음극효과는 아나포레시스로 알칼리 물질 침투에 적용하고 양극효과는 카타포레시스로 산성 물질 침투에 적용한다.

20 매뉴얼 테크닉 시 가장 많이 이용되는 기술로 손바닥을 편평하게 하고 손가락을 약간 구부려 근육이나 피부 표면을 쓰다듬고 어루만지는 동작은? 2010

① 프릭션(Friction)
② 에플라지(Effleurage)
③ 페트리사지(Petrissage)
④ 바이브레이션(Vibration)

해설

쓰다듬기 동작인 에플라지는 매뉴얼 테크닉의 시작과 끝에 가장 많이 사용한다.

15 ② 16 ① 17 ② 18 ③ 19 ① 20 ② 정답

21 **당이나 혈청과 같이 열에 의해 변성되거나 불안정한 액체의 멸균에 이용되는 소독법은?** 2010

① 저온살균법 ② 여과멸균법
③ 간헐멸균법 ④ 건열멸균법

해설

여과멸균법은 열에 불안정한 용액의 멸균에 사용하는 소독법이다.

22 **접촉성 피부염의 주된 알레르기원이 아닌 것은?** 2010

① 니 켈 ② 금
③ 수 은 ④ 크로뮴

해설

접촉성 피부염의 주된 알레르기원으로는 수은, 니켈, 크로뮴 등이 있다.

23 **다음 중 원발진에 해당하는 피부변화는?**

① 가 피 ② 미 란
③ 위 축 ④ 구 진

해설

가피(딱지), 미란, 위축은 속발진이다.

24 **신경계 중 중추신경계에 해당되는 것은?** 2010

① 뇌 ② 뇌신경
③ 척수신경 ④ 교감신경

해설

중추신경계 : 뇌와 척수로 구성
척수신경은 척수에서 추간공을 통해 나가는 말초신경을 의미한다.

25 **화장품의 4대 요건에 해당되지 않는 것은?**

① 안전성 ② 안정성
③ 사용성 ④ 보호성

해설

화장품의 4대 요건 : 안전성, 안정성, 사용성, 유효성

26 **혈액의 구성 물질로 항체생산과 감염의 조절에 가장 관계가 깊은 것은?** 2010

① 적혈구 ② 백혈구
③ 혈 장 ④ 혈소판

해설

백혈구는 식균작용을 통해 감염의 조절에 관여한다.

27 **보통 상처의 표면에 소독하는데 이용하며 발생기 산소가 강력한 산화력으로 미생물을 살균하는 소독제는?** 2009

① 석탄산 ② 과산화수소수
③ 크레졸 ④ 에탄올

해설

과산화수소는 강력한 산화력에 의한 살균으로 피부, 상처 소독에 좋다.

정답 21 ② 22 ② 23 ④ 24 ① 25 ④ 26 ② 27 ②

28 다음 중 뼈의 기본구조가 아닌 것은? 2010

① 골 막 ② 골외막
③ 골내막 ④ 심 막

해설

골의 구성 : 골막(골외막, 골내막), 골조직, 해면골, 골수강

29 매뉴얼 테크닉 방법 중 두드리기의 효과와 가장 거리가 먼 것은? 2010

① 피부진정과 긴장완화 효과
② 혈액순환 촉진
③ 신경 자극
④ 피부의 탄력성 증대

해설

피부진정과 긴장완화는 쓰다듬기의 효과이다.

30 승모근에 대한 설명으로 틀린 것은? 2010

① 기시부는 두개골의 저부이다.
② 쇄골과 견갑골에 부착되어 있다.
③ 지배신경은 견갑배신경이다.
④ 견갑골의 내전과 머리를 신전한다.

해설

승모근을 지배하는 신경은 제10번 뇌신경으로 미주신경이다.

31 다음 중 보디용 화장품이 아닌 것은? 2010

① 샤워젤 ② 바스오일
③ 데오도란트 ④ 헤어에센스

32 효소필링제의 사용법으로 가장 적합한 것은? 2011

① 도포한 후 약간 덜 건조된 상태에서 문지르는 동작으로 각질을 제거한다.
② 도포한 후 효소의 작용을 촉진하기 위해 스티머나 온습포를 사용한다.
③ 도포한 후, 완전하게 건조되면 젖은 해면을 이용하여 닦아낸다.
④ 도포한 후 피부 근육결 방향으로 문지른다.

해설

효소의 활성화를 위해 온습포나 스티머를 사용하여 적당한 온도와 습도를 유지시킨다.

33 브러싱 기기의 올바른 사용법은? 2010

① 브러시 끝이 눌리도록 적당한 힘을 가한다.
② 손목으로 회전브러시를 돌리면서 적용시킨다.
③ 브러시는 피부에 대해 수평방향으로 적용시킨다.
④ 회전내용물이 튀지 않도록 양을 적당히 조절한다.

해설

브러싱 기기는 브러시를 수직으로 세워 브러시가 눌리지 않게 가볍게 원을 그리면서 사용한다.

34 딥 클렌징 방법이 아닌 것은? 2009

① 디스인크러스테이션
② 효소필링
③ 브러싱
④ 이온토포레시스

28 ④ 29 ① 30 ③ 31 ④ 32 ② 33 ④ 34 ④ 정답

해설

이온토포레시스는 갈바닉 기기를 이용한 영양침투 기능이 있다.

35 지성 피부에 적용되는 작업 방법 중 적절하지 않은 것은? 2011

① 이온영동 침투기기의 양극봉으로 디스인크러스테이션을 해 준다.

② 자케(Jacquet)법을 이용한 관리는 디스인크러스테이션 후에 시행한다.

③ T-존(T-zone) 부위의 노폐물 등을 안면 진공흡입기로 제거한다.

④ 지성 피부의 상태를 호전시키기 위해 고주파기의 직접법을 적용시킨다.

해설

디스인크러스테이션은 알칼리 성분을 이용한 딥 클렌징 방법으로 음극봉은 안면에 양극봉은 고객의 손이나 등에 부착하여 사용한다.

36 피부의 피지막은 보통 상태에서 어떤 유화상태로 존재하는가? 2010

① W/O 유화 ② O/W 유화
③ W/S 유화 ④ S/W 유화

해설

피지막은 유중수형(W/O) 타입으로 존재한다.

37 디스인크러스테이션(Disincrustation)을 가급적 피해야 할 피부유형은? 2009

① 중성 피부 ② 지성 피부
③ 노화 피부 ④ 건성 피부

해설

디스인크러스테이션은 알칼리 성분을 이용한 딥 클렌징 기기로 건성 피부에는 자극이 될 수 있으므로 피해서 사용한다.

38 다음 중 기능성 화장품의 영역이 아닌 것은? 2010

① 피부의 미백에 도움을 주는 제품

② 피부의 주름 개선에 도움을 주는 제품

③ 피부의 여드름 개선에 도움을 주는 제품

④ 자외선으로부터 피부를 보호하는데 도움을 주는 제품

해설

해당 법 개정으로 ③도 기능성 화장품에 포함된다.
기능성 화장품의 범위(화장품법 시행규칙 제2조제9호)
여드름성 피부를 완화하는 데 도움을 주는 화장품. 다만, 인체세정용 제품류로 한정한다.

39 팩에 사용되는 주성분 중 피막제 및 점도 증가제로 사용되는 것은? 2010

① 카올린(Kaolin), 탤크(Talc)

② 폴리비닐알코올(PVA), 잔탄검(Xanthan Gum)

③ 구연산나트륨(Sodium Citrate), 아미노산류(Amino Acids)

④ 유동파라핀(Liquid Paraffin), 스쿠알렌(Squalene)

해설

피막제 및 점도 증가제 : 폴리비닐알코올, 폴리비닐피롤리돈, 셀룰로스 유도체, 잔탄검, 젤라틴 등

정답 35 ① 36 ① 37 ④ 38 정답없음 39 ②

40 피부미용의 관점에서 딥 클렌징의 목적이 아닌 것은? 2009

① 영양물질의 흡수를 용이하게 한다.
② 피지와 각질층의 일부를 제거한다.
③ 피부유형에 따라 주 1~2회 정도 실시한다.
④ 화학적 화상을 유발하여 피부세포 재생을 촉진한다.

해설

화학적 화상을 유발하는 것은 의료시술이다.

41 아로마 오일의 사용법 중 확산법으로 맞는 것은? 2010

① 따뜻한 물에 넣고 몸을 담근다.
② 아로마 램프나 스프레이를 이용한다.
③ 수건에 적신 후 피부에 붙인다.
④ 손수건, 티슈 등에 1~2방울 떨어뜨리고 심호흡을 한다.

해설

확산법은 아로마 램프, 오일 워머 등을 이용하여 아로마 오일을 공기 중에 발산시켜 사용하는 방법이다.

42 향수의 구비요건이 아닌 것은? 2009

① 향에 특징이 있어야 한다.
② 향이 강하므로 지속성이 약해야 한다.
③ 시대성에 부합하는 향이어야 한다.
④ 향의 조화가 잘 이루어져야 한다.

해설

향수는 일정시간 향의 지속성이 있어야 한다.

43 매뉴얼 테크닉 기법 중 닥터 자케법에 관한 설명으로 가장 적합한 것은? 2009

① 디스인크러스테이션을 하기 위한 준비단계에 하는 것이다.
② 피지선의 활동을 억제한다.
③ 모낭 내 피지를 모공 밖으로 배출시킨다.
④ 여드름 피부를 클렌징할 때 쓰는 기법이다.

해설

닥터 자케(Dr. Jacquet)법은 엄지와 검지 등을 이용하여 피부를 꼬집듯이 들어 올리는 동작이다.

44 다음 중 수면을 조절하는 호르몬은? 2010

① 타이로신　　② 멜라토닌
③ 글루카곤　　④ 칼시토닌

해설

멜라토닌은 밤과 낮의 길이나 계절의 변화같은 광주기를 감지하는 호르몬이다.

45 딥 클렌징에 대한 설명으로 틀린 것은? 2008

① 스크럽 제품의 경우 여드름 피부나 염증부위에 사용하면 효과적이다.
② 민감성 피부는 가급적 하지 않는 것이 좋다.
③ 효소를 이용할 경우 스티머가 없을 시 온습포를 적용할 수 있다.
④ 칙칙하고 각질이 두꺼운 피부에 효과적이다.

정답: 40 ④　41 ②　42 ②　43 ③　44 ②　45 ①

해설

스크럽은 면포성 여드름에는 사용가능하나 염증성 여드름 피부나 예민 피부, 모세혈관 확장 피부, 염증부위는 피한다.

46 매뉴얼 테크닉의 기본 동작에 대한 설명으로 틀린 것은? 2009

① 에플라지(Effleurage) – 손바닥을 이용해 부드럽게 쓰다듬는 동작
② 프릭션(Friction) – 근육을 횡단하듯 반죽하는 동작
③ 타포트먼트(Tapotrment) – 손가락을 이용하여 두드리는 동작
④ 바이브레이션(Vibration) – 손 전체나 손가락에 힘을 주어 고른 진동을 주는 동작

해설

② 프릭션 : 손가락의 끝부분을 이용하여 원을 그리며 이동하는 동작
※ 유연법(Petrissage) : 근육을 횡단하듯 반죽하는 동작

47 피부 표피 중 가장 두꺼운 층은? 2009

① 각질층
② 유극층
③ 과립층
④ 기저층

해설

표피 중 가장 두꺼운 층은 유극층이다.

48 승홍에 소금을 섞었을 때 일어나는 현상은? 2010

① 용액이 중성으로 되고 자극성이 완화된다.
② 용액의 기능을 2배 이상 증대시킨다.
③ 세균의 독성을 중화시킨다.
④ 소독대상물의 손상을 막는다.

해설

승홍수는 물에 녹지 않고 독성에 강한데, 소금을 섞었을 때 중성화되면서 자극이 완화된다.

49 일반적으로 사용하는 소독제로서 에탄올의 적정농도는? 2010

① 30% ② 50%
③ 70% ④ 90%

해설

에탄올은 70%를 사용한다.

50 석탄산의 희석배수 90배를 기준으로 할 때 어떤 소독약의 석탄산 계수가 4이었다면 이 소독약의 희석배수는? 2010

① 90배 ② 94배
③ 360배 ④ 400배

해설

$$\text{석탄산 계수} = \frac{\text{소독약의 희석배수}}{\text{석탄산의 희석배수}}$$

정답 46 ② 47 ② 48 ① 49 ③ 50 ③

51 수돗물로 사용할 상수의 대표적인 오염지표는?(단, 심미적 영향물질을 제외) 2011

① 탁 도　　② 대장균수
③ 증발잔류량　　④ COD

해설

대장균은 대표적인 상수오염지표이다.

52 노화 피부를 위한 관리방법은?

① 건조하므로 각질제거를 하지 않는다.
② 수분 위주의 화장품을 바른다.
③ 유·수분 공급과 함께 비타민 E 등이 함유된 크림을 발라준다.
④ 이중세안을 한다.

해설

비타민 E는 노화피부에 효과가 좋다.

53 다음 중 음료수소독에 사용되는 소독 방법과 가장 거리가 먼 것은? 2009

① 염소소독　　② 표백분소독
③ 자비소독　　④ 승홍액소독

해설

음료수의 소독법으로는 자비소독, 자외선, 화학적 소독방법 등이 있다.

54 요의 생성 및 배설과정이 아닌 것은? 2010

① 사구체 여과　　② 사구체 농축
③ 세뇨관 재흡수　　④ 세뇨관 분비

해설

요의 생성 및 배설과정
사구체 여과 - 세뇨관 재흡수 - 세뇨관 분비

55 알코올소독의 미생물 세포에 대한 주된 작용기전은? 2009

① 할로겐 복합물 형성
② 단백질 변성
③ 효소의 완전 파괴
④ 균체의 완전 융해

해설

알코올소독은 미생물의 단백질 변성, 세포막을 파괴시키는 용균현상, 대사기전에 저해작용을 일으키는 등의 화학적 소독법으로, 세균포자 및 사상균에 대해서는 효과가 없다.

56 화장품 - 의약외품 - 의약품의 차에 대한 설명으로 옳은 것은?

① 목적 : 청결, 미화 - 위생, 미화 - 치료, 진단, 예방
② 대상 : 정상인 - 환자 - 환자
③ 사용기간 : 장기 - 단기 - 단기
④ 부작용 : 있음 - 있음 - 있음

해설

구 분	화장품	의약외품	의약품
사용목적	청결, 미화	위생, 미화	치료, 진단, 예방
대 상	정상인	정상인	환 자
사용기간	장기간	장기간	일정기간/단기간
부작용	없어야 함	없어야 함	가능성 있음
예 시	스킨, 로션, 크림	치약, 염색제, 여성 청결제	소화제, 진통제, 항생제

51 ② 52 ③ 53 ④ 54 ② 55 ② 56 ① 정답

57 세포막을 통한 물질의 이동 방법이 아닌 것은? 2010

① 여 과
② 확 산
③ 삼 투
④ 수 축

해설

세포막을 통한 물질의 이동방법에는 확산, 삼투, 여과, 능동수동이 있다.

58 기미 피부의 손질방법으로 가장 틀린 것은? 2010

① 정신적 스트레스를 최소화한다.
② 자외선을 자주 이용하여 멜라닌을 관리한다.
③ 화학적 필링과 AHA성분을 이용한다.
④ 비타민 C가 함유된 음식물을 섭취한다.

해설

자외선에 의해 색소침착이 되므로 자외선차단제를 바른다.

59 평활근에 대한 설명 중 틀린 것은? 2009

① 근원섬유에는 가로무늬가 없다.
② 운동신경의 분포가 없는 대신 자율신경이 분포되어 있다.
③ 수축은 서서히 그리고 느리게 지속된다.
④ 신경을 절단하면 자동적으로 움직일 수 없다.

해설

평활근은 민무늬근으로 자율신경의 지배를 받는 불수의근으로 신경을 절단해도 자동적으로 움직이는 것이 가능하다.

60 모체로부터 얻는 면역으로 태반이나 모유를 통해 획득한 면역은?

① 자연능동면역
② 인공능동면역
③ 자연수동면역
④ 인공수동면역

해설

자연수동면역 : 모체를 통해 획득한 면역으로 4~6개월 동안 지속된다.

정답 57 ④ 58 ② 59 ④ 60 ③

실전모의고사

01 매뉴얼 테크닉의 효과가 아닌 것은? 2010

① 내분비기능의 조절
② 결체조직에 긴장과 탄력성 부여
③ 혈액순환촉진
④ 반사 작용의 억제

해설

매뉴얼 테크닉은 반사 작용을 증가시킨다(발반사요법 등이 있음).

02 확대경에 대한 설명으로 틀린 것은? 2011

① 피부상태를 명확히 파악할 수 있어 정확한 관리가 이루어지도록 해 준다.
② 확대경을 켠 후 고객의 눈에 아이패드를 착용시킨다.
③ 열린 면포 또는 닫힌 면포 등을 제거할 때 효과적으로 이용할 수 있다.
④ 세안 후 피부분석 시 아주 작은 결점도 관찰할 수 있다.

해설

확대경은 피부를 확대하여 볼 수 있는 피부 분석기기로 세안 후 고객의 눈에 아이패드를 착용시킨 후 확대경을 켜고 사용한다.

03 혈청이나 약제, 백신 등 열에 불안정한 액체의 멸균에 주로 이용되는 멸균법은? 2009

① 초음파멸균법
② 방사선멸균법
③ 초단파멸균법
④ 여과멸균법

해설

여과멸균법은 가열에 의해 변질 가능성이 있는 재료의 멸균에 사용된다.

04 소독을 한 기구와 소독을 하지 아니한 기구를 각각 다른 용기에 넣어 보관하지 아니한 때에 대한 2차 위반 시의 행정처분기준에 해당하는 것은? 2009

① 경 고
② 영업정지 5일
③ 영업정지 10일
④ 영업장 폐쇄명령

해설

행정처분기준(공중위생관리법 시행규칙 제19조 [별표 7])
소독을 한 기구와 소독을 하지 아니한 기구를 각각 다른 용기에 넣어 보관하지 아니한 경우
- 1차 위반 : 경고
- 2차 위반 : 영업정지 5일
- 3차 위반 : 영업정지 10일
- 4차 이상 위반 : 영업장 폐쇄명령

1 ④ 2 ② 3 ④ 4 ② 정답

05 성장기에 있어 뼈의 길이 성장이 일어나는 곳을 무엇이라 하는가? 2009

① 상지골 ② 두개골
③ 연지상골 ④ 골단연골

해설

골단연골은 뼈의 길이 성장이 일어나는 곳이다.

06 화장품의 분류에 관한 설명 중 틀린 것은?

① 마사지 크림은 기초화장품에 속한다.
② 샴푸, 헤어린스는 모발용 화장품에 속한다.
③ 퍼퓸, 오데코롱은 방향화장품에 속한다.
④ 페이스파우더는 기초화장품에 속한다.

해설

페이스파우더는 메이크업 화장품에 속한다.

07 에크린한선에 대한 설명으로 틀린 것은? 2010

① 실밥을 둥글게 한 것 같은 모양으로 진피 내에 존재한다.
② 사춘기 이후에 주로 발달한다.
③ 특수한 부위를 제외한 거의 전신에 분포한다.
④ 손바닥, 발바닥, 이마에 가장 많이 분포한다.

해설

사춘기 이후에 주로 발달하며 특유의 체취를 갖는 것은 대한선(아포크린한선)이다.

08 매뉴얼 테크닉을 적용할 수 있는 경우는? 2008

① 피부나 근육, 골격에 질병이 있는 경우
② 골절상으로 인한 통증이 있는 경우
③ 염증성 질환이 있는 경우
④ 피부에 셀룰라이트(Cellulite)가 있는 경우

해설

림프 드레이니지의 경우 셀룰라이트 관리에 매우 효과적이다.

09 클렌징이나 딥 클렌징 단계에서 사용하는 기기와 가장 거리가 먼 것은? 2009

① 베이퍼라이저
② 브러싱머신
③ 진공 흡입기
④ 확대경

해설

확대경은 피부 분석기기이다.

10 다음 중 세포 재생이 더 이상되지 않으며 기름샘과 땀샘이 없는 것은?

① 티 눈
② 흉 터
③ 두드러기
④ 습 진

해설

흉터는 진피의 깊은 층까지 손상되었던 피부가 치유된 흔적이다. 치유가 된 후에도 흉터로 남게 되며 세포 재생이 되지 않는다.

정답 5 ④ 6 ④ 7 ② 8 ④ 9 ④ 10 ②

11 **멸균의 의미로 가장 적합한 표현은?** 2009

① 병원균의 발육, 증식억제 상태
② 체내에 침입하여 발육 증식하는 상태
③ 세균의 독성만을 파괴한 상태
④ 아포를 포함한 모든 균을 사멸시킨 무균 상태

해설
멸균은 병원성이나 비병원성 미생물 및 포자를 모두 사멸시키는 것

12 **피부미용 역사에 대한 설명이 틀린 것은?** 2010

① 고대 이집트에서는 피부미용을 위해 천연 재료를 사용하였다.
② 고대 그리스에서는 식이요법, 운동, 마사지, 목욕 등을 통해 건강을 유지하였다.
③ 고대 로마인은 청결과 장식을 중요시하여 오일, 향수, 화장이 생활의 필수품이었다.
④ 국내의 피부미용이 전문화되기 시작한 것은 19세기 중반부터였다.

해설
1960년대 이후부터 국내의 피부미용은 본격적으로 발전되었다.

13 **샤워 코롱(Shower Cologne)이 속하는 분류는?** 2009

① 세정용 화장품
② 메이크업용 화장품
③ 모발용 화장품
④ 방향용 화장품

해설
샤워 후 사용하는 샤워코롱은 전신에 사용하는 방향제품으로 1~3% 부향률을 가지고 있으며 가볍고 산뜻하다.

14 **매뉴얼 테크닉의 동작 중 부드럽게 스쳐가는 동작으로 처음과 마지막이나 연결동작으로 많이 사용하는 것은?** 2009

① 반죽하기　② 쓰다듬기
③ 두드리기　④ 진동하기

해설
쓰다듬기는 매뉴얼 테크닉의 시작과 끝, 연결동작, 얇고 주름이 지기 쉬운 눈 주위에 주로 실시한다.

15 **인체 내의 화학물질 중 근육 수축에 주로 관여하는 것은?** 2009

① 액틴과 마이오신
② 단백질과 칼슘
③ 남성호르몬
④ 비타민과 미네랄

해설
액틴과 마이오신은 근육 수축에 관여한다.

16 **식후 12~16시간 경과되어 정신적, 육체적으로 아무것도 하지 않고 가장 안락한 자세로 조용히 누워있을 때 생명을 유지하는 데 소요되는 최소한의 열량을 무엇이라 하는가?** 2010

① 순환대사량　② 기초대사량
③ 활동대사량　④ 상대대사량

11 ④ 12 ④ 13 ④ 14 ② 15 ① 16 ② 정답

해설

기초대사량(BMI) : 생명유지를 위한 최소한의 열량

17 피부분석 시 육안으로 보기 힘든 피지, 민감도, 색소침착, 모공의 크기, 트러블 등을 세밀하고 정확하게 분별할 수 있는 기기는? 2011

① 스티머 ② 진공흡입기
③ 우드램프 ④ 스프레이

해설

- 진공흡입기, 스티머 : 클렌징 및 딥 클렌징 기기
- 스프레이 : 토닉 분무기기

18 체내에서 자연적으로 형성된 면역을 뜻하는 용어는?

① 선천면역 ② 후천면역
③ 피동면역 ④ 획득면역

해설

선천면역 : 체내에서 자연적으로 형성된 면역
예 종속면역, 인종면역

19 셀룰라이트(Cellulite)의 설명으로 옳은 것은? 2010

① 수분이 정체되어 부종이 생긴 현상
② 영양섭취의 불균형 현상
③ 피하지방이 축적되어 뭉친 현상
④ 화학물질에 대한 저항력이 강한 현상

해설

셀룰라이트는 피하지방층으로 인해 혈액과 림프액의 순환이 원활하지 못해 피부 표면이 귤껍질처럼 울퉁불퉁해지는 현상이다.

20 피부에 계속적인 압박으로 생기는 각질층의 증식현상이며, 원추형의 국한성 비후증으로 경성과 연성이 있는 것은? 2010

① 사마귀 ② 무 좀
③ 굳은살 ④ 티 눈

해설

티눈은 반복적인 물리적 자극에 의해서 생긴 단단한 각질층이며 내부에 핵을 포함한다.

21 원주형 세포가 단층적으로 이어져 있으며 각질형성세포와 색소형성세포가 존재하는 피부세포층은? 2009

① 기저층 ② 투명층
③ 각질층 ④ 유극층

해설

표피의 기저층은 각질형성세포와 멜라닌세포가 4~10 : 1의 비율로 존재한다.

22 사회보장의 분류에 속하지 않는 것은? 2010

① 산재보험 ② 자동차 보험
③ 소득보장 ④ 생활보호

정답 17 ③ 18 ① 19 ③ 20 ④ 21 ① 22 ②

23 다음 중 피부의 기능이 아닌 것은? 2009

① 보호작용　② 체온조절작용
③ 감각작용　④ 순환작용

해설

피부의 기능 : 보호, 체온조절, 분비, 감각, 흡수, 비타민 합성, 저장, 호흡

24 내인성 노화가 진행될 때 감소현상을 나타내는 것은? 2009

① 각질층 두께　② 주 름
③ 피부처짐 현상　④ 랑게르한스세포

해설

내인성 노화는 자연적 노화로 멜라닌세포와 랑게르한스세포의 수가 감소한다.

25 다음 중 원발진에 해당하는 피부변화는?

① 가 피　② 구 진
③ 미 란　④ 위 축

해설

딱지(가피), 미란, 위축은 속발진이다.

26 섭취된 음식물 중의 영양물질을 산화시켜 인체에 필요한 에너지를 생성해 내는 세포 기관은? 2009

① 리보솜　② 리소좀
③ 골지체　④ 미토콘드리아

해설

미토콘드리아는 에너지(ATP)를 생산하며 세포 호흡에 관여한다.

27 자율신경의 지배를 받는 민무늬근은? 2009

① 골격근(Skeletal Muscle)
② 심근(Cardiac Muscle)
③ 평활근(Smooth Muscle)
④ 승모근(Trapezius Muscle)

해설

평활근(내장근)은 자율신경계의 지배를 받는 불수의근이다.

28 도포 후 온도가 40℃ 이상 올라가며, 노화피부 및 건성 피부에 필요한 영양흡수효과를 높이는데 가장 효과적인 마스크는? 2008

① 석고마스크　② 콜라겐마스크
③ 머드마스크　④ 알긴산마스크

해설

석고마스크는 온열효과와 밀봉효과로 인해 영양분의 침투와 혈액순환을 촉진시키는 기능이 있다.

29 자비소독에 관한 내용으로 적합하지 않은 것은? 2009

① 물에 탄산나트륨을 넣으면 살균력이 강해진다.
② 소독할 물건은 열탕 속에 완전히 잠기도록 해야 한다.
③ 100℃에서 15~20분간 소독한다.
④ 금속기구, 고무, 가죽의 소독에 적합하다.

해설

자비소독은 끓는 물을 이용한 소독법으로 의류나 타월, 도자기 등의 소독에 적합하다.

정답: 23 ④　24 ④　25 ②　26 ④　27 ③　28 ①　29 ④

30 **소화선(소화샘)으로써 소화액을 분비하는 동시에 호르몬을 분비하는 혼합선(내·외분비선)에 해당하는 것은?** 2009

① 타액선 ② 간
③ 담 낭 ④ 췌 장

해설

췌장은 3대 영양소의 분해효소를 분비하여 내·외분비선의 기능을 한다.

31 **아로마 오일을 피부에 효과적으로 침투시키기 위해 사용하는 식물성 오일은?** 2009

① 에센셜 오일 ② 캐리어 오일
③ 트랜스 오일 ④ 미네랄 오일

32 **다음 중 팩의 설명으로 옳은 것은?** 2008

① 파라핀 팩은 모세혈관 확장 피부에 사용을 피한다.
② Wash-off 타입의 팩은 건조되어 얇은 필름을 형성하여 피부청결에 효과적이다.
③ Peel-off 타입의 팩은 도포 후 일정시간 지나 미온수로 닦아내는 형태의 팩이다.
④ 건성 피부에 적용 시 도포하여 건조시키는 것이 효과적이다.

해설

② Wash-off는 물로 씻어내는 팩이다.
③ Peel-off는 필름막을 형성한다.
④ 건성 피부는 팩이 건조해지기 전에 제거한다.

33 **브러시(Brush, 프리마톨) 사용법으로 옳지 않은 것은?** 2009

① 회전하는 브러시를 피부와 45° 각도로 하여 사용한다.
② 피부상태에 따라 브러시의 회전 속도를 조절한다.
③ 화농성 여드름 피부와 모세혈관 확장 피부 등은 사용을 피하는 것이 좋다.
④ 브러시 사용 후 중성 세제로 세척한다.

해설

프리마톨 사용 시 브러시는 수직으로 세워서 사용한다.

34 **고주파 피부미용기기를 사용하는 방법 중 직접법을 올바르게 설명한 것은?** 2011

① 고객의 얼굴에 마른 거즈를 올리고 그 위에 전극봉으로 가볍게 관리한다.
② 적합한 크기의 벤토즈가 피부 표면에 잘 밀착되도록 전극봉을 연결한다.
③ 고객의 손에 전극봉을 잡게 한 후 얼굴에 마른 거즈를 올리고 손으로 눌러준다.
④ 고객의 손에 전극봉을 잡게 한 후 관리사가 고객의 얼굴에 적합한 크림을 바르고 손으로 관리한다.

해설

고주파 직접법

- 지성, 여드름 피부에 효과적임
- 피부에 푸른색 유리관으로 스파크를 일으켜 모공수축, 살균효과, 염증성 여드름관리에 사용
- 사용부위에 따라 유리 전극봉이 다양함
- 오일을 바르지 않은 상태에서 안면에 거즈를 덮고 시술

정답 30 ④ 31 ② 32 ① 33 ① 34 ①

35 표피 중에서 피부로부터 수분이 증발하는 것을 막는 층은? 2010

① 각질층 ② 기저층
③ 과립층 ④ 유극층

해설

과립층은 외부물질로부터 수분 침투를 막아준다.

36 사춘기 이후에 주로 분비가 되며, 모공을 통하여 분비되어 독특한 체취를 발생시키는 것은?

① 소한선 ② 대한선
③ 피지선 ④ 갑상선

해설

대한선(아포크린선)은 사춘기 이후에 주로 발달하며 특유의 체취를 낸다.

37 피부 유형과 화장품의 사용목적이 잘못 연결된 것은? 2008

① 민감성 피부 – 진정 및 쿨링 효과
② 여드름 피부 – 멜라닌 생성 억제 및 피부기능 활성화
③ 건성 피부 – 피부에 유·수분을 공급하여 보습기능 활성화
④ 노화 피부 – 주름완화, 결체조직 강화, 새로운 세포의 형성 촉진 및 피부보호

해설

멜라닌 생성 억제는 과색소 침착 피부 관리방법이며, 여드름의 경우는 진정, 각질제거, 살균, 항염, 보습, 피지제거 등의 관리가 필요하다.

38 다음 중 기초화장품의 필요성에 해당되지 않는 것은? 2009

① 세 정 ② 미 백
③ 피부정돈 ④ 피부보호

해설

미백 화장품은 기능성 화장품에 속한다.

39 아하(AHA)의 설명이 아닌 것은? 2009

① 각질제거 및 보습기능이 있다.
② 글라이콜산, 젖산, 사과산, 주석산, 구연산이 있다.
③ 알파 하이드록시카프로익에시드(Alpha Hydroxycaproic Acid)의 약어이다.
④ 피부와 점막에 약간의 자극이 있다.

해설

아하(AHA)는 알파 하이드록시산(Alpha Hydroxy Acid)의 약어이다.

40 화장품과 의약품의 차이를 바르게 정의한 것은? 2009

① 화장품의 사용목적은 질병의 치료 및 진단이다.
② 화장품은 특정부위만 사용 가능하다.
③ 의약품의 사용대상은 정상적인 상태인 자로 한정되어 있다.
④ 의약품의 부작용은 어느 정도까지는 인정된다.

35 ③ 36 ② 37 ② 38 ② 39 ③ 40 ④ 정답

해설

정의(화장품법 제2조제1호)
"화장품"이란 인체를 청결·미화하여 매력을 더하고 용모를 밝게 변화시키거나 피부·모발의 건강을 유지 또는 증진하기 위하여 인체에 바르고 문지르거나 뿌리는 등 이와 유사한 방법으로 사용되는 물품으로서 인체에 대한 작용이 경미한 것을 말한다. 다만, 의약품에 해당하는 물품은 제외한다.

41 활성성분의 효과와 성분의 연결로 올바르지 않은 것은?

① 건성용 : 하이알루론산, Sodium PCA, 콜라겐
② 노화 : 레티놀, 비타민 E(토코페롤), AHA, SOD
③ 민감성 : 아줄렌, 비타민 P, 비타민 K, 위치하젤
④ 미백용 : 살리실산(BHA), 글리시리진산, 아줄렌

해설

살리실산(BHA), 글리시리진산, 아줄렌은 지용성 성분으로 각질 제거, 살균, 피지 조절 및 억제에 쓰인다.

42 메이크업 화장품 중에서 인료가 균일하게 분산되어 있는 형태로 대부분 O/W형 유화타입이며, 투명감 있게 마무리되므로 피부에 결점이 별로 없는 경우에 사용하는 것은?

① 트윈 케이크
② 스킨커버
③ 리퀴드 파운데이션
④ 크림 파운데이션

해설

리퀴드 파운데이션은 수분의 함량이 높아 가벼우며, 자연스러운 메이크업 시 적합하다.

43 신경계의 기본세포는?

① 혈 액　② 뉴 런
③ 미토콘드리아　④ DNA

해설

신경계를 구성하는 최소단위 : 뉴런

44 혈관의 구조에 관한 설명 중 옳지 않은 것은? 2009

① 동맥은 3층 구조이며 혈관 벽이 정맥에 비해 두껍다.
② 동맥은 중막인 평활근 층이 발달해 있다.
③ 정맥은 3층 구조이며 혈관벽이 얇으며 판막이 발달해 있다.
④ 모세혈관은 3층 구조이며 혈관벽이 얇다.

해설

모세혈관은 단층의 구조로 매우 얇고 동맥과 정맥을 연결하는 혈관이다.

45 여러 가지 물리화학적 방법으로 병원성 미생물을 가능한 제거하여 사람에게 감염의 위험이 없도록 하는 것은? 2009

① 멸 균　② 소 독
③ 방 부　④ 살 충

해설

소독은 비교적 약한 살균작용으로 세균의 포자까지는 작용하지 못한다.

정답 41 ④ 42 ③ 43 ② 44 ④ 45 ②

46 **미용업영업자가 영업소 폐쇄명령을 받고도 계속하여 영업을 하는 때에 시장·군수·구청장이 관계 공무원으로 하여금 해당 영업소를 폐쇄하기 위하여 조치를 하게 할 수 있는 사항에 해당되지 않는 것은?** 2009

① 출입자 검문 및 통제
② 영업소의 간판 기타 영업표지물의 제거
③ 위법한 영업소임을 알리는 게시물 등의 부착
④ 영업을 위하여 필수불가결한 기구 또는 시설물을 사용할 수 없게 하는 봉인

해설

공중위생영업소의 폐쇄 등(공중위생관리법 제11조제5항)
시장·군수·구청장은 공중위생영업자가 영업소 폐쇄명령을 받고도 계속하여 영업을 하는 때에는 관계공무원으로 하여금 해당 영업소를 폐쇄하기 위하여 다음의 조치를 하게 할 수 있다. 영업신고를 하지 아니하고 공중위생영업을 하는 경우에도 또한 같다.
- 해당 영업소의 간판 기타 영업표지물의 제거
- 해당 영업소가 위법한 영업소임을 알리는 게시물 등의 부착
- 영업을 위하여 필수불가결한 기구 또는 시설물을 사용할 수 없게 하는 봉인

47 **피부의 면역에 관한 설명으로 맞는 것은?**

① 세포성 면역에는 보체, 항체 등이 있다.
② T림프구는 항원전달세포에 해당한다.
③ B림프구는 면역글로불린이라고 불리는 항체를 생성한다.
④ 표피에 존재하는 각질형성세포는 면역조절에 작용하지 않는다.

해설

B림프구는 체액성 면역반응으로 특이항체를 생산한다.

48 **소독약이 고체인 경우 1% 수용액이란?** 2009

① 소독약 0.1g을 물 100mL에 녹인 것
② 소독약 1g을 물 100mL에 녹인 것
③ 소독약 10g을 물 100mL에 녹인 것
④ 소독약 10g을 물 990mL에 녹인 것

해설

$$수용액 = \frac{용질량(소독약)}{용질량(희석액)} \times 100 = 100\%$$

$$1\% = \frac{소독약\ 1g}{물\ 100mL} \times 100$$

49 **고주파 사용 방법으로 옳은 것은?** 2010

① 스파킹(Sparking)을 할 때는 거즈를 사용한다.
② 스파킹을 할 때는 피부와 전극봉 사이의 간격을 7mm 이상으로 한다.
③ 스파킹을 할 때는 부도체인 합성섬유를 사용한다.
④ 스파킹을 할 때는 여드름용 오일은 면포에 도포한 후 사용한다.

해설

고주파 직접법은 오일을 바르지 않고 안면에 거즈를 덮은 다음 피부에 푸른색 유리관으로 스파크를 일으켜 관리하는 방법으로 모공수축, 살균 등의 효과가 있다.

50 **감염병 신고와 보고규정에서 7일 이내에 관할 보건소에 신고해야 할 감염병은?**

① 결 핵　② 콜레라
③ 수 두　④ 장흡충증

정답 46 ① 47 ③ 48 ② 49 ① 50 ④

해설

①, ②, ③은 제2급 감염병으로 24시간 이내에 신고하여야 한다.

51 다음 중 신경계의 기능으로 틀린 것은?

① 감각기능 ② 조정기능
③ 흡수기능 ④ 전달기능

해설

부신경계의 기능
감각기능, 운동기능, 조정기능, 전달기능

52 고압증기멸균기의 소독대상물로 적합하지 않은 것은? 2009

① 금속성 기구 ② 의 류
③ 분말제품 ④ 약 액

해설

고압증기멸균법은 이·미용기구, 의류, 고무제품, 약액 등에 사용된다.

53 임신 20~28주까지의 분만을 뜻하는 것은? 2010

① 조 산 ② 유 산
③ 사 산 ④ 정기산

54 실내의 가장 쾌적한 온도와 습도는? 2010

① 14℃, 20% ② 16℃, 30%
③ 18℃, 60% ④ 20℃, 89%

해설

실내온도는 18±2℃, 습도는 40~70%가 가장 적당하다.

55 산소 라디칼 방어에서 가장 중심적인 역할을 하는 효소는? 2009

① FDA ② SOD
③ AHA ④ NMF

해설

SOD는 생리활성효소로 모든 세포에서 항산화방어기능을 한다.

56 인체의 창상용 소독약으로 부적당한 것은?

① 승홍수 ② 아크리놀
③ 회옥도정기 ④ 머큐로크롬액

해설

승홍수는 인체의 점막, 금속 소독에 사용하지 않는다.

57 다음 중 아포를 형성하는 세균에 대한 가장 좋은 소독법은? 2009

① 적외선소독
② 자외선소독
③ 고압증기멸균소독
④ 알코올소독

해설

고압증기멸균법은 고온의 수증기로 가열처리하는 방법으로 포자를 포함한 모든 미생물을 거의 완전하게 멸균시키는 가장 좋은 소독방법이다.

정답 51 ③ 52 ③ 53 ① 54 ③ 55 ② 56 ① 57 ③

58 안면의 피부와 저작근에 존재하는 감각신경과 운동신경의 혼합신경으로 뇌신경 중 가장 큰 것은?

① 시신경 ② 삼차신경
③ 안면신경 ④ 미주신경

해설

제5번 뇌신경은 삼차신경이라고도 하며 저작운동에 관여한다.

59 자외선 차단을 도와주는 화장품 성분이 아닌 것은?

① 파라아미노안식향산(Para-aminobenzoic Acid)
② 옥틸다이메틸파바(Octydimethyl PABA)
③ 콜라겐(Collagen)
④ 타이타늄다이옥사이드(Titanium Dioxide)

해설

콜라겐은 피부에 보습과 영양을 주는 단백질 성분이다.

60 위생교육 대상자가 아닌 것은?

① 공중위생영업의 신고를 하고자 하는 자
② 공중위생영업을 승계한 자
③ 공중위생영업자
④ 면허증 취득 예정자

해설

위생교육(공중위생관리법 제17조제1항, 제2항)
- 공중위생영업자는 매년 위생교육을 받아야 한다.
- 공중위생영업의 신고를 하고자 하는 자는 미리 위생교육을 받아야 한다. 다만, 보건복지부령으로 정하는 부득이한 사유로 미리 교육을 받을 수 없는 경우에는 영업개시 후 6개월 이내에 위생교육을 받을 수 있다.

58 ② 59 ③ 60 ④ 정답

실전모의고사

01 전류에 대한 내용이 틀린 것은? 2009

① 전하량의 단위는 쿨롱으로 1쿨롱은 도선에 1V의 전압이 걸렸을 때 1초 동안 이동하는 전하의 양이다.
② 교류전류란 전류흐름의 방향이 시간에 따라 주기적으로 변하는 전류이다.
③ 전류의 세기는 도선의 단면을 1초 동안 흘러간 전하의 양으로서 단위는 A(암페어)이다.
④ 직류전동기는 속도조절이 자유롭다.

해설
쿨롱은 전하량의 단위로 1쿨롱은 1암페어의 전류가 1초에 전달하는 전하의 양을 말한다.

02 기능성 화장품에 대한 설명으로 옳은 것은? 2009

① 자외선에 의해 피부가 심하게 그을리거나 일광화상이 생기는 것을 지연해 준다.
② 피부 표면에 더러움이나 노폐물을 제거하여 피부를 청결하게 해 준다.
③ 피부표면의 건조를 방지해 주고 피부를 매끄럽게 한다.
④ 비누세안에 의해 손상된 피부의 pH를 정상적인 상태로 빨리 되돌아오게 한다.

해설
기능성 화장품의 범위(화장품법 시행규칙 제2조제5호)
자외선을 차단 또는 산란시켜 자외선으로부터 피부를 보호하는 기능을 가진 화장품

03 피부미용의 기능이 아닌 것은? 2009

① 피부보호
② 피부문제 개선
③ 피부질환 치료
④ 심리적 안정

해설
질환의 치료는 의료영역이다.

04 워시오프 타입의 팩이 아닌 것은? 2009

① 크림 팩 ② 거품 팩
③ 클레이 팩 ④ 젤라틴 팩

해설
젤라틴은 필 오프 팩이다.

05 안면의 피부와 저작근에 존재하는 감각신경과 운동신경의 혼합신경으로 뇌신경 중 가장 큰 것은? 2009

① 시신경 ② 삼차신경
③ 안면신경 ④ 미주신경

해설
제5번 뇌신경은 삼차신경이라고도 하며 저작운동에 관여한다.

정답 1 ① 2 ① 3 ③ 4 ④ 5 ②

06 안륜근의 설명으로 맞는 것은? 2009

① 뺨의 벽에 위치하며 수축하면 뺨이 안으로 들어가서 구강 내압을 높인다.
② 눈꺼풀의 피하조직에 있으면서 눈을 감거나 깜박거릴 때 이용된다.
③ 구각을 외상방으로 끌어 당겨서 웃는 표정을 만든다.
④ 교근 근막의 표층으로부터 입 꼬리 부분에 뻗어 있는 근육이다.

해설

안륜근은 눈을 감고 뜨는 작용을 하며 가장 얇은 근육이다.

07 피부 유형별 관리 방법으로 적합하지 않은 것은? 2008

① 복합성 피부 – 유분이 많은 부위는 손을 이용한 관리를 행하여 모공을 막고 있는 피지 등의 노폐물이 쉽게 나올 수 있도록 한다.
② 모세혈관 확장 피부 – 세안 시 세안제를 손에서 충분히 거품을 낸 후 미온수로 완전히 헹구어 내고 손을 이용한 관리를 부드럽게 진행한다.
③ 노화 피부 – 피부가 건조해지지 않도록 수분과 영양을 공급하고 자외선 차단제를 바른다.
④ 색소침착 피부 – 자외선 차단제를 색소가 침착된 부위에 집중적으로 발라준다.

해설

자외선 차단제를 얼굴 전체에 골고루 펴 발라준다.

08 민감성 피부의 화장품 사용에 대한 설명으로 틀린 것은? 2008

① 석고팩이나 피부에 자극이 되는 제품의 사용을 피한다.
② 피부의 진정, 보습효과가 뛰어난 제품을 사용한다.
③ 스크럽이 들어간 세안제를 사용하고 알코올 성분이 들어간 화장품을 사용한다.
④ 화장품 도포 시 첩포시험(Patch Test)을 하여 적합성 여부의 확인 후 사용하는 것이 좋다.

해설

민감성, 모세혈관 확장 피부 등에는 자극이 있는 스크럽제를 피하고 무향 무취의 진정효과가 있는 보습용 토너를 사용한다.

09 마스크에 대한 설명 중 틀린 것은? 2009

① 석고 – 석고와 물의 교반 작용 후 크리스탈 성분이 열을 발산하여 굳어진다.
② 파라핀 – 열과 오일이 모공을 열어주고, 피부를 코팅하는 과정에서 발한 작용이 발생한다.
③ 젤라틴 – 중탕되어 녹여진 팩제를 온도 테스트 후 브러시로 바르는 예민 피부용 진정 팩이다.
④ 콜라겐 벨벳 – 천연 용해성 콜라겐의 침투가 이루어지도록 기포를 형성시켜 공기층의 순환이 되도록 한다.

해설

콜라겐 벨벳 마스크는 콜라겐을 건조시켜 종이 형태로 만든 것으로 기포가 생기지 않게 얼굴에 완전히 붙여서 사용한다.

6 ② 7 ④ 8 ③ 9 ④ 정답

10 신고를 하지 아니하고 영업소의 소재지를 변경한 때 1차 위반 시의 행정처분기준은?

2009

① 영업장 폐쇄명령
② 영업정지 6개월
③ 영업정지 3개월
④ 영업정지 1개월

해설

행정처분기준(공중위생관리법 시행규칙 제19조 [별표 7])
신고를 하지 아니하고 영업소의 소재지를 변경한 경우
• 1차 위반 : 영업정지 1개월

11 다음의 설명에 가장 적합한 팩은?

2009

• 효과 : 피부타입에 따라 다양하게 사용되며 유화형태이므로 사용감이 부드럽고 침투가 쉽다.
• 사용방법 및 주의사항 : 사용량만큼 필요한 부위에 바르고 필요에 따라 호일, 랩, 적외선 램프를 사용한다.

① 크림팩 ② 벨벳(시트)팩
③ 분말팩 ④ 석고팩

12 림프의 주된 기능은?

2009

① 분비작용
② 면역작용
③ 체절보호작용
④ 체온조절작용

해설

림프의 기능 : 운반기능, 신체방어기능(면역)

13 콜라겐 벨벳마스크는 어떤 타입이 주로 사용되는가?

2009

① 시트 타입
② 크림 타입
③ 파우더 타입
④ 겔 타입

해설

콜라겐 벨벳마스크는 콜라겐을 종이 형태로 만든 시트 타입이다.

14 공중위생관리법상 미용업소에서 손님이 보기 쉬운 곳에 게시하지 않아도 되는 것은?

① 미용업신고증
② 최종지불요금표
③ 개설자의 면허증 원본
④ 사업자등록증

해설

공중위생영업자가 준수하여야 하는 위생관리기준 등 (공중위생관리법 시행규칙 제7조 [별표 4])
• 영업소 내부에 이·미용업 신고증 및 개설자의 면허증 원본을 게시하여야 한다.
• 영업소 내부에 최종지불요금표를 게시 또는 부착하여야 한다.

15 여드름 피부용 화장품에 사용되는 성분과 가장 거리가 먼 것은?

2009

① 살리실산
② 글리시리진산
③ 아줄렌
④ 알부틴

해설

알부틴은 미백용 화장품의 원료이다.

정답 10 ④ 11 ① 12 ② 13 ① 14 ④ 15 ④

16 **공중위생영업소의 위생관리수준을 향상시키기 위하여 위생서비스 평가계획을 수립하는 자는?** 2009

① 대통령
② 보건복지부장관
③ 시 · 도지사
④ 공중위생관련협회 또는 단체

해설

위생서비스수준의 평가(공중위생관리법 제13조제1항)
시 · 도지사는 공중위생영업소의 위생관리수준을 향상시키기 위하여 위생서비스 평가계획을 수립하여 시장 · 군수 · 구청장에게 통보하여야 한다.

17 **이 · 미용사가 이 · 미용업소 외의 장소에서 이 · 미용을 한 경우 3차 위반 행정처분기준은?** 2010

① 영업장 폐쇄명령 ② 영업정지 10일
③ 영업정지 1월 ④ 영업정지 2월

해설

행정처분기준(공중위생관리법 시행규칙 제19조 [별표 7])
영업소 외의 장소에서 이 · 미용 업무를 한 경우
• 1차 위반 : 영업정지 1월
• 2차 위반 : 영업정지 2월
• 3차 위반 : 영업장 폐쇄명령

18 **다음 중 가장 이상적인 피부의 pH범위는?** 2009

① pH 3.5~4.5 ② pH 5.2~5.8
③ pH 6.5~7.2 ④ pH 7.5~8.2

해설

피부의 가장 이상적인 pH 5.5이다.

19 **진동브러시(Frimator)의 효과가 아닌 것은?** 2009

① 앰플침투 ② 클렌징
③ 필 링 ④ 딥 클렌징

해설

진동브러시는 클렌징 및 딥 클렌징을 위한 기기이다.

20 **땀의 분비가 감소하고 갑상선 기능의 저하, 신경계 질환의 원인이 되는 것은?** 2009

① 다한증 ② 소한증
③ 무한증 ④ 액취증

해설

소한증 : 땀의 분비가 감소하며 갑상선 기능저하, 금속성 중독 및 신경계 질환이 원인이다.

21 **보건행정의 특성과 가장 거리가 먼 것은?** 2010

① 공공성 ② 교육성
③ 정치성 ④ 과학성

해설

보건행정의 특성은 공공성, 사회성, 과학성, 교육성, 봉사성이다.

22 **화상의 구분 중 홍반, 부종, 통증뿐만 아니라 수포를 형성하는 것은?** 2009

① 제1도 화상 ② 제2도 화상
③ 제3도 화상 ④ 중급화상

16 ③ 17 ① 18 ② 19 ① 20 ② 21 ③ 22 ② 정답

해설

제2도 화상에는 홍반, 부종, 통증, 수포 등이 있으며 흉터를 남긴다.

23 원주형의 세포가 단층으로 이어져 있으며 각질형성세포와 색소형성세포가 존재하는 피부세포층은? 2009

① 기저층 ② 투명층
③ 각질층 ④ 유극층

해설

기저층은 각질형성세포와 색소형성세포(멜라닌세포)가 존재한다.

24 필 오프 타입 마스크의 특징이 아닌 것은? 2009

① 젤 또는 액체형태의 수용성으로 바른 후 건조되면서 필름막을 형성한다.
② 볼 부위는 영양분의 흡수를 위해 두껍게 바른다.
③ 팩 제거 시 피지나 죽은 각질 세포가 함께 제거됨으로 피부청정효과를 준다.
④ 일주일에 1~2회 사용한다.

해설

필 오프 타입의 팩을 두껍게 바르면 제거가 어렵다.

25 근육의 기능에 따른 분류에서 서로 반대되는 작용을 하는 근육을 무엇이라 하는가? 2009

① 길항근 ② 신 근
③ 반건양근 ④ 협력근

해설

길항근 : 서로 반대되는 작용을 동시에 하는 근육

26 초음파를 이용한 스킨 스크러버의 효과가 아닌 것은? 2011

① 진동과 온열효과로 신진대사를 촉진한다.
② 각질 제거 효과가 있다.
③ 피부 정화효과가 있다.
④ 상처부위에 재생효과가 있다.

해설

스킨 스크러버는 초음파를 이용한 각질제거 기기로 상처부위에는 사용하지 않는다.

27 스티머기기의 사용방법으로 적합하지 않은 것은? 2009

① 증기분출 전에 분사구를 고객의 얼굴로 향하도록 미리 준비해 놓는다.
② 일반적으로 얼굴과 분사구와의 거리는 30~40cm 정도로 하고 민감성 피부의 경우 거리를 좀 더 멀게 위치한다.
③ 유리병 속에 세제나 오일이 들어가지 않도록 한다.
④ 수분이 없이 오존만을 쐬어주지 않도록 한다.

해설

스티머는 예열을 위해 10분 전에 켜두고 사용하기 직전에 분사구를 고객의 얼굴로 향하게 하여 사용한다.

정답 23 ① 24 ② 25 ① 26 ④ 27 ①

28 **척추에 대한 설명이 아닌 것은?** 2009

① 머리와 몸통을 움직일 수 있게 함
② 성인의 척추를 옆에서 보면 4개의 만곡이 존재
③ 경추 5개, 흉추 11개, 요추 7개, 천골 1개, 미골 2개로 구성
④ 척수를 뼈로 감싸면서 보호

해설

척추(26개) : 경추-7, 흉추-12, 요추-5, 천골-1, 미골-1

29 **다음에서 설명하는 팩(마스크)의 재료는?** 2009

> 열을 내서 혈액순환을 촉진시키고 또한 피부를 완전 밀폐시켜 팩(마스크) 도포 전에 바르는 앰플과 영양액 및 영양크림의 성분이 피부 깊숙이 흡수되어 피부개선에 효과를 준다.

① 해 초 ② 석 고
③ 꿀 ④ 아로마

30 **두 가지 이상의 다른 종류의 마스크를 적용시킬 경우 가장 먼저 적용시켜야 하는 마스크는?** 2010

① 가격이 높은 것
② 수분 흡수 효과를 가진 것
③ 피부로의 침투시간이 긴 것
④ 영양성분이 많이 함유된 것

해설

흡수가 용이한 수용성 성분을 먼저 흡수 적용시킨다.

31 **골격근의 기능이 아닌 것은?** 2009

① 수의적 운동
② 자세유지
③ 체중의 지탱
④ 조혈작용

해설

골격근의 기능 : 신체운동담당, 자세유지, 체열생산, 혈액순환, 소화관운동, 배변배뇨

32 **고주파 직접법의 주 효과에 해당하는 것은?** 2009

① 수렴효과
② 피부강화
③ 살균효과
④ 자극효과

해설

고주파 직접법은 피부에 푸른색 유리관으로 스파크를 일으켜 모공수축, 살균효과, 염증성 여드름 관리효과가 있어 여드름, 지성 피부에 효과적이다.

33 **자외선의 영향으로 인한 부정적인 효과는?** 2009

① 홍반반응
② 비타민 D 형성
③ 살균효과
④ 강장효과

해설

자외선에 의한 부정적 효과 : 홍반, 색소침착, 일광화상, 광노화, 광과민반응

28 ③ 29 ② 30 ② 31 ④ 32 ③ 33 ① 정답

34 각질제거용 화장품에 주로 쓰이는 것으로 죽은 각질을 빨리 떨어져 나가게 하고 건강한 세포가 피부를 구성할 수 있도록 도와주는 성분은? 2009

① 알파–하이드록시산
② 알파–토코페롤
③ 라이코펜
④ 리포솜

해설

알파 하이드록시산(AHA)은 묵은 각질 제거와 보습효과가 있다.

35 갈바닉 전류에서 음극의 효과는? 2009

① 진정효과 ② 통증감소
③ 알칼리성 반응 ④ 혈관수축

해설

갈바닉 전류에서 음극의 효과는 알칼리성 반응, 모공, 한선, 혈관이 확장되고 신경자극이 증가하고 양극의 효과는 산반응, 모공, 한선, 혈관이 수축되고 신경안정과 진정효과가 있다.

36 보건행정에 대한 설명으로 가장 올바른 것은? 2008

① 공중보건의 목적을 달성하기 위해 공공의 책임하에 수행하는 행정활동
② 개인보건의 목적을 달성하기 위해 공공의 책임하에 수행하는 행정활동
③ 국가 간의 질병교류를 막기 위해 공공의 책임하에 수행하는 행정활동
④ 공중보건의 목적을 달성하기 위해 개인의 책임하에 수행하는 행정활동

37 팩의 목적이 아닌 것은? 2010

① 노폐물의 제거와 피부정화
② 혈액순환 및 신진대사 촉진
③ 영양과 수분공급
④ 잔주름 및 피부건조 치료

해설

피부를 치료하는 것은 피부미용의 영역이 아니다.

38 행정처분 사항 중 1차 위반 시 영업장 폐쇄명령에 해당하는 것은? 2010

① 영업정지처분을 받고도 영업정지 기간 중 영업을 한 때
② 손님에게 성매매알선 등의 행위를 한 때
③ 소독한 기구와 소독하지 아니한 기구를 각각 다른 용기에 넣어 보관하지 아니한 때
④ 1회용 면도기를 손님 1인에 한하여 사용하지 아니한 때

해설

행정처분기준(공중위생관리법 시행규칙 제19조 [별표 7])
② 영업정지 3개월(영업소), 면허정지 3개월(이・미용사)
③, ④ 경고

39 다음 중 피지분비가 많은 지성, 여드름성 피부의 노폐물 제거에 가장 효과적인 팩은? 2010

① 오이팩 ② 석고팩
③ 머드팩 ④ 알로에겔팩

해설

머드팩은 피지제거와 노폐물 제거에 효과적인 팩이다.

정답 34 ① 35 ③ 36 ① 37 ④ 38 ① 39 ③

40 보건교육의 내용과 관계가 가장 먼 것은?

2008

① 생활환경위생 : 보건위생 관련 내용
② 성인병 및 노인성 질병 : 질병 관련 내용
③ 기호품 및 의약품의 외용 : 건강 관련 내용
④ 미용정보 및 최신기술 : 산업 관련 기술 내용

해설

공중보건학의 범위는 크게 환경, 질병, 보건관리 분야로 나뉜다.

41 유아용 제품과 저자극성 제품에 많이 사용되는 계면활성제에 대한 설명 중 옳은 것은?

2009

① 물에 용해될 때, 친수기에 양이온과 음이온을 동시에 갖는 계면활성제
② 물에 용해될 때, 이온으로 해리하지 않는 수산기, 에터결합, 에스터 등을 분자 중에 갖고 있는 계면활성제
③ 물에 용해될 때, 친수기 부분이 음이온으로 해리되는 계면활성제
④ 물에 용해될 때, 친수기 부분이 양이온으로 해리되는 계면활성제

해설

양쪽성 계면활성제는 저작극성이면서 세정, 살균, 유연 효과가 있어 베이비 제품이나 저자극성 제품에 많이 사용한다.

42 매뉴얼 테크닉 시술에 대한 내용으로 틀린 것은?

2010

① 매뉴얼 테크닉 시 모든 동작이 연결될 수 있도록 해야 한다.
② 매뉴얼 테크닉 시 중추부터 말초 부위로 향해서 시술해야 한다.
③ 매뉴얼 테크닉 시 손놀림도 균등한 리듬을 유지해야 한다.
④ 매뉴얼 테크닉 시 체온의 손실을 막는 것이 좋다.

해설

매뉴얼 테크닉은 말초부터 심장 부위로 시술한다.

43 자외선 차단제에 대한 설명으로 옳은 것은?

2009

① 일광의 노출 전에 바르는 것이 효과적이다.
② 피부 병변에 있는 부위에 사용하여도 무관하다.
③ 사용 후 시간이 경과하여도 다시 덧바르지 않는다.
④ SPF지수가 높을수록 민감한 피부에 적합하다.

해설

자외선 차단제의 흡수제 성분은 접촉성 피부염을 유발할 가능성이 있고, 차단 효과를 높이기 위해서는 일정 시간마다 덧발라 준다.

정답 40 ④ 41 ① 42 ② 43 ①

44 장기간에 걸쳐 반복하여 긁거나 비벼서 표피가 건조하고 가죽처럼 두꺼워진 상태는? 2009

① 가 피
② 낭 종
③ 태선화
④ 반 흔

해설

태선화 : 표피와 진피의 일부가 가죽처럼 두꺼워지며 딱딱해지는 현상

45 매뉴얼 테크닉의 기본 동작 중 하나인 쓰다듬기에 대한 내용과 가장 거리가 먼 것은? 2009

① 매뉴얼 테크닉의 처음과 끝에 주로 이용된다.
② 혈액과 림프의 순환을 도모한다.
③ 자율신경계에 영향을 미쳐 피부에 휴식을 준다.
④ 피부에 탄력성을 증가시킨다.

해설

에플라지는 피부를 부드럽게 쓰다듬는 방법으로 매뉴얼 테크닉의 시작과 끝, 연결동작으로 주로 사용된다. 피부에 탄력을 증가시키는 동작으로는 두드리기가 효과적이다.

46 보건행정의 제 원리에 관한 것으로 맞는 것은? 2009

① 일반행정원리의 관리과정적 특성과 기획과정은 적용되지 않는다.
② 의사결정과정에서 미래를 예측하고 행동하기 전의 행동계획을 결정한다.
③ 보건행정에서는 생태학이나 역학적 고찰이 필요 없다.
④ 보건행정은 공중보건학에 기초한 과학적 기술이 필요하다.

47 화장품의 분류에 관한 설명 중 틀린 것은? 2009

① 마사지 크림은 기초화장품에 속한다.
② 샴푸, 헤어린스는 모발용 화장품에 속한다.
③ 퍼퓸, 오데코롱은 방향화장품에 속한다.
④ 페이스파우더는 기초화장품에 속한다.

해설

페이스파우더는 메이크업 화장품에 속한다.

48 이·미용사 영업자의 지위를 승계 받을 수 있는 자의 자격은? 2009

① 자격증이 있는 자
② 면허를 소지한 자
③ 보조원으로 있는 자
④ 상속권이 있는 자

정답 44 ③ 45 ④ 46 ④ 47 ④ 48 ②

49 **아포크린한선의 설명으로 틀린 것은?** 2009

① 아포크린한선의 냄새는 여성보다 남성에게 강하게 나타난다.
② 땀의 산도가 붕괴되면서 심한 냄새를 동반한다.
③ 겨드랑이, 대음순, 배꼽주변에 존재한다.
④ 인종적으로 흑인이 가장 많이 분비한다.

해설

아포크린한선은 모공과 연결되어 단백질 함유량이 많은 땀을 생성하며 독특한 체취가 있다.

50 **다음 중 주름살이 생기는 요인으로 가장 거리가 먼 것은?** 2009

① 수분의 부족상태
② 지나치게 햇빛(Sunlight)에 노출되었을 때
③ 갑자기 살이 찐 경우
④ 과도한 안면운동

해설

주름생성의 원인 : 수분부족, 태양광선, 과도한 안면운동, 진피층의 콜라겐, 엘라스틴 감소 등이 있다.

51 **미용영업자가 시장 · 군수 · 구청장에게 변경신고를 하여야 하는 사항이 아닌 것은?** 2010

① 영업소의 명칭의 변경
② 영업소의 소재지의 변경
③ 신고한 영업장 면적의 1/3 이상의 증감
④ 영업소 내 시설의 변경

해설

변경신고(공중위생관리법 시행규칙 제3조의2제1항)
- 영업소의 명칭 또는 상호
- 영업소의 소재지
- 신고한 영업장 면적의 1/3 이상의 증감
- 대표자의 성명 또는 생년월일
- 미용업 업종 간 변경

52 **팩 중 아줄렌 팩의 주된 효과는?** 2009

① 진정효과
② 탄력효과
③ 항산화 작용효과
④ 미백효과

해설

아줄렌은 카모마일에서 추출한 성분으로 진정효과가 있다.

53 **공중위생영업의 신고를 하지 않은 자에 대한 법적 조치는?**

① 200만원 이하의 과태료
② 300만원 이하의 벌금
③ 6개월 이하의 징역 또는 500만원 이하의 벌금
④ 1년 이하의 징역 또는 1천만원 이하의 벌금

해설

벌칙(공중위생관리법 제20조제1항)
다음에 해당하는 자는 1년 이하의 징역 또는 1천만원 이하의 벌금에 처한다.
- 공중위생영업의 신고를 하지 않은 자
- 영업정지명령 또는 일부 시설의 사용중지명령을 받고도 그 기간 중에 영업을 하거나 그 시설을 사용한 자 또는 영업소 폐쇄명령을 받고도 계속하여 영업을 한 자

49 ① 50 ③ 51 ④ 52 ① 53 ④ 정답

54 콜라겐 벨벳마스크의 설명으로 틀린 것은? 2010

① 피부의 수분 보유량을 향상시켜 잔주름을 예방한다.
② 필링 후 사용하여 피부를 진정시킨다.
③ 천연 콜라겐을 냉동 건조시켜 만든 마스크이다.
④ 효과를 높이기 위해 비타민을 함유한 오일을 흡수시킨 후 실시한다.

해설

지용성 제품을 피부에 먼저 바르면 수용성인 콜라겐 벨벳마스크의 영양분 침투가 어렵다.

55 원형질막을 통한 물질의 이동 과정에 관한 설명 중 틀린 것은? 2009

① 확산은 물질 자체의 운동에너지에 의해 저농도에서 고농도로 물질이 이동하는 것이다.
② 포도당은 보조 없이 원형질막을 통과할 수 없으며 단백질과 결합하여 세포 안으로 들어가는 것을 촉진 확산한다.
③ 삼투현상은 높은 물 농도에서 낮은 물 농도로 물 분자만이 선택적으로 투과하는 것을 한다.
④ 여과는 높은 압력이 낮은 압력이 있는 곳으로 이동하는 압력 경사에 의해 이루어지는 것이다.

해설

확산 : 농도가 높은 곳에서 저농도로 물질이 이동하는 것

56 아로마 오일에 대한 설명으로 가장 적절한 것은? 2009

① 수증기 증류법에 의해 얻어진 아로마 오일이 주로 사용되고 있다.
② 아로마 오일은 공기 중의 산소나 빛에 안정하기 때문에 주로 투명용기에 보관하여 사용한다.
③ 아로마 오일은 주로 향기식물의 줄기나 뿌리 부위에서만 추출된다.
④ 아로마 오일은 주로 베이스노트이다.

해설

아로마 오일은 수증기 증류 과정으로 식물에서 분리된 향기물질의 혼합체로 식물의 꽃, 줄기, 뿌리 등 다양한 부위에서 추출하고, 향의 특성에 따라 약리적, 생리적, 심리적 효과가 있으며 산소와 빛에 불안정하므로 불투명한 용기에 보관한다.

57 다음 중 눈 주위에 가장 적합한 매뉴얼 테크닉의 방법은? 2009

① 문지르기 ② 주무르기
③ 흔들기 ④ 쓰다듬기

해설

눈 주위는 피부가 얇아 주름이 생기기 쉬운 부위이므로 가벼운 쓰다듬기 동작을 실시한다.

58 다음 중 윗몸일으키기를 하였을 때 주로 강해지는 근육은? 2010

① 이두박근 ② 복직근
③ 삼각근 ④ 횡경막

정답 54 ④ 55 ① 56 ① 57 ④ 58 ②

해설

복직근 : 복부를 이루고 있는 근육의 하나로 척추를 앞으로 구부리거나 복압을 가할 때 작용한다.

59 팩의 사용방법에 대한 내용 중 틀린 것은?

2009

① 천연 팩은 흡수시간을 길게 유지할수록 효과적이다.

② 팩의 진정 시간은 제품에 따라 다르나 일반적으로 10~20분 정도의 범위이다.

③ 팩을 사용하기 전 알레르기 유무를 확인한다.

④ 팩을 하는 동안 아이패드를 적용한다.

해설

천연 팩을 오래 방치할 경우 수분이 증발되어 팩이 굳게 되면 피부가 건조해지고 제거가 어렵다.

60 공중위생관리법상 이·미용업소의 조명 기준은?

① 50럭스 이상

② 75럭스 이상

③ 100럭스 이상

④ 125럭스 이상

해설

공중위생영업자가 준수하여야 하는 위생관리기준 등 (공중위생관리법 시행규칙 제7조 [별표 4])

영업장 안의 조명도는 75럭스 이상이 되도록 유지하여야 한다.

59 ① 60 ② 정답

실전모의고사

01 **피부의 각질층에 존재하는 세포 간 지질 중 가장 많이 함유된 것은?** 2009

① 세라마이드(Ceramide)
② 콜레스테롤(Cholesterol)
③ 스콸렌(Squalene)
④ 왁스(Wax)

해설

세포 간 지질 성분 : 세라마이드(50%), 지방산(30%), 콜레스테롤에스터(5%)

02 **바이브레이터기의 올바른 사용법이 아닌 것은?** 2009

① 기기관리도중 지속성이 끊어지지 않게 한다.
② 압력을 최대한 주어 효과를 극대화시킨다.
③ 항상 깨끗한 헤드를 사용하도록 유의한다.
④ 관리도중 신체손상이 발생하지 않도록 헤드부분을 잘 고정한다.

해설

바이브레이터는 진동에 의해 근육운동과 지방 분해 효과를 기대할 수 있는 기기로 뼈 부위는 피하고 헤드 부분 고정에 주의하면서 적당한 압력으로 피부가 손상되지 않게 사용한다.

03 **벨벳 마스크 사용 시 기포를 제거해야 하는 이유는?** 2010

① 기포가 생기면 마스크의 모양이 예쁘지 않기 때문이다.
② 기포가 생기면 마스크의 적용시간이 길어지기 때문이다.
③ 기포가 생기면 고객이 불편해 하기 때문이다.
④ 기포가 생기는 부분에는 마스크의 성분이 피부에 침투하지 않기 때문이다.

해설

벨벳 마스크는 피부에 기포 없이 밀착되어야 영양분 흡수가 효과적이다.

04 **유분이 많은 화장품보다는 수분공급에 효과적인 화장품을 선택하여 사용하고, 알코올 함량이 많아 피지 제거 기능과 모공수축 효과가 뛰어난 화장수를 사용하여야 할 피부유형으로 가장 적합한 것은?** 2010

① 건성 피부 ② 민감성 피부
③ 정상 피부 ④ 지성 피부

해설

지성 피부는 모공수축과 피지제거를 위해 수렴화장수를 사용한다.

정답 1 ① 2 ② 3 ④ 4 ④

05 크림 파운데이션에 대한 설명 중 알맞은 것은? 2009

① 얼굴의 형태를 바꾸어 준다.
② 피부의 잡티나 결점을 커버해 주는 목적으로 사용된다.
③ O/W형은 W/O형에 비해 비교적 사용감이 무겁고 퍼짐성이 낮다.
④ 화장 시 산뜻하고 청량감이 있으나 커버력이 약하다.

해설

크림 파운데이션은 유분을 많이 함유하고 있어 커버력, 지속력이 강하나 사용감이 무겁다.

06 다음 설명에 따르는 화장품이 가장 적합한 피부형은? 2010

> 저자극성 성분을 사용하며, 향, 알코올, 색소, 방부제가 적게 함유되어 있다.

① 지성 피부
② 복합성 피부
③ 민감성 피부
④ 건성 피부

해설

민감성 피부의 화장품 사용
- 화장품은 첩포시험 후 사용한다.
- 무색, 무취, 무알코올의 화장품 위주로 사용하여 피부자극을 최소화하고 피부를 진정시킨다.

07 이·미용사는 영업소 외의 장소에는 이·미용 업무를 할 수 없다. 그러나 특별한 사유가 있는 경우는 예외가 인정되는데 다음 중 특별한 사유에 해당하지 않는 것은? 2011

① 질병으로 영업소까지 나올 수 없는 자에 대한 이·미용
② 혼례나 기타 의식에 참여하는 자에 대하여 그 의식 직전에 행하는 이·미용
③ 긴급히 국외에 출타하는 자에 대한 이·미용
④ 시장·군수·구청장이 특별한 사정이 있다고 인정하는 경우에 행하는 이·미용

해설

영업소 외에서의 이용 및 미용 업무(공중위생관리법 시행규칙 제13조)
- 질병·고령·장애나 그 밖의 사유로 영업소에 나올 수 없는 자에 대하여 이용 또는 미용을 하는 경우
- 혼례나 그 밖의 의식에 참여하는 자에 대하여 그 의식 직전에 이용 또는 미용을 하는 경우
- 사회복지시설에서 봉사활동으로 이용 또는 미용을 하는 경우
- 방송 등의 촬영에 참여하는 사람에 대하여 그 촬영 직전에 이용 또는 미용을 하는 경우
- 이외에 특별한 사정이 있다고 시장·군수·구청장이 인정하는 경우

08 화장품의 4대 요건에 해당되지 않는 것은? 2009

① 안전성　② 안정성
③ 사용성　④ 보호성

해설

화장품의 4대 요건
안전성, 안정성, 사용성, 유효성

5 ② 6 ③ 7 ③ 8 ④ 정답

09 브러싱에 관한 설명으로 틀린 것은? 2008

① 모세혈관 확장 피부는 석고 재질의 브러싱이 권장된다.
② 건성 및 민감성 피부의 경우는 회전속도를 느리게 해서 사용하는 것이 좋다.
③ 농포성 여드름 피부에는 사용하지 않아야 한다.
④ 브러싱은 피부에 부드러운 마찰을 주므로 혈액순환을 촉진시키는 효과가 있다.

해설

브러싱은 딥 클렌징 기기로 피부가 약한 모세혈관 확장 피부에는 사용을 피한다.

10 공중위생관리법상 ( ) 안에 가장 적합한 것은? 2009

> 공중위생관리법은 공중이 이용하는 영업의 ( ) 등에 관한 사항을 규정함으로써 위생수준을 향상시켜 국민의 건강증진에 기여함을 목적으로 한다.

① 위 생　② 위생관리
③ 위생과 소독　④ 위생과 청결

11 평활근에 대한 설명 중 틀린 것은? 2009

① 근원섬유에는 가로무늬가 없다.
② 운동신경의 분포가 없는 대신 자율신경이 분포되어 있다.
③ 수축은 서서히 그리고 느리게 지속된다.
④ 신경을 절단하면 자동적으로 움직일 수 없다.

해설

평활근은 민무늬근으로 자율신경의 지배를 받는 불수의근으로 신경을 절단해도 자동적으로 움직이는 것이 가능하다.

12 다음 중 세포막의 기능 설명이 틀린 것은? 2010

① 세포의 경계를 형성한다.
② 물질을 확산에 의해 통과시킬 수 있다.
③ 단백질을 합성하는 장소이다.
④ 조직을 이식할 때 자기 조직이 아닌 것을 인식할 수 있다.

해설

RNA : DNA 암호를 받아 단백질 합성에 관여한다.

13 피부유형에 맞는 화장품 선택이 아닌 것은? 2010

① 건성 피부 – 유분과 수분이 많이 함유된 화장품
② 민감성 피부 – 향, 색소, 방부제를 함유하지 않거나 적게 함유된 화장품
③ 지성 피부 – 피지조절제가 함유된 화장품
④ 정상 피부 – 오일이 함유되어 있지 않은 오일 프리(Oil Free) 화장품

해설

정상 피부는 유・수분의 밸런스가 균형이 잡힌 이상적인 피부이나 외부 환경 등에 의해 피부상태가 변할 수 있으므로 적당한 유분기와 수분이 동시에 함유된 화장품을 사용한다.

정답 9 ① 10 ② 11 ④ 12 ③ 13 ④

14 **다음은 어떤 베이스 오일을 설명한 것인가?** 2009

> 인간의 피지와 화학구조가 매우 유사한 오일로 피부염을 비롯하여 여드름, 습진, 건선 피부에 안심하고 사용할 수 있으며 침투력과 보습력이 우수하여 일반 화장품에도 많이 함유되어 있다.

① 호호바 오일
② 스위트 아몬드 오일
③ 아보카도 오일
④ 그레이프 시드 오일

해설

호호바는 안정성이 뛰어나 아로마 브랜딩할 때 베이스 오일로도 많이 사용하며, 재생, 항염 등의 효과가 있다.

15 **광역시 지역에서 이·미용업소를 운영하는 사람이 영업소의 소재지를 변경하고자 할 때의 조치사항으로 옳은 것은?** 2010

① 시장에게 변경허가를 받아야 한다.
② 관할 구청장에게 변경허가를 받아야 한다.
③ 시장에게 변경신고를 하면 된다.
④ 관할 구청장에게 변경신고를 하면 된다.

해설

공중위생영업의 신고 및 폐업신고(공중위생관리법 제3조 제1항)
공중위생영업을 하고자 하는 자는 공중위생영업의 종류별로 보건복지부령이 정하는 시설 및 설비를 갖추고 시장·군수·구청장에게 신고하여야 한다. 보건복지부령이 정하는 중요사항을 변경하고자 하는 때에도 또한 같다.

16 **피부에서 피지가 하는 작용과 관계가 가장 먼 것은?** 2009

① 수분증발억제 ② 살균작용
③ 열발산방지작용 ④ 유화작용

해설

피지의 기능 : 유화작용, 약산성(살균작용), 수분증발억제

17 **각화유리질과립은 피부 표피의 어떤 층에 주로 존재하는가?** 2009

① 과립층 ② 유극층
③ 기저층 ④ 투명층

해설

과립층 : 본격적인 각화과정이 시작되는 곳으로 각화유리질과립이 함유되어 있다.

18 **다음 중 진피의 구성세포는?** 2009

① 멜라닌 세포 ② 랑게르한스 세포
③ 섬유아 세포 ④ 메르켈 세포

해설

진피의 탄력섬유(엘라스틴)는 섬유아 세포에서 생성된다.

19 **보디샴푸에 요구되는 기능과 가장 거리가 먼 것은?** 2009

① 피부 각질층 세포 간 지질 보호
② 부드럽고 치밀한 기포 부여
③ 높은 기포 지속성 유지
④ 강력한 세정성 부여

14 ① 15 ④ 16 ③ 17 ① 18 ③ 19 ④ **정답**

해설

보디샴푸의 주된 기능은 기본적인 피부 표면의 세정이다.

20 위생교육은 일 년에 몇 시간을 받아야 하는가? 2011

① 2시간 ② 3시간
③ 5시간 ④ 6시간

해설

위생교육(공중위생관리법 시행규칙 제23조제1항)
위생교육은 3시간으로 한다.

21 사춘기 이후에 주로 분비가 되며, 모공을 통하여 분비되어 독특한 체취를 발생시키는 것은? 2009

① 소한선
② 대한선
③ 피지선
④ 갑상선

해설

대한선 : 사춘기 이후 분비, 특유의 냄새를 갖고 있다.

22 피부 표피 중 가장 두꺼운 층은? 2009

① 각질층 ② 유극층
③ 과립층 ④ 기저층

해설

표피 중 가장 두꺼운 층은 유극층이다.

23 각 비타민의 효능 설명 중 옳은 것은? 2009

① 비타민 E – 아스코브산의 유도체로 사용되며 미백제로 이용된다.
② 비타민 A – 혈액순환 촉진과 피부 청정효과가 우수하다.
③ 비타민 P – 바이오플라보노이드(Bioflavonoid)라고도 하며 모세혈관을 강화하는 효과가 있다.
④ 비타민 B – 세포 및 결합조직의 조기노화를 예방한다.

해설

비타민 P는 모세혈관을 강화하며 피부병 치료에 도움을 준다.

24 피부타입에 따른 팩의 사용이 잘못된 것은? 2010

① 건성 피부 – 클레이 마스크
② 지성 피부 – 클레이 마스크
③ 노화 피부 – 벨벳 마스크
④ 여드름 피부 – 머드팩

해설

클레이 마스크는 피지, 노폐물을 흡착하여 피부를 정화시켜 준다. 지성 피부, 여드름 피부에 효과적이다.

25 혈액의 기능으로 틀린 것은? 2009

① 호르몬 분비작용
② 노폐물 배설작용
③ 산소와 이산화탄소의 운반작용
④ 삼투압과 산, 염기 평형의 조절작용

정답 20 ② 21 ② 22 ② 23 ③ 24 ① 25 ①

해설

호르몬을 생산하고 분비하는 곳은 내분비계이다.

26 다음의 설명에 해당되는 천연향의 추출방법은? 2009

> 식물의 향기부분을 물에 담가 가온하여 증발된 기체를 냉각하면 물 위에 향기 물질이 뜨게 되는데 이것을 분리하여 순수한 천연향을 얻어내는 방법이다. 이는 대량으로 천연향을 얻어낼 수 있는 장점이 있으나 고온에서 일부 향기 성분이 파괴될 수 있는 단점이 있다.

① 수증기 증류법
② 압착법
③ 휘발성 용매 추출법
④ 비휘발성 용매 추출법

해설

수증기 증류법은 가장 대중적이고 오래된 추출방법이다.

27 위생교육 대상자가 아닌 것은? 2010

① 공중위생영업의 신고를 하고자 하는 자
② 공중위생영업을 승계한 자
③ 공중위생영업자
④ 면허증 취득 예정자

해설

위생교육은 면허의 취득이 아니라, 영업의 개시와 상관이 있다.

위생교육(공중위생관리법 제17조제1항, 제2항)

- 공중위생영업자는 매년 위생교육을 받아야 한다.
- 공중위생영업의 신고를 하고자 하는 자는 미리 위생교육을 받아야 한다. 다만, 보건복지부령으로 정하는 부득이한 사유로 미리 교육을 받을 수 없는 경우에는 영업개시 후 6개월 이내에 위생교육을 받을 수 있다.

28 골과 골 사이의 충격을 흡수하는 결합조직은? 2009

① 섬 유　② 연 골
③ 관 절　④ 조 직

해설

골 : 골격계통의 하나로 결합조직이며 완충역할을 한다.

29 열을 이용한 기기가 아닌 것은? 2010

① 스티머　② 이온토포레시스
③ 파라핀 왁스기　④ 적외선등

해설

열을 이용한 관리기기로는 스티머, 파라핀 왁스기, 고주파기, 왁스워머, 적외선등이 있으며, 이온토포레시스는 갈바닉 전류를 이용한 기기이다.

30 지성 피부를 위한 피부 관리 방법은? 2009

① 토너는 알코올 함량이 적고 보습기능이 강화된 제품을 사용한다.
② 클렌저는 유분기 있는 클렌징 크림을 선택하여 사용한다.
③ 동·식물성 지방 성분이 함유된 음식을 많이 섭취한다.
④ 클렌징 로션이나 산뜻한 느낌의 클렌징 젤을 이용하여 메이크업을 지운다.

해설

지성 피부 관리방법

- 토너 : 오일이 함유된 수렴화장수 사용
- 클렌저 : 유분기가 적은 클렌징 젤, 클렌징 로션 사용

26 ① 27 ④ 28 ② 29 ② 30 ④ **정답**

31 다음 보기의 사항에 해당되는 신경은? 2009

[보기]
- 제7뇌신경이다.
- 안면 근육 운동 혀 앞 2/3 미각담당 뇌신경 중 하나이다.

① 3차 신경 ② 설인신경
③ 안면신경 ④ 부신경

해설
제7뇌신경 : 안면신경(미각, 타액분비, 표정)

32 건성 피부의 관리방법으로 틀린 것은? 2009

① 알칼리성 비누를 이용하여 뜨거운 물로 자주 세안을 한다.
② 화장수는 알코올 함량이 적고 보습기능이 강화된 제품을 사용한다.
③ 클렌징 제품은 부드러운 밀크 타입이나 유분기가 있는 크림타입을 선택하여 사용한다.
④ 세라마이드, 호호바 오일, 아보카도 오일, 알로에베라, 하이알루론산 등의 성분이 함유된 화장품을 사용한다.

해설
건성 피부는 과다한 세안, 알칼리성 비누, 열 등은 피부를 더 건조하게 할 수 있으므로 피하고 유・수분 공급에 중점을 둔다.

33 식품의 혐기성 상태에서 발육하여 신경독소를 분비하는 세균성 식중독 원인균은?

① 살모넬라균
② 황색 포도상구균
③ 캠필로박터균
④ 보툴리누스균

해설
보툴리누스균은 세균성 식중독 중 가장 치명률이 높으며, 식품의 혐기성 상태에서 발육하여 신경계 증상을 일으킨다.

34 증기연무기(Steamer)를 사용할 때 얻는 효과와 가장 거리가 먼 것은? 2009

① 따뜻한 연무는 모공을 열어 각질제거를 돕는다.
② 혈관을 확장시켜 혈액 순환을 촉진시킨다.
③ 세포의 신진대사를 증가시킨다.
④ 마사지크림 위에 증기 연무를 사용하면 유효성분의 침투가 촉진된다.

해설
스티머는 클렌징 및 딥 클렌징 단계에서 사용하며 모공 및 혈관을 확장시켜 신진대사를 증가시키고 노폐물 배출을 용이하게 한다.

정답 31 ③ 32 ① 33 ④ 34 ④

35 팩과 관련한 내용 중 틀린 것은? 2010

① 피부 상태에 따라서 선별해서 사용해야 한다.
② 팩을 바르기 전 냉타월로 피부를 진정시킨 후 사용하면 효과적이다.
③ 피부에 상처가 있는 경우에는 사용을 삼간다.
④ 눈썹, 눈 주위, 입술 위는 팩 사용을 피한다.

해설

냉타월은 팩 사용 후 마무리 단계에 적용한다.

36 췌장에서 분비되는 단백질 분해효소는? 2009

① 펩신(Pepsin)
② 트립신(Trypsin)
③ 리페이스(Lipase)
④ 펩티데이스(Peptidase)

해설

췌장은 단백질을 분해하는 트립신, 탄수화물을 분해하는 아밀레이스, 지방을 분해하는 리페이스를 분비한다.

37 고형의 파라핀을 녹이는 파라핀기의 적용범위가 아닌 것은? 2011

① 손관리 ② 혈액순환 촉진
③ 살 균 ④ 팩 관리

해설

파라핀 기기는 온열을 이용한 기기로 혈액순환 촉진 효과가 있고 손, 발, 얼굴 등의 팩 관리 시 사용할 수 있다.

38 영업소의 폐쇄명령을 받고도 계속하여 영업을 하는 때에 관계공무원으로 하여금 영업소를 폐쇄할 수 있도록 조치를 취할 수 있는 자는? 2010

① 보건복지부장관
② 시・도지사
③ 시장・군수・구청장
④ 보건소장

해설

공중위생영업소의 폐쇄 등(공중위생관리법 제11조제5항)
시장・군수・구청장은 공중위생영업자가 영업소 폐쇄명령을 받고도 계속하여 영업을 하는 때에는 관계공무원으로 하여금 해당 영업소를 폐쇄하기 위한 조치를 하게 할 수 있다. 영업신고를 하지 아니하고 공중위생영업을 하는 경우에도 또한 같다.

39 여드름 피부에 직접 사용하기에 가장 좋은 아로마는? 2009

① 유칼립투스 ② 로즈마리
③ 페퍼민트 ④ 티트리

해설

살균효과가 있는 티트리는 라벤더와 함께 피부에 직접 사용가능한 아로마 오일이다.

40 인체의 각 주요 호르몬의 기능 저하에 따라 나타나는 현상으로 틀린 것은? 2009

① 부신피질자극호르몬(ACTH) : 갑상선 기능 저하
② 난포자극호르몬(FSH) : 불임
③ 인슐린(Insulin) : 당뇨
④ 에스트로겐(Estrogen) : 무월경

정답 35 ② 36 ② 37 ③ 38 ③ 39 ④ 40 ①

해설

갑상선 기능 저하는 갑상선 호르몬인 타이록신의 분비 감소이다.

41 기미, 주근깨 피부관리에 가장 적합한 비타민은? 2009

① 비타민 A
② 비타민 B_1
③ 비타민 B_2
④ 비타민 C

해설

비타민 C는 멜라닌 색소 형성 억제기능으로 피부관리에 많이 사용된다.

42 브러시(프리마톨)의 사용 방법으로 틀린 것은? 2011

① 브러시는 피부에 90° 각도로 사용한다.
② 건성·민감성 피부는 빠른 회전수로 사용한다.
③ 회전속도는 얼굴은 느리게, 신체는 빠르게 한다.
④ 사용 후에는 즉시 중성 세제로 깨끗하게 세척한다.

해설

프리마톨은 브러시를 이용한 클렌징 및 딥 클렌징 기기로 건성, 민감성 피부에는 자극을 줄 수 있으므로 빠른 회전수로 사용하지 않는다.

43 세정작용과 기포형성작용이 우수하여 비누, 샴푸, 클렌징폼 등에 주로 사용되는 계면활성제는? 2009

① 양이온성 계면활성제
② 음이온성 계면활성제
③ 비이온성 계면활성제
④ 양쪽성 계면활성제

해설

음이온 계면활성제는 세정 작용 및 기포 형성이 우수하여 비누, 클렌징폼, 샴푸 등에 사용한다.

44 위생서비스 평가의 결과에 따른 위생관리등급별로 영업소에 대한 위생감시를 실시할 때의 기준이 아닌 것은? 2010

① 위생교육 실시 횟수
② 영업소에 대한 출입·검사
③ 위생감시의 실시 주기
④ 위생감시의 실시 횟수

해설

위생교육(공중위생관리법 시행규칙 제23조제1항)
위생교육은 3시간으로 한다.

45 세포 내에서 호흡생리를 담당하고 이화작용과 동화작용에 의해 에너지를 생산하는 것은? 2009

① 리소좀 ② 염색체
③ 소포체 ④ 미토콘드리아

해설

미토콘드리아 : 세포호흡에 관여, 에너지 생산

정답 41 ④ 42 ② 43 ② 44 ① 45 ④

46 손님의 얼굴, 머리, 피부 등을 손질하여 손님의 외모를 아름답게 꾸미는 공중위생영업은? 2010

① 건물위생관리업 ② 이용업
③ 미용업 ④ 목욕장업

47 다음 중 향수의 부향률이 높은 것부터 순서대로 나열된 것은? 2009

① 퍼퓸>오데퍼퓸>오데코롱>오데토일렛
② 퍼퓸>오데토일렛>오데코롱>오데퍼퓸
③ 퍼퓸>오데퍼퓸>오데토일렛>오데코롱
④ 퍼퓸>오데코롱>오데퍼퓸>오데토일렛

해설

향수의 부향률
- 퍼퓸 : 15~30%
- 오데퍼퓸 : 9~12%
- 오데토일렛 : 6~8%
- 오데코롱 : 3~5%

48 영업정지처분을 받고 그 영업정지 기간 중 영업을 한 때에 대한 1차 위반 시 행정처분기준은? 2011

① 영업정지 10일 ② 영업정지 20일
③ 영업정지 1월 ④ 영업장 폐쇄명령

해설

행정처분기준(공중위생관리법 시행규칙 제19조 [별표 7])
영업정지처분을 받고도 그 영업정지 기간에 영업을 한 경우
- 1차 위반 : 영업장 폐쇄명령

49 이·미용사의 면허증을 재발급 신청할 수 없는 경우는? 2010

① 국가기술자격법에 의한 이·미용사 자격증이 취소된 때
② 면허증의 기재사항에 변경이 있을 때
③ 면허증을 분실한 때
④ 면허증이 못쓰게 된 때

50 공중보건에 대한 설명으로 가장 바른 것은? 2009

① 사회의학을 대상으로 한다.
② 집단 또는 지역사회는 대상으로 한다.
③ 예방의학을 대상으로 한다.
④ 개인을 대상으로 한다.

51 피부구조에 대한 설명 중 틀린 것은? 2009

① 피부는 표피, 진피, 피하지방층의 3개 층으로 구성된다.
② 표피는 일반적으로 내측으로부터 기저층, 투명층, 유극층, 과립층 및 각질층의 5층으로 나뉜다.
③ 멜라닌 세포는 표피의 유극층에 산재한다.
④ 멜라닌 세포 수는 민족과 피부색에 관계없이 일정하다.

해설

멜라닌 세포는 표피의 기저층에 존재한다.

46 ③ 47 ③ 48 ④ 49 ① 50 ② 51 ③ 정답

52 민감성 피부관리의 마무리단계에 사용될 보습제로 적합한 성분이 아닌 것은? 2008

① 알란토인
② 알부틴
③ 아줄렌
④ 알로에베라

해설

알부틴은 미백용 화장품 성분이다.

53 피부에 계속적인 압박으로 인해 생기는 각질층의 증식현상이며, 원추형의 국한성 비후증으로 경성과 연성이 있는 것은? 2010

① 티 눈 ② 무 좀
③ 굳은살 ④ 사마귀

해설

티눈은 반복적인 물리적 자극에 의해서 생긴 단단한 각질층이며 내부에 핵을 포함한다.

54 레몬 아로마 에센셜 오일의 사용과 관련된 설명으로 틀린 것은? 2010

① 무기력한 기분을 상승시킨다.
② 기미, 주근깨가 있는 피부에 좋다.
③ 여드름, 지성 피부에 사용된다.
④ 진정작용이 뛰어나다.

해설

레몬 아로마 에센셜 오일은 광감성이 있으며, 민감피부나 예민 피부에 자극을 줄 수 있다.

55 계면활성제에 대한 설명으로 옳은 것은?

① 비이온성 계면활성제는 피부자극이 적어 화장수의 가용화제, 크림의 유화제, 클렌징 크림의 세정제 등에 사용된다.
② 양이온성 계면활성제는 세정작용이 우수하여 비누, 샴푸 등에 사용된다.
③ 계면활성제는 일반적으로 둥근머리모양의 소수성기와 막대꼬리모양의 친수성기를 가진다.
④ 계면활성제의 피부에 대한 자극은 양쪽성 > 양이온성 > 음이온성 > 비이온성의 순으로 감소한다.

해설

계면활성제는 둥근머리모양의 친수성기와 막대꼬리모양의 친유성기를 가지며, 자극의 순서는 양이온성 > 음이온성 > 양쪽이온성 > 비이온성이다. 이 중 음이온성 계면활성제는 세정과 기포작용이 우수하며 비누, 클렌징 폼, 샴푸 등에 사용된다.

56 피부관리를 위해 실시하는 피부상담의 목적과 가장 거리가 먼 것은?

① 고객의 방문 목적 확인
② 피부문제의 원인 파악
③ 피부관리 계획 수립
④ 고객의 사생활 파악

해설

상담의 목적은 관리의 효과를 높이기 위해 생활습관, 식생활, 일상 업무, 건강상태, 사용화장품, 질병 등을 파악하고 상담내용을 기준으로 고객의 피부상태에 맞게 관리방법과 방향을 세우는 것이다.

정답 | 52 ② 53 ① 54 ④ 55 ① 56 ④

57 다음 중 피지선이 분포되어 있지 않은 부위는? 2010

① 손바닥
② 코
③ 가 슴
④ 이 마

해설

피지선은 손바닥과 발바닥을 제외한 신체의 대부분에 분포한다.

58 지성 피부의 화장품 적용 목적 및 효과로 가장 거리가 먼 것은? 2011

① 모공수축
② 피지분비의 정상화
③ 유연회복
④ 항염, 정화기능

해설

지성 피부는 과다한 피지를 제거하고 피지분비를 억제할 수 있는 관리가 이루어져야 한다.

59 화장품 성분 중에서 양모에서 정제한 것은?

① 바셀린
② 밍크오일
③ 플라센타
④ 라놀린

해설

라놀린은 양모에서 추출한 성분으로 피부 친화성이 좋고 피부를 유연하게 하며 영양을 공급한다.

60 매우 낮은 전압의 직류를 이용하며, 이온영동법과 디스인크러스테이션의 두 가지 중요한 기능을 하는 기기는? 2011

① 초음파기기
② 저주파기기
③ 고주파기기
④ 갈바닉기기

해설

갈바닉은 직류를 이용한 관리로 영양분을 침투시킬 수 있는 이온토포레시스(이온영동법)과 딥 클렌징 효과가 있는 디스인크러스테이션의 기능이 있다.

57 ① 58 ③ 59 ④ 60 ④ **정답**

실전모의고사

01 다음 중 웃을 때 사용하는 근육이 아닌 것은? 2009

① 안륜근 ② 구륜근
③ 대협골근 ④ 전거근

해설
전거근은 흉근의 하나로 견갑골의 외전을 담당한다.

02 공중위생영업에 해당하지 않는 것은?

① 세탁업 ② 위생관리업
③ 미용업 ④ 목욕장업

03 건성 피부의 화장품 사용법으로 옳지 않은 것은? 2010

① 영양, 보습 성분이 있는 오일이나 에센스
② 알코올이 다량 함유되어 있는 토너
③ 클렌저는 밀크타입이나 유분기가 있는 크림 타입
④ 토익으로 보습기능이 강화된 제품

해설
건성 피부는 무알코올의 보습기능이 있는 유연 화장수를 사용하고 알코올이 함유된 수렴 화장수의 경우 지성 피부에 효과적이다.

04 다음 중 기능성 화장품의 범위에 해당하지 않는 것은? 2009

① 미백크림
② 보디오일
③ 자외선차단 크림
④ 주름개선 크림

해설
보디오일은 보디 화장품에 속한다.

05 이 · 미용업의 준수사항으로 틀린 것은? 2009

① 소독을 한 기구와 하지 않은 기구는 각각 다른 용기에 보관하여야 한다.
② 간단한 피부미용을 위한 의료기구 및 의약품은 사용하여도 된다.
③ 영업장의 조명도는 75럭스 이상되도록 유지한다.
④ 점 빼기, 쌍꺼풀 수술 등의 의료 행위를 하여서는 안 된다.

해설
공중위생영업자가 준수하여야 하는 위생관리기준 등 (공중위생관리법 시행규칙 제7조 [별표 4])
피부미용을 위하여 의약품 또는 의료기기를 사용하여서는 아니 된다.

정답 1 ④ 2 ② 3 ② 4 ② 5 ②

06 피부 관리 시 마무리 동작에 대한 다음 설명 중 틀린 것은? 2009

① 장시간 동안의 피부 관리로 인해 긴장된 근육의 이완을 도와 고객의 만족을 최대로 향상시킨다.
② 피부타입에 적당한 화장수로 피부결을 일정하게 한다.
③ 피부타입에 적당한 앰플, 에센스, 아이크림, 자외선 차단제 등을 피부에 차례로 흡수시킨다.
④ 딥 클렌징제를 사용한 다음 화장수로만 가볍게 마무리 관리해 주어야 자극을 최소화할 수 있다.

해설

딥 클렌징 다음에는 매뉴얼 테크닉, 팩 도포 등과 같은 피부관리를 실시한다.

07 피부관리 후 피부미용사가 마무리해야 할 사항과 가장 거리가 먼 것은? 2009

① 피부관리 기록카드에 관리내용과 사용 화장품에 대해 기록한다.
② 고객이 집에서 자가 관리를 잘하도록 홈케어에 대해서도 기록하여 추후 참고 자료로 활용한다.
③ 반드시 메이크업을 해 준다.
④ 피부미용 관리가 마무리되면 베드와 주변을 청결하게 정리한다.

해설

메이크업은 미용사(메이크업)의 업무 영역이다.

08 적외선(Infra Red Lamp)에 대한 설명으로 옳은 것은? 2008

① 주로 UV-A를 방출하고, UV-B, UV-C는 흡수한다.
② 색소침착을 일으킨다.
③ 주로 소독, 멸균의 효과가 있다.
④ 온열작용을 통해 화장품의 흡수를 도와준다.

해설

적외선은 피부 깊숙이 열을 발생하여 열선이라고도 하며 근육이완 효과와 함께 영양분 침투를 높여준다.

09 다음 중 소화기계가 아닌 것은? 2009

① 폐, 신장 ② 간, 담낭
③ 비장, 위 ④ 소장, 대장

해설

폐는 호흡기계, 신장은 비뇨기계이다.

10 다음은 화학적 제모와 관련된 설명이다. 틀린 것은? 2010

① 화학적 제모는 털을 모근으로부터 제거한다.
② 제모제품은 강알칼리성으로 피부를 자극하므로 사용 전 첩포시험을 실시하는 것이 좋다.
③ 제모제품 사용 전 피부를 깨끗이 건조시킨 후 적정량을 바른다.
④ 제모 후 산성화장수를 바른 뒤에 진정로션이나 크림을 흡수시킨다.

해설

화학적 제모는 털을 모간까지 제모하는 것이다.

6 ④ 7 ③ 8 ④ 9 ① 10 ① 정답

11 **보디샴푸에 요구되는 기능과 가장 거리가 먼 것은?** 2009

① 피부 각질층 세포 간 지질 보호
② 부드럽고 치밀한 기포 부여
③ 높은 기포 지속성 유지
④ 강력한 세정성 부여

해설
보디샴푸의 주된 기능은 가장 기본적인 피부 표면의 세정이다.

12 **소독약품의 사용 시 세균에 오염되는 것을 방지하기 위한 방법으로 틀린 것은?**

① 보존기간이 오래된 것을 사용한다.
② 오염되지 않은 물을 사용하도록 한다.
③ 하나의 용기에 장시간 혹은 빈번한 사용을 피한다.
④ 사용 후에는 소독약품과 용기를 모두 버리도록 한다.

13 **보건복지부장관은 공중위생관리법에 의한 권한의 일부를 무엇이 정하는 바에 의해 시·도지사에게 위임할 수 있는가?** 2009

① 대통령령
② 보건복지부령
③ 공중위생관리법 시행규칙
④ 행정안전부령

14 **각 소화기관별 분비되는 소화 효소와 소화시킬 수 있는 영양소가 올바르게 짝지어진 것은?**

① 소장 : 키모트립신 – 단백질
② 위 : 펩신 – 지방
③ 입 : 락테이스 – 탄수화물
④ 췌장 : 트립신 – 단백질

해설
췌장의 외분비선은 단백질을 분해하는 트립신을 분비한다.

15 **캐리어 오일 중 액체상 왁스에 속하고, 인체 피지와 지방산의 조성이 유사하여 피부 친화성이 좋으며, 다른 식물성 오일에 비해 쉽게 산화되지 않아 보존안전성이 높은 것은?** 2008

① 아몬드 오일
② 호호바 오일
③ 아보카도 오일
④ 맥아 오일

해설
호호바 오일은 캐리어 오일의 대표 오일로 안정성이 높으며, 피지 성분과 유사하여 피부 친화성이 높고, 여드름, 건성 피부 등 모든 피부에 적합하다.

16 **면허의 정지명령을 받은 자는 그 면허증을 누구에게 제출해야 하는가?** 2009

① 보건복지부장관
② 시·도지사
③ 시장·군수·구청장
④ 이·미용사 중앙회장

정답 11 ④ 12 ① 13 ① 14 ④ 15 ② 16 ③

해설

면허증의 반납 등(공중위생관리법 시행규칙 제12조제1항)
면허가 취소되거나 면허의 정지명령을 받은 자는 지체 없이 관할 시장・군수・구청장에게 면허증을 반납하여야 한다.

17 성인이 하루에 분비하는 피지의 양은?

2009

① 약 1~2g ② 약 0.1~0.2g
③ 약 3~5g ④ 약 5~8g

해설

1일 평균 피지의 양 : 1~2g

18 고주파 피부미용기기의 사용방법 중 간접법에 대한 설명으로 옳은 것은?

2009

① 고객의 얼굴에 적합한 크림을 바르고 그 위에 전극봉으로 마사지한다.
② 얼굴에 적합한 크림을 바르고 손으로 마사지한다.
③ 고객의 얼굴에 마른 거즈를 올린 후 그 위를 전극봉으로 마사지한다.
④ 고객의 손에 전극봉을 잡게 한 후 얼굴에 마른 거즈를 올리고 손으로 눌러준다.

해설

고주파 간접법은 고객의 한쪽 손에는 코일이 내장된 유리 전극봉이 끼워진 홀더를, 다른 한쪽 손에는 유리 전극봉을 잡게 하고 얼굴에 적합한 크림을 바르고 관리사의 손으로 마사지하는 것이다.

19 광노화의 반응과 가장 거리가 먼 것은?

2009

① 거칠어짐 ② 건 조
③ 과색소침착증 ④ 모세혈관 수축

해설

광노화 반응 : 건조화, 피부 거칠어짐, 색소침착 증가, 주름유발

20 피지와 땀의 분비 저하로 유・수분의 균형이 정상적이지 못하고, 피부결이 얇으며 탄력 저하와 주름이 쉽게 형성되는 피부는?

2009

① 건성 피부
② 지성 피부
③ 이상 피부
④ 민감 피부

해설

건성 피부의 특징 : 유・수분 밸런스의 불균형, 피지보호막이 얇고 손상과 주름발생이 쉽다.

21 피부 색소를 퇴색시키며 기미, 주근깨 등의 치료에 주로 쓰이는 것은?

2009

① 비타민 A
② 비타민 B
③ 비타민 C
④ 비타민 D

해설

비타민 C는 멜라닌 색소형성을 억제시켜 과색소침착 치료에 쓰인다.

정답 17 ① 18 ② 19 ④ 20 ① 21 ③

22 성인의 경우 피부가 차지하는 비중은 체중의 약 몇 %인가? 2009

① 5~7%
② 15~17%
③ 25~27%
④ 35~37%

해설

피부가 차치하는 비중은 약 17% 정도이다.

23 여드름 발생의 주요 원인과 가장 거리가 먼 것은? 2009

① 아포크린한선의 분비 증가
② 모낭 내 이상 각화
③ 여드름 균의 군락 형성
④ 염증반응

해설

여드름은 피부 염증성 질환이며 피지선의 과잉생산이 원인이 된다.

24 이·미용업을 승계할 수 있는 경우가 아닌 것은?(단, 면허를 소지한 자에 한함) 2009

① 이·미용업을 양수한 경우
② 이·미용업 영업자의 사망에 의한 상속에 의한 경우
③ 공중위생관리법에 의한 영업장 폐쇄명령을 받은 경우
④ 이·미용업 영업자의 파산에 의해 시설 및 설비의 전부를 인수한 경우

25 눈으로 판별하기 어려운 피부의 심층상태 및 문제점을 명확하게 분별할 수 있는, 특수 자외선을 이용한 기기는? 2009

① 확대경
② 홍반측정기
③ 적외선램프
④ 우드램프

해설

우드램프는 자외선 파장을 이용한 기기로 우드램프에 나타나는 색상을 통해 여러 형태의 피부상태를 파악하는 기기이다.

26 세포에 대한 설명으로 틀린 것은? 2009

① 생명체의 구조 및 기능적 기본 단위이다.
② 세포는 핵과 근원섬유로 이루어져 있다.
③ 세포 내에는 핵이 핵막에 의해 둘러싸여 있다.
④ 기능이나 소속된 조직에 따라 원형, 아메바, 타원 등 다양한 모양을 하고 있다.

해설

세포는 핵, 세포질, 세포막으로 구성되어 있다.

27 다음 중 위팔을 올리거나 내릴 때 또는 바깥쪽으로 돌릴 때 사용되는 근육의 명칭은? 2009

① 승모근 ② 흉쇄유돌근
③ 대둔근 ④ 비복근

해설

승모근은 견갑골을 올리고 내외측 회전에 관여한다.

정답 22 ② 23 ① 24 ③ 25 ④ 26 ② 27 ①

28 다음 중 화학적인 제모방법은? 2010

① 제모크림을 이용한 제모
② 온왁스를 이용한 제모
③ 족집게를 이용한 제모
④ 냉왁스를 이용한 제모

해설
- 물리적 제모 : 왁스, 족집게
- 화학적 제모 : 제모크림, 탈색법

29 모세혈관 확장 피부에 효과적인 성분이 아닌 것은? 2009

① 루 틴 ② 아줄렌
③ 알로에 ④ AHA

해설
천연산인 AHA는 모세혈관 확장 피부에는 자극을 줄 수 있으므로 사용을 피한다.

30 골격근에 대한 설명으로 맞는 것은? 2009

① 뼈에 부착되어 있으며 근육이 횡문과 단백질로 구성되어 있고, 수의적 활동이 가능하다.
② 골격근은 일반적으로 내장벽을 형성하여 위와 방광 등의 장기를 둘러싸고 있다.
③ 골격근은 줄무늬가 보이지 않아서 민무늬근이라고 한다.
④ 골격근은 움직임, 자세유지, 관절안정을 주며 불수의근이다.

해설
골격근
가로무늬근, 수의근, 운동신경과 자율신경이 분포

31 지성 피부에 대한 설명 중 틀린 것은? 2009

① 지성 피부는 정상 피부보다 피지분비량이 많다.
② 피부결이 섬세하지만 피부가 얇고 붉은색이 많다.
③ 지성 피부가 생기는 원인은 남성호르몬의 안드로겐(Androgen)이나 여성호르몬인 프로게스테론(Progesterone)의 기능이 활발해져서 생긴다.
④ 지성 피부의 관리는 피지제거 및 세정을 주목적으로 한다.

해설
피부결이 섬세하지만 피부가 얇고 붉은색이 많은 피부는 민감성 피부이다.

32 피부에 미치는 갈바닉 전류의 양극(+)의 효과는? 2010

① 피부진정 ② 모공세정
③ 혈관확장 ④ 피부유연화

해설
갈바닉 전류의 양극 효과는 산 반응, 모공, 한선, 혈관이 수축되고 신경안정과 진정효과가 있다.

33 다음 중 열을 이용한 기기가 아닌 것은? 2008

① 진공흡입기
② 스티머
③ 파라핀 왁스기
④ 왁스워머

28 ① 29 ④ 30 ① 31 ② 32 ① 33 ① 정답

해설

진공흡입기는 피부에 압력을 가하는 관리이다.

34 왁스와 모슬린(부직포)을 이용한 일시적 제모의 특징으로 가장 적합한 것은? 2008

① 제모하고자 하는 털을 한 번에 제거하여 즉각적인 결과를 가져온다.
② 넓은 부분의 불필요한 털을 제거하기 위해서는 많은 비용이 든다.
③ 깨끗한 외관을 유지하기 위해서 반복 시술을 하지 않아도 된다.
④ 한번 시술을 하면 다시는 털이 나지 않는다.

해설

왁스는 일시적인 제모방법으로 모근까지 제모가 되므로 4~5주 정도 지속된다.

35 피부 관리실에서 피부 관리 시 마무리관리에 해당하지 않는 것은? 2010

① 피부타입에 따른 화장품 바르기
② 자외선 차단크림 바르기
③ 머리 및 뒷목부위 풀어주기
④ 피부상태에 따라 매뉴얼 테크닉하기

해설

매뉴얼 테크닉 후에는 피부유형에 맞는 팩을 도포한다.

36 다음 중 뼈의 기능으로 맞는 것을 모두 나열한 것은? 2009

A. 지 지	B. 보 호
C. 조 혈	D. 운 동

① A, C　② B, D
③ A, B, C　④ A, B, C, D

해설

뼈의 기능
지지, 보호, 조혈, 운동

37 땀의 분비로 인한 냄새와 세균의 증식을 억제하기 위해 주로 겨드랑이 부위에 사용하는 것은? 2009

① 데오도란트 로션
② 핸드로션
③ 보디로션
④ 파우더

38 온습포의 효과로 바른 것은?

① 혈액을 촉진시켜 조직의 영양공급을 돕는다.
② 혈관 수축 작용을 한다.
③ 피부 수렴 작용을 한다.
④ 모공을 수축시킨다.

해설

모공을 수축시키는 수렴작용은 냉습포의 효과이다.

정답 34 ① 35 ④ 36 ④ 37 ① 38 ①

39 아로마테라피에 사용되는 아로마 오일에 대한 설명 중 가장 거리가 먼 것은? 2009

① 아로마테라피에 사용되는 아로마 오일은 주로 수증기증류법에 의해 추출된 것이다.
② 아로마 오일은 공기 중의 산소, 빛 등에 의해 변질될 수 있으므로 갈색병에 보관하여 사용하는 것이 좋다.
③ 아로마 오일은 원액을 그대로 피부에 사용해야 한다.
④ 아로마 오일을 사용할 때에는 안전성 확보를 위하여 사전에 패치 테스트를 실시하여야 한다.

해설

아로마 오일은 다양한 신체적, 심리적 영향을 가지며, 인체에 큰 영향을 미칠 수 있기 때문에 피부에 직접 사용하지 않고 캐리어 오일을 섞어 사용한다.

40 자외선 차단제에 대한 설명 중 틀린 것은? 2009

① 자외선 차단제의 구성성분은 크게 자외선 산란제와 자외선 흡수제로 구분된다.
② 자외선 차단제 중 자외선 산란제는 투명하고, 자외선 흡수제는 불투명한 것이 특징이다.
③ 자외선 산란제는 물리적인 산란작용을 이용한 제품이다.
④ 자외선 흡수제는 화학적인 흡수작용을 이용한 제품이다.

해설

자외선 차단제의 산란제는 불투명하나 차단효과가 우수하고, 흡수제는 투명하나 접촉성 피부염을 일으킬 수 있다.

41 피부유형과 관리 목적과의 연결이 틀린 것은? 2010

① 민감 피부 : 진정, 긴장 완화
② 건성 피부 : 보습작용 억제
③ 지성 피부 : 피지 분비 조절
④ 복합 피부 : 피지, 유수분 균형 유지

해설

건성 피부는 유분공급과 함께 보습공급을 위한 관리를 한다.

42 화장품을 만들 때 필요한 4대 조건은? 2008

① 안전성, 안정성, 사용성, 유효성
② 안전성, 방부성, 방향성, 유효성
③ 발림성, 안정성, 방부성, 사용성
④ 방향성, 안전성, 발림성, 사용성

해설

화장품의 4대 요건
안전성, 안정성, 사용성, 유효성

43 웜 왁스를 이용하여 제모하는 방법으로 옳은 것은? 2011

① 제모 전에는 로션을 발라 피부를 보호한다.
② 왁스는 털이 난 방향으로 발라준다.
③ 왁스를 제거할 때는 천천히 떼어낸다.
④ 제모 후에는 온습포를 이용해 시술부위를 진정시킨다.

정답: 39 ③ 40 ② 41 ② 42 ① 43 ②

해설

왁스를 이용한 제모 방법
- 제거할 때는 텐션을 잡고 털 반대방향으로 빠르게 부직포를 떼어낸다.
- 제모 전에 탤컴 파우더를 발라 유분기와 수분기를 제거한다.
- 제모 후에는 진정로션을 발라 피부를 진정시킨다.

44 딥 클렌징 방법이 아닌 것은? 2009

① 디스인크러스테이션
② 효소필링
③ 브러싱
④ 이온토포레시스

해설

이온토포레시스는 갈바닉 기기를 이용한 영양침투 기능이 있다.

45 미용업자가 점빼기, 귓불뚫기, 쌍꺼풀수술, 문신, 박피술 그 밖에 이와 유사한 의료행위를 하여 관련 법규를 1차 위반했을 때의 행정처분은? 2009

① 경 고
② 영업정지 2월
③ 영업장 폐쇄명령
④ 면허취소

해설

행정처분기준(공중위생관리법 시행규칙 제19조 [별표 7])
점빼기・귓불뚫기・쌍꺼풀수술・문신・박피술 그 밖에 이와 유사한 의료행위를 한 경우
- 1차 위반 : 영업정지 2월
- 2차 위반 : 영업정지 3월
- 3차 위반 : 영업장 폐쇄명령

46 콜라겐(Collagen)에 대한 설명으로 틀린 것은? 2009

① 노화된 피부에는 콜라겐 함량이 낮다.
② 콜라겐이 부족하면 주름이 발생하기 쉽다.
③ 콜라겐은 피부의 표피에 주로 존재한다.
④ 콜라겐은 섬유아세포에서 생성된다.

해설

콜라겐은 진피에 존재하는 교원섬유이다.

47 홈 케어 관리 시에 여드름 피부에 대한 조언으로 맞지 않는 것은? 2008

① 여드름 전용 제품을 사용
② 붉어지는 부위는 약간 진하게 파운데이션이나 파우더를 사용
③ 지나친 당분이나 지방섭취는 피함
④ 지나치게 얼굴이 당길 경우 수분크림, 에센스 사용

해설

붉어지는 부위는 메이크업을 피한다.

48 공중위생업소의 위생서비스수준의 평가는 몇 년마다 실시해야 하는가? 2011

① 매 년　② 2년
③ 3년　④ 4년

해설

위생서비스수준의 평가(공중위생관리법 시행규칙 제20조)
공중위생영업소의 위생서비스수준 평가는 2년마다 실시하되, 공중위생영업소의 보건・위생관리를 위하여 특히 필요한 경우에는 보건복지부장관이 정하여 고시하는 바에 따라 공중위생영업의 종류 또는 위생관리등급별로 평가주기를 달리할 수 있다.

정답 44 ④ 45 ② 46 ③ 47 ② 48 ②

49 혈액의 기능이 아닌 것은? 2009

① 조직에 산소를 운반하고 이산화탄소를 제거한다.
② 조직에 영양을 공급하고 대사 노폐물을 제거한다.
③ 체내의 유분을 조절하고 pH를 낮춘다.
④ 호르몬이나 기타 세포 분비물을 필요한 곳으로 운반한다.

해설

혈액은 수분교환을 통해 체내의 수준을 조절한다.

50 다음 중 이·미용영업에 있어 벌칙기준이 다른 것은? 2010

① 영업신고를 하지 아니한 자
② 영업소 폐쇄명령을 받고도 계속하여 영업을 한 자
③ 일부 시설의 사용중지 명령을 받고 그 기간 중에 영업을 한 자
④ 면허가 취소된 후 계속하여 업무를 행한 자

해설

①, ②, ③은 1년 이하의 징역 또는 1천만원 이하의 벌금에 처한다.

벌칙(공중위생관리법 제20조제3항)

다음의 어느 하나에 해당하는 사람은 300만원 이하의 벌금에 처한다.

- 다른 사람에게 이용사 또는 미용사의 면허증을 빌려주거나 빌린 사람
- 이용사 또는 미용사의 면허증을 빌려주거나 빌리는 것을 알선한 사람
- 면허의 취소 또는 정지 중에 이용업 또는 미용업을 한 자
- 면허를 받지 아니하고 이용업 또는 미용업을 개설하거나 그 업무에 종사한 자

51 1회용 면도날을 2인 이상 손님에게 사용한 때의 1차 위반 행정처분기준은? 2010

① 경 고 ② 영업정지 5일
③ 영업정지 10일 ④ 영업정지 1월

해설

행정처분기준(공중위생관리법 시행규칙 제19조 [별표 7])

소독을 한 기구와 소독을 하지 않은 기구를 각각 다른 용기에 넣어 보관하지 않거나 1회용 면도날을 2인 이상의 손님에게 사용한 경우

- 1차 위반 : 경고
- 2차 위반 : 영업정지 5일
- 3차 위반 : 영업정지 10일
- 4차 이상 위반 : 영업장 폐쇄명령

52 자비소독에 대한 설명으로 옳지 않은 것은?

① 100℃의 물에 15~20분가량 처리한다.
② 이·미용기구, 고무, 약액, 의류 등에 적합하다.
③ 물에 탄산나트륨을 넣으면 살균력이 강해진다.
④ 소독 시 물건은 열탕에 완전히 잠기도록 한다.

해설

자비소독은 식기, 도자기, 주사기, 의류소독에 적합하다.

53 이·미용업의 면허를 받지 않은 자가 이·미용의 업무를 하였을 때의 벌칙기준은? 2010

① 100만원 이하의 벌금
② 200만원 이하의 벌금
③ 300만원 이하의 벌금
④ 500만원 이하의 벌금

49 ③ 50 ④ 51 ① 52 ② 53 ③ 정답

해설

벌칙(공중위생관리법 제20조제3항)
다음의 어느 하나에 해당하는 사람은 300만원 이하의 벌금에 처한다.
- 다른 사람에게 이용사 또는 미용사의 면허증을 빌려주거나 빌린 사람
- 이용사 또는 미용사의 면허증을 빌려주거나 빌리는 것을 알선한 사람
- 면허의 취소 또는 정지 중에 이용업 또는 미용업을 한 자
- 면허를 받지 아니하고 이용업 또는 미용업을 개설하거나 그 업무에 종사한 자

54 여드름 관리에 효과적인 성분이 아닌 것은? 2010

① 스테로이드(Steroid)
② 과산화벤조일(Benzoyl Peroxide)
③ 살리실산(Salicylic Acid)
④ 글라이콜산(Glycolic Acid)

해설

스테로이드는 호르몬제로 약품으로 구분된다.
② 과산화벤조일 : 살균효과, 각질용해 작용
③ 살리실산 : 각질분해 효과
④ 글라이콜산 : 피부박피 효과

55 이 · 미용업소에서 감염될 수 있는 트라코마에 대한 설명 중 틀린 것은? 2010

① 수건, 세면기 등에 의하여 감염된다.
② 감염원은 환자의 눈물, 콧물 등이다.
③ 예방접종으로 사전 예방할 수 있다.
④ 실명의 원인이 될 수 있다.

해설

트리코마는 유행성 안질환으로 예방접종은 실시하지 않는다.

56 제모의 방법에 대한 내용 중 틀린 것은? 2010

① 왁스는 모간을 제거하는 방법이다.
② 전기응고술은 영구적인 제모방법이다.
③ 전기분해술은 모유두를 파괴시키는 방법이다.
④ 제모크림은 일시적인 제모방법이다.

해설

왁스는 모근을 제모하는 일시적인 물리적 방법이다.

57 다음 중 물에 오일성분이 혼합되어 있는 유화 상태는? 2009

① O/W에멀션
② W/O에멀션
③ W/S에멀션
④ W/O/W에멀션

해설

O/W : Oil in Water, 즉 물에 오일이 혼합되어 있는 상태

58 다음 중 피지선이 분포되어 있지 않은 부위는? 2010

① 손바닥 ② 코
③ 가 슴 ④ 이 마

해설

피지선은 손바닥과 발바닥을 제외한 신체의 대부분에 분포한다.

정답 54 ① 55 ③ 56 ① 57 ① 58 ①

59 왁스 시술에 대한 내용 중 옳은 것은?

2009

① 제모하기 적당한 털의 길이는 2cm이다.
② 온 왁스의 경우 왁스는 제모 실시 직전에 데운다.
③ 왁스를 바른 위에 모슬린(부직포)은 수직으로 세워 떼어낸다.
④ 남아 있는 왁스의 끈적임은 왁스제거용 리무버로 제거한다.

해설

① 제모하기 적당한 털의 길이는 1cm이다.
② 온 왁스는 미리 데워서 사용한다.
③ 부직포는 눕혀서 재빨리 제거한다.

60 식품의 혐기성 상태에서 발육하여 신경독소를 분비하는 세균성 식중독 원인균은?

2010

① 살모넬라균
② 황색 포도상구균
③ 캠필로박터균
④ 보툴리누스균

해설

보툴리누스균은 세균성 식중독 중 가장 치명률이 높으며, 식품의 혐기성 상태에서 발육하여 신경계 증상을 일으킨다.

59 ④ 60 ④ 정답

실전모의고사

01 다음 중 공중위생감시원의 업무범위가 아닌 것은? 2010

① 공중위생영업 관련 시설 및 설비의 위생상태 확인 및 검사에 관한 사항
② 공중위생영업소의 위생서비스 수준평가에 관한 사항
③ 공중위생영업소 개설자의 위생교육 이행여부 확인에 관한 사항
④ 공중위생영업자의 위생관리의무 영업자 준수 사항 이행여부의 확인에 관한 사항

해설

위생서비스수준의 평가(공중위생관리법 제13조제2항)
시장·군수·구청장은 평가계획에 따라 관할지역별 세부평가계획을 수립한 후 공중위생영업소의 위생서비스수준을 평가하여야 한다.

02 눈썹이나 겨드랑이 등과 같이 연약한 피부의 제모에 사용하며, 부직포를 사용하지 않고 체모를 제거할 수 있는 왁스(Wax) 제모 방법은? 2009

① 소프트(Soft) 왁스법
② 콜드(Cold) 왁스법
③ 물(Water) 왁스법
④ 하드(Hard) 왁스법

해설

하드왁스는 왁스를 제모할 부위에 바르고 그대로 굳혀서 왁스와 털을 함께 제모하는 방법이다.

03 왁스를 이용한 제모 방법으로 적합하지 않은 것은? 2010

① 피지막이 제거된 상태에서 파우더를 도포한다.
② 털이 성장하는 방향으로 왁스를 바른다.
③ 쿨 왁스를 바를 때는 털이 잘 제거되도록 왁스를 얇게 바른다.
④ 남은 왁스를 오일로 제거한 후 온습포로 진정한다.

해설

왁스제거 후 진정로션을 발라 피부를 진정시킨다.

04 컬러테라피 기기에서 빨간색광의 효과와 가장 거리가 먼 것은? 2009

① 혈액순환 증진, 세포의 활성화, 세포 재생활동
② 소화기계 기능강화, 신경자극, 신체 정화작용
③ 지루성 여드름, 혈액순환 불량 피부관리
④ 근조직 이완, 셀룰라이트 개선

해설

컬러테라피에서의 소화기계 기능강화, 신경자극, 신체 정화작용은 노란색의 효과이다.

정답 1 ② 2 ④ 3 ④ 4 ②

05 기미에 대한 설명으로 틀린 것은? 2008

① 피부 내에 멜라닌이 합성되지 않아 야기되는 것이다.
② 30~40대의 중년여성에게 잘 나타나고 재발이 잘된다.
③ 선탠기에 의해서도 기미가 생길 수 있다.
④ 경계가 명확한 갈색의 점으로 나타난다.

해설

기미는 멜라닌형성세포의 과도한 생성으로 발생된다.

06 우드램프에 대한 설명으로 틀린 것은? 2011

① 피부 분석을 위한 기기이다.
② 밝은 곳에서 사용하여야 한다.
③ 클렌징한 후 사용하여야 한다.
④ 자외선을 이용한 기기이다.

해설

우드램프는 자외선 파장을 이용한 피부 분석기기로 클렌징한 후 주위 조명을 어둡게 하고 아이패드로 눈을 보호하고 사용한다.

07 다음 중 인체의 임파선에서 노폐물의 이동을 통해 해독작용을 도와주는 관리방법은? 2009

① 반사요법 ② 보디 랩
③ 향기요법 ④ 림프 드레이니지

해설

림프 드레이니지는 림프 순환을 촉진시켜 노폐물 배출 및 부종에 효과적이다.

08 진공흡입기의 효과로 틀린 것은? 2011

① 피부를 자극하여 한선과 피지선의 기능을 활성화시킨다.
② 영양물질을 피부 깊숙이 침투시킨다.
③ 림프순환을 촉진하여 노폐물을 배출한다.
④ 면포나 피지를 제거한다.

해설

진공흡입기는 피부에 적절한 자극을 통하여 한선과 피지선의 기능을 활성화시키고 피지나 노폐물 제거에 효과적이다.

09 보디 랩에 관한 설명으로 틀린 것은? 2009

① 비닐을 감쌀 때는 타이트하게 꽉 조이도록 한다.
② 수증기나 드라이 히트는 몸을 따뜻하게 하기 위해서 사용되기도 한다.
③ 보통 사용되는 제품은 허브, 슬리밍 크림 등이다.
④ 이 요법은 독소제거나 노폐물의 배출 증진, 순환 증진을 위해서 사용된다.

해설

보디 랩 사용 시 신체의 순환이 방해되지 않게 사용한다.

10 셀룰라이트(Cellulite)의 원인이 아닌 것은? 2010

① 유전적 요인
② 지방세포수의 과다 증가
③ 내분비계 불균형
④ 정맥울혈과 림프정체

해설

지방세포수의 과다 증가는 증식형 비만의 원인이다.

정답 5 ① 6 ② 7 ④ 8 ② 9 ① 10 ②

11 **대부분 O/W형 유화타입이며, 오일량이 적어 여름철에 많이 사용하고, 젊은 연령층이 선호하는 파운데이션은?**

① 크림 파운데이션
② 파우더 파운데이션
③ 트윈 케이크
④ 리퀴드 파운데이션

해설

리퀴드 파운데이션은 수분의 함량이 높아 가벼우며, 자연스러운 메이크업 시 적합하다.

12 **매뉴얼 테크닉 시 가장 많이 이용되는 기술로 손바닥을 편평하게 하고 손가락을 약간 구부려 근육이나 피부 표면을 쓰다듬고 어루만지는 동작은?** 2010

① 프릭션(Friction)
② 에플라지(Effleurage)
③ 페트리사지(Petrissage)
④ 바이브레이션(Vibration)

해설

쓰다듬기 동작인 에플라지는 매뉴얼 테크닉의 시작과 끝에 가장 많이 사용한다.

13 **조직 사이에서 산소와 영양을 공급하고, 이산화탄소와 대사 노폐물이 교환되는 혈관은?** 2008

① 동맥(Artery)
② 정맥(Vein)
③ 모세혈관(Capillary)
④ 림프관(Lymphatic Vessel)

해설

모세혈관은 물질교환을 통해 영양분과 산소를 공급하고 노폐물을 교환한다.

14 **다음 중 골의 종류에 대한 설명으로 바른 것은?**

① 단골 – 상완골
② 장골 – 족근골
③ 종자골 – 슬개골
④ 함기골 – 견갑골

해설

① 단골 : 족근골
② 장골 : 상완골
④ 편평골 : 견갑골

15 **피부노화 현상으로 옳은 것은?** 2009

① 피부노화가 진행되어도 진피의 두께는 그대로 유지된다.
② 광노화에서는 내인성 노화와 달리 표피가 얇아지는 것이 특징이다.
③ 피부 노화에는 나이에 따른 과정으로 일어나는 광노화와 누적된 햇빛노출에 의하여 야기하기도 한다.
④ 내인성 노화보다는 광노화에서 표피두께가 두꺼워진다.

해설

광노화는 기저층의 각질형성 과잉 세포증식으로 피부가 두꺼워진다.

정답 11 ④ 12 ② 13 ③ 14 ③ 15 ④

16 **화장품 성분 중에서 양모에서 정제한 것은?**

① 바셀린　　② 밍크오일
③ 플라센타　　④ 라놀린

해설

라놀린은 양모에서 추출한 성분으로 피부 친화성이 좋고 피부를 유연하게 하며 영양을 공급한다.

17 **행정처분대상자 중 중요처분 대상자에게 청문을 실시할 수 있다. 그 청문대상이 아닌 것은?** 2009

① 면허정지 및 면허취소
② 영업정지
③ 영업소 폐쇄명령
④ 자격증 취소

해설

청문(공중위생관리법 제12조)
보건복지부장관 또는 시장・군수・구청장은 다음의 어느 하나에 해당하는 처분을 하려면 청문을 하여야 한다.

- 신고사항의 직권 말소
- 이용사와 미용사의 면허취소 또는 면허정지
- 영업정지명령, 일부 시설의 사용중지명령 또는 영업소 폐쇄명령

18 **다음 중 멜라닌 세포에 관한 설명으로 틀린 것은?** 2009

① 멜라닌의 기능은 자외선으로부터의 보호 작용이다.
② 과립층에 위치한다.
③ 색소제조 세포이다.
④ 자외선을 받으면 왕성하게 활성한다.

해설

멜라닌 세포는 표피의 기저층에 위치한다.

19 **다음 중 원발진이 아닌 것은?** 2009

① 구 진　　② 농 포
③ 반 흔　　④ 종 양

해설

원발진 : 반점, 구진, 농포, 종양, 홍반, 팽진, 소수포, 대수포, 결절, 낭종

20 **다음 비타민에 대한 설명 중 틀린 것은?** 2008

① 비타민 A가 결핍되면 피부가 건조해지고 거칠어진다.
② 비타민 C는 교원질 형성에 중요한 역할을 한다.
③ 레티노이드는 비타민 A를 통칭하는 용어이다.
④ 비타민 A는 많은 양이 피부에서 합성된다.

해설

비타민 D는 자외선에 의해 체내에서 합성된다.

21 **자외선에 대한 설명으로 틀린 것은?** 2008

① 자외선 C는 오존층에 의해 차단될 수 있다.
② 자외선 A의 파장은 320~400nm이다.
③ 자외선 B는 유리에 의하여 차단할 수 있다.
④ 피부에 제일 깊게 침투하는 것은 자외선 B이다.

해설

가장 깊이 침투하는 자외선은 장파장(UV-A)이다.

정답 16 ④ 17 ④ 18 ② 19 ③ 20 ④ 21 ④

22 피부의 주체를 이루는 층으로 망상층과 유두층으로 구분되며 피부조직 외에 부속기관인 혈관, 신경관, 림프관, 땀샘, 기름샘, 모발과 입모근을 포함하고 있는 곳은? 2008

① 표 피　② 진 피
③ 근 육　④ 피하조직

해설

진피는 유두층과 망상층으로 구분된다.

23 진피에 자리하고 있으며 통증이 동반되고, 여드름 피부의 4단계에서 생성되는 것으로 치료 후 흉터가 남는 것은? 2008

① 가 피　② 농 포
③ 면 포　④ 낭 종

해설

낭종은 여드름의 4단계로 진피에 자리잡고 통증과 함께 흉터가 남는다.

24 제모할 때 왁스는 일반적으로 어떻게 바르는 것이 적합한가? 2010

① 털이 자라는 방향
② 털이 자라는 반대 방향
③ 털이 자라는 왼쪽 방향
④ 털이 자라는 오른쪽 방향

해설

왁스 제모 시 털이 자라는 방향으로 왁스를 바르고 털 반대 방향으로 부직포를 제거한다.

25 인수공통감염병에 해당하는 것은?

① 천연두　② 콜레라
③ 디프테리아　④ 공수병

해설

인수공통감염병은 사람과 동물이 동일한 병원체에 의해 감염된 상태를 말하며 결핵, 탄저, 광견병(공수병), 고병원성 조류인플루엔자, 동물인플루엔자 등이 있다.

26 인체의 구성 요소 중 기능적, 구조적 최소단위는? 2008

① 조　② 기 관
③ 계 통　④ 세 포

해설

모든 생물체의 기본단위는 세포이다.

27 다음 중 예방법으로 생균백신을 사용하는 것은?

① 홍 역　② 콜레라
③ 디프테리아　④ 파상풍

해설

결핵, 폴리오, 홍역, 탄저, 공수병 등에 생균백신을 사용한다.

28 림프 드레이니지를 금해야 하는 증상에 속하지 않은 것은? 2010

① 심부전증　② 혈전증
③ 켈로이드증　④ 급성염증

정답 22 ② 23 ④ 24 ① 25 ④ 26 ④ 27 ① 28 ③

해설

림프 드레이니지는 심부전증, 혈전증, 급성염증, 악성 종양, 감염성 피부에는 금한다.

29 이 · 미용업의 상속으로 인한 영업자 지위승계신고 시 구비서류가 아닌 것은? 2011

① 영업자 지위승계 신고서
② 가족관계증명서
③ 양도계약서 사본
④ 상속자임을 증명할 수 있는 서류

30 근육에 짧은 간격으로 자극을 주면 연축이 합쳐져서 단일수축보다 큰 힘과 지속적인 수축을 일으키는 근 수축은? 2008

① 강직(Contraction)
② 강축(Tetanus)
③ 세동(Fibrillation)
④ 긴장(Tonus)

해설

강축 : 짧은 간격으로 반복된 연축에 의해 나타나는 지속적인 수축

31 신경계에 관련된 설명이 옳게 연결된 것은? 2008

① 시냅스 – 신경조직의 최소단위
② 축삭돌기 – 수용기 세포에서 자극을 받아 세포체에 전달
③ 수상돌기 – 단백질을 합성
④ 신경초 – 말초신경섬유의 재생에 중요한 부분

해설

신경조직의 최소단위는 뉴런이며, 수상돌기는 세포체에 외부자극에 의해 세포체에 정보를 전달한다.

32 우드램프로 피부상태를 판단할 때 지성 피부는 어떤 색으로 나타나는가? 2008

① 푸른색 ② 흰 색
③ 오렌지색 ④ 진보라색

해설

피부상태에 따른 우드램프 반응 색상

피부 상태	우드램프 반응 색상
정상 피부	청백색
건성, 수분부족 피부	연보라색
민감, 모세혈관 확장 피부	진보라색
지성, 피지, 여드름	오렌지색
노화 각질, 두꺼운 각질층	흰 색
색소 침착	암갈색
비립종	노란색
먼지, 이물질	하얀 형광색

33 적외선 미용기기를 사용할 때의 주의사항으로 옳은 것은? 2009

① 램프와 고객과의 거리는 최대한 가까이 한다.
② 자외선 적용 전 단계에 사용하지 않는다.
③ 최대흡수 효과를 위해 해당 부위와 램프가 직각이 되도록 한다.
④ 간단한 금속류를 제외한 나머지 장신구는 허용되지 않는다.

해설

적외선 미용기기는 피부 깊숙이 침투하여 온열효과가 있으므로 자외선 적용 전 단계에서는 사용하지 않는다.

29 ③ 30 ② 31 ④ 32 ③ 33 ② **정답**

34 질병전파의 개달물(介達物)에 해당되는 것은?

① 공기, 물
② 파리, 모기
③ 의복, 침구
④ 우유, 음식물

해설

개달물이란 매개체가 숙주에 들어가지 않고 병원체를 운반하는 수단으로 의복, 침구 등이 이에 속한다.

35 엔더몰로지 사용방법으로 틀린 것은? 2010

① 시술 전 용도에 맞는 오일을 바른 후 시술한다.
② 지성의 경우 탤크 파우더를 약간 바른 후 시술한다.
③ 전신 체형관리 시 10~20분 정도 적용한다.
④ 말초에서 심장방향으로 밀어 올리듯 시술한다.

해설

엔더몰로지는 지방분해와 셀룰라이트 관리에 효과가 있는 전신관리기기이다.

36 물의 수압을 이용해 혈액순환을 촉진시켜 체내의 독소배출, 세포재생 등의 효과를 증진시킬 수 있는 건강증진 방법은? 2009

① 아로마테라피(Aroma-Therapy)
② 스파테라피(Spa-Therapy)
③ 스톤테라피(Stone-Therapy)
④ 허벌테라피(Hebal-Therapy)

해설

① 아로마테라피 : 향을 이용한 관리
③ 스톤테라피 : 스톤을 이용한 관리
④ 허벌테라피 : 약용식물인 허브를 이용한 관리

37 슬리밍 제품을 이용한 관리에서 최종 마무리 단계에서 시행해야 하는 것은? 2009

① 피부 노폐물을 제거한다.
② 진정파우더를 바른다.
③ 매뉴얼 테크닉동작을 시행한다.
④ 슬리밍과 피부 유연제 성분을 피부에 흡수시킨다.

해설

슬리밍 관리로 인한 자극을 완화시키기 위해 진정 파우더를 바른다.

38 미백 화장품의 메커니즘이 아닌 것은? 2008

① 자외선 차단
② 도파(DOPA)산화 억제
③ 타이로시네이스 활성화
④ 멜라닌 합성 저해

해설

타이로시네이스 효소의 활성화를 억제하여 산화과정을 억제하는 것이 미백의 대표적인 원리이다.

정답 34 ③ 35 ③ 36 ② 37 ② 38 ③

39 SPF에 대한 설명을 틀린 것은? 2008

① Sun Protection Factor의 약자로써 자외선 차단지수라 불리어진다.
② 엄밀히 말하면 UV-B 방어효과를 나타내는 지수라고 볼 수 있다.
③ 오존층으로부터 자외선이 차단되는 정도를 알아보기 위한 목적으로 이용된다.
④ 자외선차단제를 바른 피부가 최소의 홍반을 일어나게 하는데 필요한 자외선 양을, 바르지 않은 피부가 최소의 홍반을 일어나게 하는데 필요한 자외선 양으로 나눈 값이다.

해설

SPF는 UV-B차단효과를 나타내는 지수이다. 오존층으로부터의 자외선은 UV-C에 해당한다.

40 다음 중 (   ) 안에 가장 적합한 것은? 2009

> 공중위생관리법상 "미용업"의 정의는 손님의 얼굴, 머리, 피부 및 손톱·발톱 등을 손질하여 손님의 (   )를(을) 아름답게 꾸미는 영업이다.

① 모 습
② 외 양
③ 외 모
④ 신 체

해설

미용업이라 함은 손님의 얼굴, 머리, 피부 및 손톱·발톱 등을 손질하여 손님의 외모를 아름답게 꾸미는 영업을 말한다(공중위생관리법 제2조제1항제5호).

41 계면활성제에 대한 설명으로 옳은 것은? 2008

① 계면활성제는 일반적으로 둥근머리모양의 소수성기와 막대꼬리모양의 친수성기를 가진다.
② 계면활성제의 피부에 대한 자극은 양쪽성 > 양이온성 > 음이온성 > 비이온성의 순으로 감소한다.
③ 비이온성 계면활성제는 피부자극이 적어 화장수의 가용화제, 크림의 유화제, 클렌징 크림의 세정제 등에 사용된다.
④ 양이온성 계면활성제는 세정작용이 우수하여 비누, 샴푸 등에 사용된다.

해설

계면활성제는 둥근머리모양의 친수성기와 막대모양의 친유성기를 가지며, 자극의 순서는 양이온성 > 음이온성 > 양쪽이온성 > 비이온성이다. 이 중 음이온성 계면활성제는 세정과 기포작용이 우수하여 비누, 클렌징폼, 샴푸 등에 사용된다.

42 건전한 영업질서를 위하여 공중위생영업자가 준수하여야 할 사항을 준수하지 아니한 자에 대한 벌칙기준은? 2010

① 1년 이하의 징역 또는 1천만원 이하의 벌금
② 6개월 이하의 징역 또는 500만원 이하의 벌금
③ 3개월 이하의 징역 또는 300만원 이하의 벌금
④ 300만원 이하의 벌금

39 ③ 40 ③ 41 ③ 42 ② **정답**

해설

벌칙(공중위생관리법 제20조제2항)

다음에 해당하는 자는 6월 이하의 징역 또는 500만원 이하의 벌금에 처한다.

- 변경신고를 하지 아니한 자
- 공중위생영업자의 지위를 승계한 자로서 신고를 하지 아니한 자
- 건전한 영업질서를 위하여 공중위생영업자가 준수하여야 할 사항을 준수하지 아니한 자

43 미백 화장품에 사용되지 않는 원료는?

① 알부틴 ② 코직산
③ 레티놀 ④ 비타민 C 유도체

해설

비타민 A(레티놀)은 피부 재생 및 주름 개선 효과가 뛰어나다.

44 이 · 미용업 영업자가 공중위생관리법을 위반하여 관계행정기관의 장의 요청이 있는 때에는 몇 월 이내의 기간을 정하여 영업의 정지 또는 일부시설의 사용 중지 혹은 영업소 폐쇄 등을 명할 수 있는가? 2009

① 3개월 ② 6개월
③ 1년 ④ 2년

해설

공중위생영업소의 폐쇄 등(공중위생관리법 제11조제1항제8호)

시장 · 군수 · 구청장은 공중위생영업자가 성매매알선 등 행위의 처벌에 관한 법률, 풍속영업의 규제에 관한 법률, 청소년보호법, 아동 · 청소년의 성보호에 관한 법률 또는 의료법을 위반하여 관계 행정기관의 장으로부터 그 사실을 통보받은 경우에 해당하면 6월 이내의 기간을 정하여 영업의 정지 또는 일부 시설의 사용중지를 명하거나 영업소폐쇄 등을 명할 수 있다.

45 클렌징 크림의 설명으로 맞지 않는 것은? 2011

① 메이크업 화장을 지우는 데 사용한다.
② 클렌징 로션보다 유성성분 함량이 적다.
③ 피지나 기름때와 같은 물에 잘 닦이지 않는 오염물질을 닦아내는 데 효과적이다.
④ 깨끗하고 촉촉한 피부를 위해서 비누로 세정하는 것보다 효과적이다.

해설

클렌징 크림은 유성성분이 다량 함유되어 진한 메이크업을 지우는 데 용이하다.

46 이 · 미용업소 내에서 게시하지 않아도 되는 것은? 2010

① 이 · 미용업신고증
② 개설자의 면허증 원본
③ 개설자의 건강진단서
④ 요금표

해설

공중위생영업자가 준수하여야 하는 위생관리기준 등(공중위생관리법 시행규칙 제7조 [별표 4])

- 영업소 내부에 이 · 미용업 신고증 및 개설자의 면허증 원본을 게시하여야 한다.
- 영업소 내부에 최종지불요금표를 게시 또는 부착하여야 한다.

47 다음 중 피부에 수분을 공급하는 보습제 기능을 가지는 것은? 2008

① 계면활성제
② 알파-하이드록시산
③ 글리세린
④ 메틸파라벤

정답 43 ③ 44 ② 45 ② 46 ③ 47 ③

해설

알파-하이드록시산은 각질제거에 효과적이고, 메틸파라벤은 대표적인 방부제이다.

48 이·미용업소의 위생관리기준으로 적합하지 않은 것은? 2011

① 소독한 기구와 소독을 하지 아니한 기구를 분리하여 보관한다.
② 1회용 면도날은 손님 1인에 한하여 사용한다.
③ 피부미용을 위한 의약품은 따로 보관한다.
④ 영업장 안의 조명도는 75럭스 이상이어야 한다.

해설

공중위생영업자가 준수하여야 하는 위생관리기준 등(공중위생관리법 시행규칙 제7조 [별표 4])
피부미용을 위하여 의약품 또는 의료기기를 사용하여서는 아니 된다.

49 이·미용업영업자가 신고를 하지 아니하고 영업소의 상호를 변경한 때의 1차 위반 행정처분기준은? 2010

① 경고 또는 개선명령
② 영업정지 3월
③ 영업허가 취소
④ 영업장 폐쇄명령

해설

행정처분기준(공중위생관리법 시행규칙 제19조 [별표 7])
신고를 하지 않고 영업소의 명칭 및 상호 또는 영업장 면적의 3분의 1 이상을 변경한 경우
- 1차 위반 : 경고 또는 개선명령
- 2차 위반 : 영업정지 15일
- 3차 위반 : 영업정지 1월
- 4차 이상 위반 : 영업장 폐쇄명령

50 두부의 근을 안면근과 저작근으로 나눌 때 안면근에 속하지 않는 근육은? 2008

① 안륜근 ② 후두전두근
③ 교 근 ④ 협 근

해설

교근은 씹는 작용을 하는 저작근에 속한다.

51 제모시술 중 올바른 방법이 아닌 것은? 2009

① 시술자의 손을 소독한다.
② 모슬린(부직포)을 떼어낼 때 털이 자란 방향으로 떼어낸다.
③ 스패튤러에 왁스를 묻힌 후 손목 안쪽에 온도테스트를 한다.
④ 소독 후 시술부위에 남아 있을 유·수분을 정리하기 위하여 파우더를 사용한다.

해설

왁스를 도포할 때는 털 방향으로 바르고 떼어낼 때는 털 반대 방향으로 재빨리 떼어 낸다.

52 공중위생관리법상 위생서비스 수준의 평가에 대한 설명 중 맞는 것은? 2009

① 평가의 전문성을 높이기 위하여 필요하다고 인정하는 경우에는 관련 전문기관 및 단체로 하여금 위생서비스 평가를 실시하게 할 수 있다.
② 평가주기는 3년마다 실시한다.
③ 평가주기와 방법, 위생관리등급은 대통령령으로 정한다.
④ 위생관리 등급은 2개 등급으로 나뉜다.

48 ③ 49 ① 50 ③ 51 ② 52 ① **정답**

해설

위생서비스수준의 평가(공중위생관리법 시행규칙 제20조)
공중위생영업소의 위생서비스수준 평가는 2년마다 실시하되, 공중위생영업소의 보건·위생관리를 위하여 특히 필요한 경우에는 보건복지부장관이 정하여 고시하는 바에 따라 공중위생영업의 종류 또는 위생관리등급별로 평가주기를 달리할 수 있다.
위생관리등급의 구분 등(공중위생관리법 시행규칙 제21조)
- 위생관리등급의 구분은 다음과 같다.
  - 최우수업소 : 녹색등급
  - 우수업소 : 황색등급
  - 일반관리대상 업소 : 백색등급
- 위생관리등급의 판정을 위한 세부항목, 등급결정 절차와 기타 위생서비스평가에 필요한 구체적인 사항은 보건복지부장관이 정하여 고시한다.

53 다음 중 표피층을 순서대로 나열한 것은? `2009`

① 각질층, 유극층, 투명층, 과립층, 기저층
② 각질층, 유극층, 망상층, 기저층, 과립층
③ 각질층, 과립층, 유극층, 투명층, 기저층
④ 각질층, 투명층, 과립층, 유극층, 기저층

해설

각질층 – 투명층 – 과립층 – 유극층 – 기저층

54 골격계의 기능이 아닌 것은? `2008`

① 보호기능
② 저장기능
③ 지지기능
④ 열생산기능

해설

골격계의 기능
보호, 지지, 저장, 조혈, 운동기능

55 딥 클렌징에 대한 설명으로 틀린 것은?

① 스크럽 제품의 경우 여드름 피부나 염증부위에 사용하면 효과적이다.
② 민감성 피부는 가급적 하지 않는 것이 좋다.
③ 효소를 이용할 경우 스티머가 없을 시 온습포를 적용할 수 있다.
④ 칙칙하고 각질이 두꺼운 피부에 효과적이다.

해설

스크럽은 면포성 여드름에는 사용가능하나 염증성 여드름 피부나 예민 피부, 모세혈관 확장 피부, 염증부위는 피한다.

56 셀룰라이트 관리에서 중점적으로 행해야 할 관리방법은? `2009`

① 근육의 운동을 촉진시키는 관리를 집중적으로 행한다.
② 림프순환을 촉진시키는 관리를 한다.
③ 피지가 모공을 막고 있으므로 피지배출 관리를 집중적으로 행한다.
④ 한선이 막혀 있으므로 한선관리를 집중적으로 행한다.

해설

셀룰라이트 관리에는 림프순환을 촉진시키는 림프 드레이니지가 효과적이다.

정답 53 ④ 54 ④ 55 ① 56 ②

57 **갈바닉 전류 중 음극(-)을 이용한 것으로 제품을 피부로 스며들게 하기 위해 사용하는 것은?** 2009

① 아나포레시스(Anaphoresis)
② 에피더마브레이션(Epidermabrassion)
③ 카타포레시스(Cataphoresis)
④ 전기 마스크(Electronis Mask)

해설

갈바닉 전류의 음극효과는 아나포레시스로 알칼리 물질 침투에 적용하고 양극효과는 카타포레시스로 산성 물질 침투에 적용한다.

58 **접촉성 피부염의 주된 알레르기 원인이 아닌 것은?**

① 니 켈　② 금
③ 수 은　④ 크로뮴

해설

접촉성 피부염의 주된 알레르기 원인으로는 수은, 니켈, 크로뮴 등이 있다.

59 **영업소 폐쇄명령을 받고도 영업을 계속할 때의 벌칙기준은?** 2011

① 1년 이하의 징역 또는 1천만원 이하의 벌금
② 1년 이하의 징역 또는 500만원 이하의 벌금
③ 6월 이하의 징역 또는 500만원 이하의 벌금
④ 6월 이하의 징역 또는 300만원 이하의 벌금

60 **담즙을 만들며, 포도당을 글리코겐으로 저장하는 소화기관은?** 2008

① 간　② 위
③ 충 수　④ 췌 장

해설

간의 기능 : 영양물질 합성(포도당을 글리코겐으로 저장), 해독작용, 담즙분비, 혈액응고 관여

57 ① 58 ② 59 ① 60 ① 정답

ESTHETICIAN

상시복원문제

제1~7회 상시복원문제

필기시험 상시문제

상시복원문제

01 고객 상담 시 취해야 할 사항 중 옳은 것은?

① 원활한 상담을 위해 다른 고객의 신상정보, 관리정보를 제공한다.
② 고객의 직업, 종교, 결혼여부 등 사생활에 관해 꼼꼼히 파악한다.
③ 효과적인 관리를 위해 사적으로 친목을 도모한다.
④ 전문적인 지식과 경험을 바탕으로 관리방법과 절차 등에 관해 차분하게 설명해 준다.

02 딥 클렌징의 분류가 옳은 것은?

① 고마지 – 화학적 각질관리
② 스크럽 – 화학적 각질관리
③ AHA – 화학적 각질관리
④ 효소 – 물리적 각질관리

해설

- 고마지, 스크럽 : 물리적 각질관리
- AHA, 효소 : 화학적 각질관리

03 림프 드레이니지가 가능한 증상은?

① 심부전증 ② 혈전증
③ 켈로이드증 ④ 급성염증

해설

③ 켈로이드는 상처부위의 조직이 과다 생성되어 발생하는 흉터의 한 형태이다.

림프 드레이니지가 불가능한 증상 : 심부전증, 혈전증, 급성염증, 악성종양, 감염성 피부, 알레르기성 피부

04 겨드랑이 및 다리의 털을 제거하기 위해 피부미용실에서 가장 많이 사용되는 일시적 제모 방법은?

① 면도기를 이용한 제모
② 레이저를 이용한 제모
③ 족집게를 이용한 제모
④ 왁스를 이용한 제모

해설

왁스는 모근까지 제거하는 물리적 제모 방법으로 피부미용실에서 주로 사용한다.

05 일차적으로 청결하게 용품이나 기구 등을 세척하는 소독방법은?

① 희 석 ② 방 부
③ 정 균 ④ 여 과

해설

희석은 살균 효과가 없으나 균수를 감소시킨다.

정답 1 ④ 2 ③ 3 ③ 4 ④ 5 ①

06 미용영업자가 시장 · 군수 · 구청장에게 변경신고를 하여야 하는 사항이 아닌 것은?

① 영업소의 소재지의 변경
② 신고한 영업장 면적의 1/3 이상의 증감
③ 영업소의 명칭의 변경
④ 영업소 내 관리 시설의 변경

해설

변경신고(공중위생관리법 시행규칙 제3조의2제1항)
"보건복지부령이 정하는 중요사항"이란 다음의 사항을 말한다.
- 영업소의 명칭 또는 상호
- 영업소의 주소
- 신고한 영업장 면적의 3분의 1 이상의 증감
- 대표자의 성명 또는 생년월일
- 미용업 업종 간 변경

07 매뉴얼 테크닉을 이용한 관리 시 주의해야 할 사항으로 효과와 가장 거리가 먼 것은?

① 속도와 리듬
② 피부결의 방향
③ 연결성
④ 다양하고 현란한 기교

해설

밀착감, 연결감, 리듬감, 속도, 피부결에 맞게 매뉴얼 테크닉을 실시한다.

08 다음 중 공중위생감시원이 될 수 없는 자는?

① 위생사 또는 환경기사 2급 이상의 자격증이 있는 자
② 1년 이상 공중위생 행정에 종사한 경력이 있는 자
③ 외국에서 공중위생감시원으로 활동한 경력이 있는 자
④ 고등교육법에 의한 대학에서 화학, 화공학, 환경공학 또는 위생학 분야를 전공하고 졸업한 자

해설

③ 외국에서의 경력은 인정되지 않는다.
공중위생감시원의 자격 및 임명(공중위생관리법 시행령 제8조제1항)
특별시장 · 광역시장 · 도지사 또는 시장 · 군수 · 구청장은 다음의 어느 하나에 해당하는 소속 공무원 중에서 공중위생감시원을 임명한다.
- 위생사 또는 환경기사 2급 이상의 자격증이 있는 사람
- 대학에서 화학 · 화공학 · 환경공학 또는 위생학 분야를 전공하고 졸업한 사람 또는 법령에 따라 이와 같은 수준 이상의 학력이 있다고 인정되는 사람
- 외국에서 위생사 또는 환경기사의 면허를 받은 사람
- 1년 이상 공중위생 행정에 종사한 경력이 있는 사람

09 입술 화장을 제거하는 방법으로 가장 적합한 것은?

① 클렌저를 묻힌 화장솜으로 입술 바깥쪽에서 안쪽으로 닦아준다.
② 클렌저를 묻힌 화장솜으로 입술 안쪽에서 바깥쪽으로 닦아준다.
③ 클렌저를 묻힌 면봉으로 입술을 벌려 깨끗이 닦아준다.
④ 클렌저를 묻힌 면봉으로 입술을 안쪽에서 바깥쪽으로 닦아준다.

해설

포인트 메이크업 리무버를 이용한 입술 화장 제거 시 클렌저를 묻힌 면봉과 화장솜으로 제거하되 화장솜을 이용하여 제거 시는 입술 바깥쪽에서 안쪽 방향으로, 아랫입술은 위쪽 방향, 윗입술은 아래쪽 방향으로 적용하여 닦아준다.

6 ④ 7 ④ 8 ③ 9 ① 정답

10 피부 미용의 기능이 아닌 것은?

① 피부보호
② 피부문제 개선
③ 피부질환 치료 및 관리
④ 심리적 안정

해설

피부 질환의 치료는 의료분야이다.

11 이·미용사 영업자의 지위를 승계 받을 수 있는 자의 자격은?

① 자격증이 있는 자
② 면허를 소지한 자
③ 보조원으로 있는 자
④ 상속권이 있는 자

해설

공중위생영업의 승계(공중위생관리법 제3조의2제3항)
이용업 또는 미용업의 경우에는 면허를 소지한 자에 한하여 공중위생영업자의 지위를 승계할 수 있다.

12 다음 중 같은 병원체에 의하여 발생하는 인수공통감염병은?

① 천연두
② 콜레라
③ 디프테리아
④ 결 핵

해설

인수공통감염병은 사람과 동물이 동일한 병원체에 의해 감염된 상태를 말하며 결핵, 탄저, 광견병(공수병), 고병원성 조류인플루엔자, 동물인플루엔자 등이 있다.

13 워시오프 타입의 팩이 아닌 것은?

① 크림 팩 ② 거품 팩
③ 클레이 팩 ④ 젤라틴 팩

해설

Wash-off Type은 물로 씻어서 제거하는 팩이고 젤라틴은 얇은 막을 형성하여 떼어내는 Peel-off Type의 팩이다.

14 피부 관리 순서로 올바른 것은?

① 클렌징 – 피부분석 – 딥 클렌징 – 매뉴얼 테크닉 – 팩 – 마무리
② 피부분석 – 클렌징 – 딥 클렌징 – 매뉴얼 테크닉 – 팩 – 마무리
③ 피부분석 – 클렌징 – 매뉴얼 테크닉 – 딥 클렌징 – 팩 – 마무리
④ 클렌징 – 딥 클렌징 – 팩 – 매뉴얼 테크닉 – 마무리 – 피부분석

해설

피부 관리 시술 단계 : 클렌징 – 피부분석 – 딥 클렌징 – 매뉴얼 테크닉 – 팩 – 마무리
화장을 한 상태에서는 피부의 상태를 정확히 파악할 수 없으므로 피부분석은 클렌징 후 실시한다.

15 다음 중 법에서 규정하는 명예공중위생감시원의 위촉대상자가 아닌 것은?

① 공중위생 관련 협회장이 추천하는 자
② 1년 이상 공중위생 행정에 종사한 경력이 있는 공무원
③ 공중위생에 대한 지식과 관심이 있는 자
④ 소비자단체장이 추천하는 자

정답 10 ③ 11 ② 12 ④ 13 ④ 14 ① 15 ②

해설

명예공중위생감시원의 자격 등(공중위생관리법 시행령 제9조의2제1항)
- 공중위생에 대한 지식과 관심이 있는 자
- 소비자단체, 공중위생 관련 협회 또는 단체의 소속 직원 중에서 당해 단체 등의 장이 추천하는 자

16 한 지역이나 국가의 공중보건을 평가하는 기초자료로 가장 신뢰성 있게 인정되고 있는 것은?

① 질병이환율
② 영아사망률
③ 신생아사망률
④ 조사망률

해설

영아사망률은 일반사망률에 비해 통계적 유의성이 높고 조사망률이 크기 때문에 국가의 건강수준을 나타내는 가장 대표적 지표이다.

17 이·미용업소에서 감염될 수 있는 트라코마에 대한 설명 중 틀린 것은?

① 수건, 세면기 등에 의하여 감염된다.
② 감염원은 환자의 눈물, 콧물 등이다.
③ 예방접종으로 사전 예방할 수 있다.
④ 실명의 원인이 될 수 있다.

해설

트리코마는 유행성 안질환으로 예방접종은 실시하지 않는다.

18 이·미용사의 면허를 받지 않은 자가 이·미용의 업무를 하였을 때의 벌칙기준은?

① 100만원 이하의 벌금
② 200만원 이하의 벌금
③ 300만원 이하의 벌금
④ 500만원 이하의 벌금

해설

벌칙(공중위생관리법 제20조제3항)
다음의 어느 하나에 해당하는 사람은 300만원 이하의 벌금에 처한다.
- 면허의 취소 또는 정지 중에 이용업 또는 미용업을 한 자
- 면허를 받지 아니하고 이용업 또는 미용업을 개설하거나 그 업무에 종사한 자

19 다음 중 예방법으로 생균백신을 사용하는 것은?

① 디프테리아 ② 콜레라
③ 폴리오 ④ 진폐증

해설

결핵, 폴리오, 홍역, 탄저, 공수병 등에 생균백신을 사용한다.

20 크림 타입의 클렌징 제품에 대한 설명으로 옳은 것은?

① W/O 타입으로 유성성분과 메이크업 제거에 효과적이다.
② W/O 타입으로 노화 피부에 적합하고 물에 잘 용해가 된다.
③ O/W 타입의 친수성으로 모든 피부에 사용 가능하다.
④ 두꺼운 화장에 효과적이고 지성 피부에 좋다.

16 ② 17 ③ 18 ③ 19 ③ 20 ① **정답**

해설

클렌징 크림 : W/O 타입으로 건성 피부에 주로 사용하고 진한 화장을 지우기에 좋으며, 이중 세안이 필요하다.

21 다른 두 가지 종류의 마스크를 적용시킬 경우 가장 먼저 적용시켜야 하는 마스크는?

① 끈적임이 많은 것
② 수분 흡수 효과를 가진 것
③ 피부로의 침투시간이 긴 것
④ 고가이고 영양성분이 많이 함유된 것

해설

이중 마스크의 적용 시 흡수가 쉬워 다음 단계 마스크의 흡수를 방해하지 않는 수용성 제품을 먼저 적용한 후 다음 단계의 마스크를 적용한다.

22 W/O 타입의 화장품보다는 수분공급에 효과적인 화장품을 선택하여 사용하고, 알코올 함량이 많아 피지 제거 기능과 모공수축 효과가 뛰어난 화장수를 사용하여야 할 피부유형으로 가장 적합한 것은?

① 모세혈관 확장 피부
② 민감성 피부
③ 색소침착 피부
④ 지성 피부

해설

지성 피부 관리 : 피지분비가 많아 모공이 넓고 피부 트러블 및 염증성, 비염증성 여드름으로의 진행이 되기 쉬운 피부이므로 수분공급, 피지제거, 각질제거의 관리가 이루어져야 한다.

23 1회용 면도날을 2인 이상 손님에게 사용한 때의 1차 위반 행정처분기준은?

① 경 고
② 영업정지 5일
③ 영업정지 10일
④ 영업정지 1월

해설

행정처분기준(공중위생관리법 시행규칙 제19조 [별표 7])
소독을 한 기구와 소독을 하지 않은 기구를 각각 다른 용기에 넣어 보관하지 아니하거나 1회용 면도날을 2인 이상의 손님에게 사용한 경우

- 1차 위반 : 경고
- 2차 위반 : 영업정지 5일
- 3차 위반 : 영업정지 10일
- 4차 이상 위반 : 영업장 폐쇄명령

24 공중위생영업자의 위생관리의무로 옳지 않은 것은?

① 의료기구와 의약품을 사용하지 아니하는 순수한 화장 또는 피부미용을 한다.
② 미용기구는 소독을 한 기구와 소독을 하지 아니한 기구로 분리하여 보관한다.
③ 미용사면허증을 영업소 안에 게시한다.
④ 매 손님마다 정비용 면도기를 사용한다.

해설

미용기구는 소독을 한 기구와 소독을 하지 아니한 기구로 분리하여 보관하고, 면도기는 1회용 면도날만을 손님 1인에 한하여 사용해야 한다(공중위생관리법 제4조제4항제2호).

정답 21 ② 22 ④ 23 ① 24 ④

25 다음 중 산업종사자와 직업병의 연결이 틀린 것은?

① 광부 – 진폐증
② 인쇄공 – 납중독
③ 용접공 – 규폐증
④ 항공정비사 – 난청

해설

- 용접공 : 망가니즈(Mn)중독
- 광부, 채석장 작업자 : 규폐증

26 화장수에 대한 설명 중 잘못된 것은?

① 세안 후 피부의 잔여물을 제거하기 위해서
② 세안 후 남아 있는 세안제의 알칼리성 성분 등을 닦아내어 피부표면의 산도를 약산성으로 회복시켜 피부를 부드럽게 하기 위해서
③ 보습제, 유연제의 함유로 각질층을 촉촉하고 부드럽게 하면서 다음 단계에 사용할 제품의 흡수를 용이하게 하기 위해서
④ 각종 영양 물질이 피부 탄력을 높이고 피부의 윤기를 부여하기 위해

해설

화장수 기능 : 마지막 클렌징 단계, 피부의 pH 밸런스 조절, 피부진정 및 쿨링효과

27 다음 중 온습포의 효과가 아닌 것은?

① 근육이완
② 모공확장으로 피지, 면포 등 불순물 제거
③ 영양분 흡수력 증가
④ 혈관 수축으로 염증 완화

해설

온습포 효과 : 모공을 넓혀 노폐물 배출과 다음 단계의 영양분 흡수력을 높임, 혈액순환 촉진, 긴장완화

28 피부미용 역사에 대한 설명으로 틀린 것은?

① 고대 이집트에서는 피부미용을 위해 천연재료를 사용하였다.
② 고대 그리스에서는 식이요법, 운동, 마사지, 목욕 등을 통해 건강을 유지하였다.
③ 고대 로마인은 청결과 장식을 중요시하여 오일, 향수, 화장이 생활의 필수품이었다.
④ 국내의 피부미용이 전문화되기 시작한 것은 19세기 중반부터였다.

해설

1960년대 이후 본격적인 화장품 산업이 발전되었으며, 1980년대 이후 색조 및 기능성 화장품 출시와 함께 화장품 산업이 확대되었다.

29 석고마스크의 효과가 아닌 것은?

① 열을 내어 유효성분을 피부 깊숙이 흡수시킨다.
② 온열효과로 인해 혈액순환을 촉진시키고 피부에 탄력을 준다.
③ 피지 및 노폐물 배출을 촉진한다.
④ 예민 피부에 진정 효과를 준다.

해설

석고마스크는 크리스털 성분이 열을 발산하여 굳는 팩으로 혈액순환을 촉진시키고 피부를 완전 밀폐시켜 영양분의 흡수도를 높여주는 효과가 있으나 열로 인해 민감한 피부에는 자극을 줄 수 있으므로 피해서 사용해야 한다.

25 ③ 26 ④ 27 ④ 28 ④ 29 ④ 정답

30 피부 표면의 혈액순환상태에 따른 분류표시가 아닌 것은?

① 홍반 피부(Erythrosis Skin)
② 심한 홍반 피부(Couperose Skin)
③ 주사성 피부(Rosacea Skin)
④ 과색소 피부(Hyper Pigmentation Skin)

해설

- 혈액 순환 상태에 따른 분류 : 홍반 피부, 주사성 피부, 모세혈관 확장 피부
- 색소침착에 따른 분류 : 저색소 침착 피부, 과색소 침착 피부

31 피부유형을 결정하는 요인이 아닌 것은?

① 얼굴형
② 피부조직
③ 피지분비
④ 모 공

해설

피부유형을 결정하는 요인 : 색소침착, 피지분비, 피부조직, 모공, 각질화 상태 등

32 질병 발생의 3대 요소가 아닌 것은?

① 병 인
② 환 경
③ 숙 주
④ 시 간

해설

질병발생의 3대 요소는 병인, 질병 발생의 경로인 환경, 감수성이 있는 숙주가 3요인이 된다.

33 통조림, 소시지 등 식품의 혐기성 상태에서 발육하여 신경독소를 분비하여 중독이 되는 식중독은?

① 포도상구균 식중독
② 솔라닌 독소형 식중독
③ 병원성 대장균 식중독
④ 보툴리누스균 식중독

해설

보툴리누스균은 세균성 식중독 중 가장 치명률이 높다. 식품의 혐기성 상태에서 발육하여 신경계 증상을 일으킨다.

34 딥 클렌징에 대한 설명으로 맞지 않은 것은?

① 디스인크러스테이션은 가볍게 주 2회 이상이 적당하다.
② 효소타입은 화학적 요업으로 과다한 각질을 분해하여 잔여물을 제거한다.
③ 디스인크러스테이션은 직류전기를 이용한 딥 클렌징 방법이다.
④ 예민 피부 및 홍반 피부는 브러시를 이용한 딥 클렌징을 삼간다.

해설

갈바닉 기기를 이용한 디스인크러스테이션을 이용한 딥 클렌징은 일주일에 1회 정도가 적당하다.

35 성인의 경우 피부가 차지하는 비중은 체중의 약 몇 %인가?

① 5~7% ② 15~17%
③ 35~37% ④ 40~50%

정답 30 ④ 31 ① 32 ④ 33 ④ 34 ① 35 ②

해설

피부가 차지하는 비중은 체중의 약 17% 정도이다.

36 세포에 대한 설명으로 틀린 것은?

① 생명체의 구조 및 기능적 기본 단위이다.
② 세포는 핵과 세포질 그리고 근원섬유로 이루어져 있다.
③ 세포 내에는 핵이 핵막에 의해 둘러싸여 있다.
④ 기능이나 소속된 조직에 따라 원형, 아메바, 타원 등 다양한 모양을 하고 있다.

해설

세포는 핵, 세포질, 세포막으로 구성되어 있다.

37 지성 피부에 대한 설명 중 틀린 것은?

① 정상 피부보다 지성 피부는 피지분비량이 많다.
② 약간의 모공이 있고 피부결에 섬세하고 부드럽다.
③ 지성 피부는 남성호르몬의 안드로겐(Androgen)이나 여성호르몬인 프로게스테론(Progesterone)의 기능과 연관이 깊다.
④ 지성 피부의 관리는 클라이 타입의 팩과 O/W 타입의 영양크림을 사용한다.

해설

피부결이 섬세하지만 피부가 얇고 붉은색이 많은 피부는 민감성 피부이다.

38 세포 내에서 호흡생리를 담당하고 이화작용과 동화작용에 의해 에너지를 생산하는 곳은?

① 리소좀
② 핵
③ 골지체
④ 미토콘드리아

해설

미토콘드리아 : 세포호흡에 관여하며, 에너지를 생산한다.

39 전류의 설명으로 옳은 것은?

① 음(−)전자들이 양(+)극을 향해 흐르는 것이다.
② 음(−)전자들이 음(−)극을 향해 흐르는 것이다.
③ 전자들이 전도체를 따라 한 방향으로 흐르는 것이다.
④ 전자들이 양극(+)방향과 음극(−)방향을 번갈아 흐르는 것이다.

해설

- 전류는 전도체를 따라 한 방향으로 흐르는 전자의 흐름을 말함
- 전류는 (+)극에서 (−)극 쪽으로 흐름

40 보디샴푸에 요구되는 기능과 가장 거리가 먼 것은?

① 각질층 세포간지질 보호
② 부드럽고 치밀한 기포 부여
③ 높은 기포 지속성 유지
④ 각질제거와 세정성 부여

36 ② 37 ② 38 ④ 39 ③ 40 ④ **정답**

해설

보디샴푸의 주된 기능은 가장 기본적인 피부 표면의 세정이다.

41 피부에 효과적으로 침투시키기 위해 아로마 오일과 같이 사용하는 식물성 오일은?

① 캐리어 오일 ② 에센셜 오일
③ 트랜스 오일 ④ 미네랄 오일

해설

아로마 오일은 식물로부터 추출한 에센셜 오일을 이용하여 피부에 효과적으로 침투시키기 위해 피부에 적용시킨다.

42 직류와 교류에 대한 설명으로 옳은 것은?

① 교류를 갈바닉 전류라고도 한다.
② 교류전류에는 정현파, 평류, 단속 평류가 있다.
③ 교류전류에는 정현파, 감응, 격동 전류가 있다.
④ 직류전류에는 정현파, 감응, 격동 전류가 있다.

해설

전 류
- 전도체를 따라 한 방향으로 흐르는 전자의 흐름을 전류라고 한다.
- 전류에는 직류와 교류가 있다.
- 직류를 갈바닉 전류라고도 한다.
- 교류전류에는 정현파, 감응, 격동 전류가 있다.
- 직류는 전류의 흐르는 방향이 시간의 흐름에 따라 변하지 않는다.

43 근육의 기능에 따른 분류에서 서로 반대되는 작용을 하는 근육은?

① 협력근 ② 신 근
③ 굴 근 ④ 길항근

해설

- 신근 : 관절을 펼 때 관여하는 근육
- 굴근 : 관절을 굽힐 때 관여하는 근육
- 길항근(신근과 굴근은 서로 길항근) : 서로 반대되는 작용을 동시에 하는 근육

44 안면의 피부와 저작근에 존재하는 감각신경과 운동신경의 혼합신경으로 제5번 뇌신경은?

① 척추신경 ② 안면신경
③ 삼차신경 ④ 미주신경

해설

제5번 뇌신경 : 삼차신경 – 저작운동에 관여

45 비누에 대한 설명으로 틀린 것은?

① 비누 수용액이 오염과 피부 사이에 침투하여 부착을 약화시켜 떨어지기 쉽게 하여 세정효과가 발생한다.
② 비누는 세정작용뿐만 아니라 살균, 소독효과를 주로 가진다.
③ 비누는 거품이 풍성하여야 한다.
④ 메디케이티드 비누는 소염제를 배합한 제품으로 여드름, 면도 상처 및 피부 거칠음 방지효과가 있다.

해설

비누는 세정작용은 뛰어나나 살균, 소독 효과는 가지고 있지 않다.

정답 41 ② 42 ③ 43 ④ 44 ③ 45 ②

46 화장품의 4대 품질 조건에 대한 설명이 틀린 것은?

① 안전성 – 피부에 대한 자극, 알레르기, 독성이 없을 것
② 안정성 – 변색, 변취, 미생물의 오염이 없을 것
③ 사용성 – 피부에 사용감이 좋고 잘 스며들 것
④ 유효성 – 여드름 치료 및 피부질환에 효과가 있는 것

해설

유효성은 화장품의 보습, 노화 억제, 자외선 차단, 미백 등의 효과를 말한다.

47 프리마톨을 가장 잘 설명한 것은?

① 석션 유리관을 이용하여 모공의 피지와 불필요한 각질을 제거하기 위해 사용하는 기기이다.
② 회전 브러시를 이용하여 모공의 피지와 불필요한 각질을 제거하기 위해 사용하는 기기이다.
③ 스프레이를 이용하여 보공의 피지와 불필요한 각질을 제거하기 위해 사용하는 기기이다.
④ 우드램프를 이용하여 모공의 피지와 불필요한 각질을 제거하기 위해 사용하는 기기이다.

해설

② 프리마톨 : 회전 브러시를 이용한 클렌징 및 딥 클렌징 기기
① 진공 흡입기 : 석션 유리관을 이용한 노폐물 및 각질제거 기기
③ 우드램프 : 피부 분석 기기

48 전류의 세기를 측정하는 단위는?

① 볼 트
② 암페어
③ 와 트
④ 주파수

해설

② 암페어 : 전류의 세기
① 볼트 : 전류의 압력
③ 와트 : 일정시간 사용된 전류의 양
④ 주파수 : 1초 동안 반복되는 진동 횟수

49 주로 밤에 분비되며 수면을 조절하는 호르몬은?

① 멜라토닌 ② 타이로신
③ 글루카곤 ④ 칼시토닌

해설

멜라토닌은 밤과 낮의 길이나 계절의 변화 같은 광주기를 감지하는 호르몬이다.

50 기미 피부의 관리방법으로 가장 틀린 것은?

① 자외선 차단제를 바른다.
② 자외선을 자주 이용하여 멜라닌을 관리한다.
③ 정신적 스트레스를 최소화한다.
④ 비타민 C가 함유된 음식물을 섭취한다.

해설

자외선에 의해 색소침착이 되므로 자외선 차단제를 바른다.

46 ④ 47 ② 48 ② 49 ① 50 ② **정답**

51 **피부의 각화과정(Keratinization)이란?**

① 피부가 손톱, 발톱으로 딱딱하게 변하는 것을 말한다.
② 기저세포 중의 멜라닌 색소가 많아져서 피부가 검게 되는 것을 말한다.
③ 표피의 기저층에서 각질층까지 분열되어 올라가 죽은 각질 세포로 되는 현상을 말한다.
④ 각질이 많아져 피부가 거칠어지고 주름이 생기는 현상을 말한다.

해설

각화과정은 피부 세포가 기저층에서 각질층까지 분열되어 올라가 죽은 각질 세포로 되는 현상을 말한다.

52 **청결 및 소독을 주된 목적으로 알코올을 주베이스로 하는 손을 위한 제품은?**

① 핸드 워시(Hand Wash)
② 비누(Soap)
③ 새니타이저(Sanitizer)
④ 핸드 크림(Hand Cream)

해설

③ 새니타이저(Sanitizer) : 알코올이 주성분으로 청결 및 소독을 주된 목적으로 하는 제품

53 **미백 화장품에 사용되는 원료가 아닌 것은?**

① 알부틴
② 코직산
③ 토코페롤
④ 비타민 C의 유도체

해설

토코페롤(비타민 E)은 항산화제로 노화용 화장품에 주로 사용된다.

54 **피부에 있어 색소세포가 가장 많이 존재하고 있는 곳은?**

① 표피의 각질층
② 진피의 기저층
③ 표피의 기저층
④ 진피의 망상층

해설

멜라닌세포 : 대부분 기저층에 위치하며 자외선으로부터 피부가 손상되는 것을 방지한다.

55 **물질을 이루고 있는 입자들이 스스로 운동하여 농도가 높은 곳에서 낮은 곳으로 액체나 기체 속을 분자가 퍼져나가는 물질 이동 현상은?**

① 확 산
② 능동수송
③ 삼 투
④ 여 과

해설

① 확산(Diffusion) : 농도가 높은 곳에서 낮은 곳으로 이동
② 능동수송(Active Transport) : 세포막에서 저농도에서 고농도로 물질이 이동
③ 삼투(Osmosis) : 용질의 농도가 높은 곳으로 용매(물)가 이동
④ 여과(Filtration) : 압력이 높은 곳에서 낮은 곳으로 이동

정답 51 ③ 52 ③ 53 ③ 54 ③ 55 ①

56 **확대경에 대한 설명으로 틀린 것은?**

① 피부 상태를 명확히 파악할 수 있어 정확한 관리가 이루어지도록 해 준다.
② 확대경은 먼저 켠 뒤 눈가의 주름 등 피부를 가볍게 관찰한 뒤 아이패드를 적용하여 자세하게 피부를 살핀다.
③ 열린 면포 또는 닫힌 면포 등을 제거할 때 효과적으로 이용할 수 있다.
④ 세안 후 피부분석 시 아주 작은 결점도 관찰할 수 있다.

해설

확대경은 피부를 확대하여 볼 수 있는 피부 분석기기로 세안 후 고객의 눈에 아이패드를 착용시킨 후(눈의 보호) 확대경을 켜고 사용한다.

57 **스티머 사용 시 주의해야 할 사항으로 틀린 것은?**

① 오존을 미리 켜고 스팀을 작동시킨다.
② 홍반 피부나 감염이 있는 피부에는 사용을 금한다.
③ 수조 내부를 세제로 씻지 않도록 한다.
④ 물은 반드시 정수된 물을 사용하도록 한다.

해설

스티머는 예열을 위해 10분 전에 미리 켜두고, 오존은 사용 직전에 켜서 준비한다.

58 **탄수화물에 대한 설명으로 옳지 않은 것은?**

① 당질이라고도 하며 신체의 중요한 에너지원이다.
② 장에서 포도당, 과당 및 갈락토스로 흡수된다.
③ 지나친 탄수화물의 섭취는 신체를 알칼리성 체질로 만든다.
④ 탄수화물의 소화흡수율은 99%에 가깝다.

해설

탄수화물
- 단당류 : 포도당, 과당, 갈락토스
- 이당류 : 맥아당, 설탕, 젖당
- 다당류 : 전분, 섬유소, 글리코겐
- 에너지공급원 : 1g당 4kcal
- 정상적인 혈당 유지
- 과다 섭취 시 : 글리코겐 형태로 간이나 근육에 저장
- 과잉 공급 시 : 체질을 산성화시켜 피부면역력 저하(비만의 원인)
- 섭취 부족 시 : 탈수, 저혈당, 과다한 피로

59 **천연보습인자의 설명으로 틀린 것은?**

① 수소이온농도의 지수유지를 말한다.
② 피부수분 보유량을 조절한다.
③ 아미노산, 젖산, 요소 등으로 구성되어 있다.
④ NMF(Natural Moisturizing Factor)라고 한다.

해설

pH(Power of Hydrogenion) : 용액 내의 수소이온농도의 지수, 0~14로 구분된다(7 이하는 산성, 7 이상은 알칼리성).

56 ② 57 ① 58 ③ 59 ① 정답

60 수질오염의 지표로 수질의 판정기준이 되는 것은?

① 대장균수
② 용존산소량
③ 생물학적 산소요구량
④ 군집독

해설

② 용존산소량(DO)은 물의 오염도를 나타낸다.
③ 생물학적 산소요구량(BOD)은 물속에 유기물질이 호기성 미생물에 의해 산화되고 분해될 때 필요한 산소량이다.
④ 군집독은 밀폐된 공간에서 사람들의 호흡으로 산소는 줄고 이산화탄소가 증가하여 현기증, 구토 등이 나타나는 증상을 말한다.

정답 60 ①

상시복원문제

01 화장품의 4대 조건은?

① 안전성, 방부성, 방향성, 유효성
② 안전성, 안정성, 사용성, 유효성
③ 발림성, 안정성, 방부성, 사용성
④ 방향성, 안전성, 발림성, 사용성

02 면허의 정지명령을 받은 자는 그 면허증을 누구에게 제출해야 하는가?

① 보건복지가족부장관
② 시 · 도지사
③ 시장 · 군수 · 구청장
④ 이 · 미용사 중앙회장

해설

면허증의 반납 등(공중위생관리법 시행규칙 제12조제1항)
면허가 취소되거나 면허의 정지명령을 받은 자는 지체 없이 관할 시장 · 군수 · 구청장에게 면허증을 반납하여야 한다.

03 물리화학적 방법으로 병원성 미생물을 제거하여 사람에게 감염의 위험이 없도록 하는 것은?

① 멸 균　　② 소 독
③ 방 부　　④ 살 충

해설

소독은 비교적 약한 살균작용으로 세균의 포자까지는 작용하지 못한다.

04 이 · 미용업의 준수사항으로 틀린 것은?

① 소독을 한 기구와 하지 않은 기구는 각각 다른 용기에 보관하여야 한다.
② 간단한 피부미용을 위한 의료기구 및 의약품은 사용하여도 된다.
③ 영업장의 조명도는 75럭스 이상 되도록 유지한다.
④ 점 빼기, 쌍꺼풀 수술 등의 의료 행위를 하여서는 안 된다.

해설

공중위생영업자가 준수하여야 하는 위생관리기준 등(공중위생관리법 시행규칙 제7조 [별표 4])
피부미용을 위하여 약사법에 따른 의약품 또는 의료기기법에 따른 의료기기를 사용하여서는 아니 된다.

정답: 1 ② 2 ③ 3 ① 4 ②

05 **각질제거용 화장품에 주로 쓰이는 성분으로 죽은 각질을 빨리 떨어져 나가게 하고 건강한 세포가 피부를 구성할 수 있도록 도와주는 성분은?**

① 레티놀
② 알파 하이드록시산
③ 비타민 B_{12}
④ 하이알루론산

해설

알파 하이드록시산(AHA)은 묵은 각질 제거와 보습효과가 있다.

06 **공중보건에 대한 설명으로 가장 적절한 것은?**

① 개인을 대상으로 한다.
② 예방의학을 대상으로 한다.
③ 집단 또는 지역사회를 대상으로 한다.
④ 사회의학을 대상으로 한다.

해설

공중보건학은 집단 또는 지역주민을 대상으로 한다.

07 **캐리어 오일 중 인체 피지와 지방산의 조성이 유사하여 피부 친화성이 좋으며, 다른 식물성 오일에 비해 쉽게 산화되지 않아 보존 안전성이 높은 것은?**

① 미네랄 오일
② 호호바 오일
③ 아보카도 오일
④ 동백 오일

해설

호호바 오일은 캐리어 오일의 대표 오일로 안정성이 높으며, 피지 성분과 유사하여 피부 친화성이 높고, 여드름, 건성 피부 등 모든 피부에 적합하다.

08 **미백 화장품의 메커니즘으로 적합하지 않은 것은?**

① 자외선 차단
② 멜라닌 합성 저해
③ 타이로시네이스 활성화 억제
④ 도파(DOPA) 산화 촉진

해설

도파 산화를 억제하는 것이 미백의 대표적인 원리이다.

09 **SPF에 대한 설명을 틀린 것은?**

① Sun Protection Factor의 약자로 자외선 차단지수를 말한다.
② UV－A 차단지수를 나타낸다.
③ 기미, 주근깨 및 홍반을 일으키는 UV－B 차단효과를 나타낸다.
④ 자외선차단제를 바른 피부가 최소의 홍반을 일어나게 하는 데 필요한 자외선 양을 바르지 않은 피부가 최소의 홍반을 일어나게 하는 데 필요한 자외선 양으로 나눈 값이다.

해설

SPF는 UV－B 차단효과를 나타내는 지수이고, PA는 UV－A 차단지수이다.

정답 5 ② 6 ③ 7 ② 8 ④ 9 ②

10 **계면활성제에 대한 설명으로 옳지 않은 것은?**

① 계면활성제는 둥근 머리 모양의 친수성기와 막대모양의 친유성기를 가진다.
② 자극의 순서는 양이온성>음이온성>양쪽이온성>비이온성이다.
③ 비이온성 계면활성제는 피부자극이 적어 화장수의 가용화제, 크림의 유화제, 클렌징 크림의 세정제 등에 사용된다.
④ 양이온성 계면활성제는 세정작용이 우수하여 비누, 샴푸 등에 사용된다.

해설

음이온성 계면활성제는 세정과 기포작용이 우수하여 비누, 클렌징폼, 샴푸 등에 사용된다.

11 **피부분석방법에 대한 설명 중 틀린 것은?**

① 문진법 – 고객에게 질문하여 피부유형을 판독하는 방법
② 촉진법 – 직접 피부를 만지지 않고 스패튤러 등으로 자극하여 피부유형을 판독하는 방법
③ 견진법 – 모공, 예민도, 혈액순환 등을 기기나 육안으로 판독하는 방법
④ 우드램프 – 자외선을 이용한 피부분석기

해설

촉진법
직접 피부를 만지거나 스패튤러로 피부에 자극을 주어 판독하는 방법

12 **메이크업 화장품 중에서 O/W형 유화타입으로 결점이 없는 피부에 투명감 있게 사용할 수 있는 것은?**

① 컨실러
② 쿠 션
③ 리퀴드 파운데이션
④ 크림 파운데이션

해설

리퀴드 파운데이션은 수분의 함량이 높아 가벼우며, 자연스러운 메이크업 시 적합하다.

13 **지성피부에 대한 설명으로 올바른 것은?**

① 피부색이 칙칙하고 피부결이 거칠고 피부가 얇다.
② 모공이 넓고 피부결이 거칠다.
③ 피부가 유연하고 섬세하다.
④ 모공이 거의 없고 피부가 두껍다.

해설

지성피부는 피부가 두껍고 모공이 넓다. 피부색이 칙칙하고 화장이 잘 지워진다.

14 **세포막을 통한 물질의 이동 방법이 아닌 것은?**

① 여 과 ② 확 산
③ 삼 투 ④ 수 축

해설

세포막을 통한 물질의 이동방법
- 확산 : 농도가 높은 곳에서 낮은 곳으로 이동
- 삼투 : 물질의 농도가 높은 곳에서 용매(물)가 이동
- 여과 : 압력이 높은 곳에서 낮은 곳으로 이동

10 ④ 11 ② 12 ③ 13 ② 14 ④ 정답

15 내분비와 외분비를 겸한 혼합성 기관으로 3대 영양소를 분해할 수 있는 소화효소를 모두 가지고 있는 소화기관은?

① 췌 장 ② 간
③ 위 ④ 대 장

해설

췌장은 내분비선과 외분비선을 겸한 혼합성 기관으로, 단백질을 분해하는 트립신, 탄수화물을 분해하는 아밀레이스, 지방을 분해하는 리페이스를 분비한다.

16 다음 중 원발진으로만 짝지어진 것은?

① 농포, 수포
② 색소침착, 찰상
③ 티눈, 흉터
④ 동상, 궤양

해설

원발진 : 반점, 구진, 농포, 결절, 팽진, 소수포, 대수포, 낭종, 종양

17 표피의 80%를 차지하며 각질(케라틴)을 만들어 내는 세포는?

① 색소세포
② 기저세포
③ 각질형성세포
④ 섬유아세포

해설

각질형성세포 : 표피의 80%를 차지, 케라틴을 형성하는 표피세포, 각질형성세포의 교체주기는 약 28일이다.

18 피부색소인 멜라닌을 주로 함유하고 있는 세포층은?

① 각질층 ② 과립층
③ 기저층 ④ 유극층

해설

기저층은 표피의 가장 아래층에 위치하며 멜라닌형성세포가 존재한다.

19 전통화장술이 완성된 시기이며 혼례미용법이 발달한 시대는?

① 조선시대
② 근 대
③ 현 대
④ 고려시대

해설

- 근대 : 박가분의 판매와 다양한 화장품 유입
- 현대 : 60년대 이후 본격적인 화장품 산업의 발전
- 고려시대 : 면약의 개발

20 클렌징에 대한 설명으로 틀린 것은?

① 클렌징 단계는 포인트 메이크업 리무버 – 클렌징 도포 – 클렌징 손동작 – 화장품 제거 – 습포사용의 순서이다.
② 클렌징은 화장품의 잔여물, 먼지 등을 제거하여 피부를 깨끗하게 하는 것이다.
③ 클렌징을 통한 보습효과를 기대할 수 있다.
④ 피지막, 피부 산성막을 손상시키지 않게 제거한다.

정답 15 ① 16 ① 17 ③ 18 ③ 19 ① 20 ③

해설

클렌징은 피부의 화장품의 잔여물 및 노폐물을 제거하는 것으로 다음 단계의 제품 흡수가 용이하다.

21 **AHA에 대한 설명으로 올바른 것은?**

① 물리적 방법의 각질제거제이다.
② 예민피부에 적합하다.
③ 각질 간 지질의 결합을 약화시켜 각질탈락을 유도한다.
④ 버드나무에서 추출한 살리실산이 대표적인 성분이다.

해설

화학적 각질제거 방법으로 예민피부는 피한다.

22 **쓰다듬기에 대한 설명이다. 틀린 것은?**

① 신경을 안정시키고 피부의 긴장을 완화시키는 효과가 있다.
② 피부를 두드리는 동작으로 혈액순환 촉진 효과가 있다.
③ 매뉴얼 테크닉 시작과 끝, 눈 주위 등의 연결동작으로 주로 사용한다.
④ 가장 많이 사용하는 동작이다.

해설

②는 고타법에 대한 설명이다.

23 **다음 중 오염된 주사기, 면도날 등으로 인해 감염이 잘되는 만성 감염병은?**

① 렙토스피라증 ② 트라코마
③ B형 간염 ④ 파라티푸스

해설

B형 간염은 환자의 혈액, 침 등에 오염된 주사기나 면도날 등에 의해 전파되거나 성 접촉을 통해 전파되며, 치료가 쉽지 않고 치사율이 높다.

24 **제1, 2, 3급 감염병의 순서로 바르게 연결된 것은?**

① 디프테리아 – 성홍열 – 회충증
② 페스트 – 장티푸스 – 말라리아
③ 결핵 – 홍역 – B형 간염
④ 탄저 – 한센병 – 매독

해설

① 회충증은 제4급 감염병이다.
③ 결핵은 제2급 감염병이다.
④ 매독은 제4급 감염병이다.

25 **다음 중 공중위생감시원이 될 수 없는 자는?**

① 위생사 또는 환경기사 2급 이상의 자격증이 있는 자
② 1년 이상 공중위생 행정에 종사한 경력이 있는 자
③ 외국에서 공중위생감시원으로 활동한 경력이 있는 자
④ 고등교육법에 의한 대학에서 화학, 화공학, 위생학 분야를 전공하고 졸업한 자

21 ③ 22 ② 23 ③ 24 ② 25 ③ **정답**

해설

③ 외국에서의 경력은 인정되지 않는다.

26 음식물의 이동경로로 올바른 것은?

① 입 → 식도 → 위 → 소장 → 대장 → 항문
② 입 → 식도 → 위 → 대장 → 소장 → 항문
③ 입 → 식도 → 위 → 간 → 대장 → 항문
④ 입 → 식도 → 위 → 십이지장 → 대장 → 항문

해설

음식물의 이동경로
입 → 식도 → 위 → 소장 → 대장 → 항문

27 인체의 혈액량은 체중의 약 몇 %인가?

① 약 2%
② 약 8%
③ 약 20%
④ 약 30%

해설

혈액은 체중의 약 8%를 차지한다.

28 클렌징 크림에 대한 설명으로 올바른 것은?

① 친수성 W/O 타입
② 친유성 O/W 타입
③ 친유성 W/O 타입
④ 친수성 O/W 타입

29 화장수의 기능에 대한 설명으로 잘못된 것은?

① 소염화장수는 살균효과가 있어 지성, 여드름 피부 등 염증이 생긴 피부에 효과적이다.
② 수렴화장수는 피부각질층을 부드럽고 촉촉하게 하는 기능이 있어 피지가 많은 피부에 효과적이다.
③ 유연화장수는 건성, 노화피부에 효과적이다.
④ 수렴화장수는 모공수축효과가 있다.

해설

유연화장수는 피부각질층을 부드럽고 촉촉하게 하는 기능이 있으며, 건성, 노화 피부에 효과적이다.

30 성장기에 있어 뼈의 길이 성장이 일어나는 곳을 무엇이라 하는가?

① 상지골 ② 두개골
③ 연지상골 ④ 골단연골

해설

연골은 골과 골 사이의 충격을 완화시키는 완충 역할을 하며, 골단연골은 뼈의 길이 성장이 일어나는 곳이다.

31 인체 내의 화학물질 중 근육수축에 주로 관여하는 것은?

① 액틴과 미오신
② 단백질과 칼슘
③ 남성호르몬
④ 비타민과 미네랄

정답 26 ① 27 ② 28 ③ 29 ② 30 ④ 31 ①

해설

액틴과 미오신은 근육수축에 관여한다.

32 **보건교육의 내용과 관계가 가장 먼 것은?**

① 생활환경위생 : 보건위생 관련 내용
② 성인병 및 노인성 질병 : 질병 관련 내용
③ 기호품 및 의약품의 외용 : 건강 관련 내용
④ 미용정보 및 최신기술 : 산업관련기술 내용

해설

공중보건학의 범위는 크게 환경, 질병, 보건관리 분야로 나뉜다.

33 **피부분석기기에 대한 설명이다. 틀린 것은?**

① 확대경은 육안으로 구분이 어려운 문제성 피부 관찰에 용이하다.
② 우드램프는 피부의 심층상태 및 문제점의 명확한 분별이 가능하다.
③ 스킨스코프는 정교한 피부 분석과 관리사와 고객이 동시에 분석할 수 있다.
④ 루카스 스프레이 머신은 피부의 산도를 측정하는 데 사용한다.

해설

루카스 스프레이 머신은 토닉 분무기기이다.

34 **기미가 생기는 원인으로 가장 거리가 먼 것은?**

① 정신적 불안
② 비타민 C 과다
③ 내분비 기능장애
④ 질이 좋지 않은 화장품의 사용

해설

비타민 C(아스코브산, Ascorbic Acid) 대표적인 항산화제로 모세혈관벽 강화, 콜라겐 합성에 관여, 멜라닌 색소 형성 억제(기미예방효과)

35 **피부색소인 멜라닌을 주로 함유하고 있는 세포층은?**

① 각질층 ② 과립층
③ 기저층 ④ 유극층

해설

기저층은 표피의 가장 아래층에 위치하며 멜라닌 형성세포가 존재한다.

36 **소독약이 고체인 경우 1% 수용액이란?**

① 소독약 0.1g을 물 100mL에 녹인 것
② 소독약 1g을 물 100mL에 녹인 것
③ 소독약 10g을 물 100mL에 녹인 것
④ 소독약 10g을 물 990mL에 녹인 것

해설

수용액 : 용질량(소독약) ÷ 용질량(희석액) × 100 = 농도%
1% = 소독약 1g ÷ 물 100mL × 100

32 ④ 33 ④ 34 ② 35 ③ 36 ② **정답**

37 호기성 세균이 아닌 것은?

① 결핵균
② 백일해균
③ 가스괴저균
④ 녹농균

해설

호기성 세균이란 산소가 있어야 살 수 있는 세균으로 대부분의 세균이 이에 속한다. 가스괴저균은 혐기성 아포형성균에 속한다.

38 이·미용사의 면허증을 대여한 때의 1차 위반 행정처분기준은?

① 면허정지 3월 ② 면허정지 6월
③ 영업정지 3월 ④ 영업정지 6월

해설

면허증을 다른 사람에게 대여한 경우의 행정처분(공중위생관리법 시행규칙 제19조 [별표 7])

- 1차 : 면허정지 3월
- 2차 : 면허정지 6월
- 3차 : 면허취소

39 갈바닉 전류 중 양극(+)을 이용한 것으로 제품을 피부로 스며들게 하기 위해 사용하는 것은?

① 카타포레시스
② 아나포레시스
③ 테슬라 전류
④ 전기 마스크

해설

아나포레시스는 갈바닉 전류의 음극효과이다.

40 피부의 면역에 관한 설명으로 맞는 것은?

① 세포성 면역에는 보체, 항체 등이 있다.
② T림프구는 항원전달세포에 해당한다.
③ B림프구는 면역글로불린이라고 불리는 항체를 생성한다.
④ 표피에 존재하는 각질형성세포는 면역조절에 작용하지 않는다.

해설

B림프구는 체액성 면역반응으로 특이항체를 생산한다.

41 피부의 기능에 대한 설명으로 틀린 것은?

① 인체 내부 기관을 보호한다.
② 체온조절을 한다.
③ 감각을 느끼게 한다.
④ 비타민 B를 생성한다.

해설

피부의 기능 : 보호, 체온조절, 비타민 D 합성, 호흡, 흡수, 분비, 감각, 저장기능

42 진피에 함유되어 있는 성분으로 우수한 보습능력을 지니어 피부관리 제품에도 많이 함유되어 있는 것은?

① 알코올(Alcohol)
② 콜라겐(Collagen)
③ 판테놀(Panthenol)
④ 글리세린(Glyerine)

해설

교원섬유(콜라겐) : 피부탄력, 신축성, 피부보습, 주름 등에 관여

정답 37 ③ 38 ① 39 ① 40 ③ 41 ④ 42 ②

43 짧은 간격으로 반복된 연축에 의해 나타나는 지속적인 수축을 무엇이라 하는가?

① 연 축
② 긴 장
③ 강 축
④ 강 직

해설

- 연축 : 1회의 자극으로 단시간 수축, 다시 돌아감
- 강축 : 짧은 간격으로 반복된 연축에 의해 나타나는 지속적인 수축
- 긴장 : 약한 자극이 지속적으로 근육에 나타나는 수축
- 강직 : 활동 전압이 일어나지 않고 근육이 딱딱하게 굳은 상태

44 신경계 중 중추신경계에 해당되는 것은?

① 뇌 ② 뇌신경
③ 척수신경 ④ 교감신경

해설

- 중추신경계(CNS) : 뇌와 척수로 구성
- 말초신경계(PNS) : 체성신경계(12쌍의 뇌신경, 31쌍의 척수신경계)와 자율신경계로 구성

45 혈액의 구성 물질로 항체생산과 감염의 조절에 가장 관계가 깊은 것은?

① 적혈구 ② 백혈구
③ 혈 장 ④ 혈소판

해설

백혈구 : 항체 생산과 감염 조절(식균작용)

46 브러싱 기기의 사용법으로 잘못된 것은?

① 회전내용물이 튀지 않도록 양을 적당히 사용한다.
② 브러시를 피부에 수직으로 세워 사용한다.
③ 브러시 끝이 눌리지 않게 가볍게 사용한다.
④ 회전브러시를 지그재그로 움직이면서 사용한다.

해설

브러시가 눌리지 않게 가볍게 원을 그리면서 사용한다.

47 석고 마스크에 대한 설명으로 올바른 것은?

① 노화, 예민, 건성 피부에 효과적이다.
② 피부를 진정시키는 효과가 있다.
③ 석고 베이스 크림을 사용하여 석고의 온도로부터 유효성분을 보호한다.
④ 석고를 최대한 두껍게 발라 열의 온도를 높인다.

해설

- 예민, 여드름, 모세혈관 확장피부는 피한다.
- 석고를 두껍게 바르면 열로 인해 피부손상을 초래할 수 있으므로 적절한 두께로 바른다.

48 다음 중 제2급 감염병이 아닌 것은?

① 두 창
② 결 핵
③ 한센병
④ b형헤모필루스인플루엔자

해설

① 두창은 제1급 감염병이다.

43 ③ 44 ① 45 ② 46 ④ 47 ③ 48 ① 정답

49 독소형 식중독의 원인균은?

① 황색 포도상구균
② 장티푸스균
③ 돈 콜레라균
④ 장염균

해설

독소형 식중독의 원인균 : 포도상구균, 보툴리누스균, 웰치균이 대표적이다.

50 다음 중 아포를 형성하는 세균에 대한 가장 좋은 소독법은?

① 적외선 소독
② 자외선 소독
③ 고압증기멸균 소독
④ 알코올 소독

해설

고압증기멸균법은 고온의 수증기로 가열 처리하는 방법으로 포자를 포함한 모든 미생물을 거의 완전하게 멸균시키는 가장 좋은 소독 방법이다.

51 피부미용에 대한 설명으로 잘못된 것은?

① 두피를 제외한 전신의 피부를 아름답게 가꾸고 개선시키는 과정이다.
② 미용사(피부)의 영역은 피부관리, 제모, 화장, 눈썹손질 등이다.
③ 과학적 지식을 바탕으로 미용적인 관리를 행하는 하나의 과학이다.
④ 핸드 테크닉, 피부미용기기, 미용제품 등을 사용하는 전신 미용술이다.

해설

화장은 미용사(메이크업)의 영역이다.

52 올리브 오일, 아몬드 오일, 난황 등을 사용하고, 종교의식을 중심으로 한 미용이 성행한 시대는?

① 이집트
② 그리스
③ 로마시대
④ 르네상스

해설

- 그리스 : 강한 신체를 중시, 천연향과 오일을 사용하는 마사지 성행
- 로마시대 : 콜드크림의 원조인 연고가 만들어짐
- 르네상스 : 과도한 치장과 분화장이 성행, 향수문화 발달

53 피부분석 및 상담의 목적으로 가장 적절하지 않은 것은?

① 고객의 피부에 맞는 올바른 관리 방향을 결정한다.
② 상담내용을 기준으로 고객의 피부상태에 맞는 관리방법과 관리방향을 세운다.
③ 문진법, 견진법, 촉진법, 기기 판독법 등 다양한 방법으로 피부유형을 분석한다.
④ 알레르기 등과 같은 병력사항은 민감한 사항이므로 질문하지 않는다.

정답 | 49 ① 50 ③ 51 ② 52 ① 53 ④

54 건성피부에 대한 설명으로 틀린 것은?

① 모공이 거의 보이지 않고 잔주름이 많음
② 각질층 수분함유량이 10% 이하임
③ 피부가 두껍고 블랙헤드가 보임
④ 피부가 얇고 피부결이 섬세함

해설

③번은 지성피부에 대한 설명이다.

55 클렌징 작업 시 주의사항에 대한 설명으로 잘못된 것은?

① 자극을 주어 최대한 화장품 잔여물 및 노폐물을 깨끗하게 제거한다.
② 눈, 코, 입에 들어가지 않게 제거한다.
③ 일정한 속도와 리듬감을 처음부터 끝까지 유지한다.
④ 피부유형 및 화장의 상태에 맞는 적절한 제품을 사용한다.

해설

자극적이지 않은 방법으로 클렌징한다.

56 습포에 대한 설명으로 틀린 것은?

① 온습포는 혈액순환 촉진과 근육을 이완시키는 효과가 있다.
② 피부관리사는 온습포의 효과를 높이기 위해 적절한 혈점 등에 압을 가하면서 사용한다.
③ 냉습포는 피부관리의 마지막 단계에서 사용한다.
④ 냉습포는 수렴과 진정효과가 있다.

해설

지압은 피부관리사의 업무 영역이 아니다.

57 딥 클렌징에 적용 가능한 피부미용기는?

① 이온토포레시스
② 고주파
③ 디스인크러스테이션
④ 더마스코프

58 딥클렌징에 대한 설명으로 잘못된 것은?

① 모공 속의 노폐물 및 각질을 제거하는 것이다.
② 스크럽은 알갱이를 이용하여 피부와의 마찰을 통한 각질을 제거하는 화학적 방법의 각질제거제이다.
③ 단백질 분해효소인 펩신, 트립신 등의 성분을 이용한 엔자임은 화학적 방법의 각질제거제이다.
④ 과일과 식물에서 추출한 천연산인 AHA는 화학적 방법의 각질제거제이다.

해설

스크럽은 물리적 방법의 각질제거제이다.

54 ③ 55 ① 56 ② 57 ③ 58 ② **정답**

59 **매뉴얼 테크닉의 적용에 대한 설명으로 올바른 것은?**

① 쓰다듬기는 가장 많이 사용하는 동작으로 손가락을 포함한 손바닥 전체로 피부를 부드럽게 쓰다듬는 동작을 말한다.
② 시작과 마지막에는 강한 두드리기 동작을 실시한다.
③ 피부상태에 맞는 강하고 빠른 테크닉을 실시한다.
④ 고객의 피부 상태만을 고려하여 실시한다.

해설

상담을 통하여 고객의 병력 및 몸 상태 확인 후 실시한다.

60 **팩의 제거 방법에 대한 설명으로 옳지 않은 것은?**

① 필오프 타입은 건조되면서 얇은 필름막이 만들어지며 이를 떼어내는 팩이다.
② 워시오프 타입은 물로 씻어서 제거하는 팩으로 예민 피부는 피하고 두껍게 바르지 않는다.
③ 티슈오프 타입은 티슈로 닦아 제거하는 팩으로 영양효과가 뛰어나다.
④ 필오프 타입은 제거 시 약간의 자극이 있다.

해설

필오프 타입 : 예민피부는 피하고 두껍게 바르지 않는다.

정답 59 ① 60 ②

제 3 회 상시복원문제

01 2차적 피부장애 중 피부가 두꺼워져 딱딱해지는 현상은 무엇인가?

① 반 흔 ② 위 축
③ 태선화 ④ 팽 진

해설

태선화 : 피부가 두꺼워져 딱딱해지는 현상(만성피부염, 아토피)

02 다음 중 과색소 침착 질환이 아닌 것은?

① 주근깨
② 몽고반
③ 백반증
④ 악성 흑색종

해설

저색소 침착질환 : 백색증, 백반증

03 다음 중 눈살을 찌푸리고 이마에 주름을 짓게 하는 근육은?

① 구륜근 ② 안륜근
③ 추미근 ④ 이 근

해설

추미근 : 미간의 주름을 형성

04 다음 중 간의 역할에 가장 적합한 것은?

① 소화와 흡수 촉진
② 담즙의 생성과 분비
③ 음식물의 역류 방지
④ 부신피질호르몬 생산

해설

간(Liver)의 역할
- 당대사작용 : 혈관 내 포도당을 글리코겐의 형태로 저장
- 담즙생산
- 해독작용
- 혈액응고인자 합성

05 다음 중 모근을 제거하는 제모 방법이 아닌 것은?

① 레이저 제모
② 왁스를 이용한 제모
③ 화학적 제모
④ 전기분해법

해설

화학적 제모는 모간부분만 제거한다.

1 ③ 2 ③ 3 ③ 4 ② 5 ③ **정답**

06 제모 시 주의사항으로 올바르지 않은 것은?

① 사마귀, 점 부위에 털이 난 경우는 제모를 하지 않는다.
② 왁스를 이용한 제모 시 피지막이 제거된 상태에서 파우더를 도포한다.
③ 제모 후 바로 목욕, 세안을 하여도 무방하다.
④ 제모 부위는 제모 전에 청결하게 한 후 제모를 시행한다.

해설

제모 후 24시간 내에 목욕 및 세안, 햇빛 자극 등은 피한다.

07 아로마 오일에 대한 설명으로 적합하지 않은 것은?

① 아로마 오일은 공기 중의 산소나 빛에 안정하기 때문에 주로 투명용기에 보관하여 사용한다.
② 아로마 오일은 수증기 증류 과정으로 식물에서 분리된 향기물질의 혼합체이다.
③ 식물의 꽃, 줄기, 뿌리 등 다양한 부위에서 추출한다.
④ 향의 특성에 따라 약리적, 생리적, 심리적 효과가 있다.

해설

산소와 빛에 불안정하므로 불투명한 용기에 보관한다.

08 저자극성 제품에 많이 사용되는 계면활성제에 대한 설명 중 옳은 것은?

① 물에 용해될 때, 친수기에 양이온과 음이온을 동시에 갖는 계면활성제
② 물에 용해될 때, 이온으로 해리하지 않는 수산기, 에터결합, 에스터 등을 분자 중에 갖고 있는 계면활성제
③ 물에 용해될 때, 친수기 부분이 음이온으로 해리되는 계면활성제
④ 물에 용해될 때, 친수기 부분이 양이온으로 해리되는 계면활성제

해설

양쪽성 계면활성제는 저자극성이면서 세정, 살균, 유연 효과가 있어 베이비 제품이나 저자극성 제품에 많이 사용한다.

09 미용영업자가 시장·군수·구청장에게 변경 신고를 하여야 하는 사항이 아닌 것은?

① 영업소의 명칭의 변경
② 영업소의 주소의 변경
③ 신고한 영업장 면적의 1/3 이상의 증감
④ 영업소 내 시설의 변경

해설

변경신고(공중위생관리법 시행규칙 제3조의2제1항)

- 영업소의 명칭 또는 상호
- 영업소의 주소
- 신고한 영업장 면적의 1/3 이상의 증감
- 대표자의 성명 또는 생년월일
- 미용업 업종 간 변경

정답 6 ③ 7 ① 8 ① 9 ④

10 다음 중 가장 강한 살균작용을 하는 광선은?

① 자외선 ② 적외선
③ 가시광선 ④ 원적외선

해설

자외선은 살균력이 강한 화학선으로, 290nm 이하의 UV－C는 에너지가 강하고 살균력이 강해 박테리아나 바이러스를 파괴한다.

11 석탄산 소독액에 관한 설명으로 틀린 것은?

① 기구류의 소독에는 1~3% 수용액이 적당하다.
② 세균포자나 바이러스에 대해서는 작용력이 거의 없다.
③ 금속기구의 소독에는 적합하지 않다.
④ 소독액 온도가 낮을수록 효력이 높다.

해설

석탄산은 저온에서 효과가 떨어진다.

12 지성피부관리 방법에 대한 설명이다. 틀린 것은?

① 보습과 피지제거 기능이 있는 팩을 사용한다.
② 주 1~2회 각질제거를 실시한다.
③ 클렌징 크림을 피하고 클렌징 로션이나 클렌징 젤을 사용한다.
④ 수분공급위주의 관리를 목적으로 한다.

해설

지성피부는 과다한 피지제거와 함께 수분공급을 실시한다.

13 피부관리의 마무리 작업으로 적절하지 않은 것은?

① 주변을 정리한다.
② 피부타입에 맞는 제품을 차례로 흡수시킨다.
③ 머리, 뒷목 등 긴장된 근육을 이완시켜 준다.
④ 홈케어 관리 조언은 피한다.

해설

고객에게 홈케어 관리를 조언하고 기록한다.

14 피부분석기기에 대한 설명이다. 틀린 것은?

① 확대경은 육안으로 구분이 어려운 문제성 피부 관찰에 용이하다.
② 우드램프는 피부의 심층상태 및 문제점의 명확한 분별이 가능하다.
③ 스킨스코프는 정교한 피부 분석을 관리사와 고객이 동시에 할 수 있다.
④ 루카스 스프레이 머신은 피부의 산도를 측정하는 데 사용한다.

해설

루카스 스프레이 머신은 토닉 분무기기이다.

15 자외선에 의한 피부의 긍정적 반응은?

① 비타민 D 합성
② 콜라겐 생성
③ 멜라닌색소 생성
④ 모세혈관 확장

10 ① 11 ④ 12 ④ 13 ④ 14 ④ 15 ① **정답**

해설

자외선에 의한 긍정적 피부반응 : 비타민 D 합성에 필수적, 살균 및 소독효과, 혈액순환 촉진

16 다음 중 적외선의 효과로 틀린 것은?

① 피부 노폐물 배출 용이
② 근육이완
③ 통증완화
④ 살균작용

해설

적외선의 효과 : 혈액순환 및 신진대사 촉진, 피부 노폐물의 배출 용이, 근육이완 및 통증완화, 면역력 증진

17 우리 몸의 대사과정에서 배출되는 노폐물, 독소 등이 배설되지 못하고 피부조직에 남아 비만으로 보이며 림프순환이 원인인 피부현상은?

① 구퍼로제
② 켈로이드
③ 알레르기
④ 셀룰라이트

해설

셀룰라이트(Cellulite)
피하지방층이 혈관이나 림프관을 눌러 혈액순환과 림프액의 순환이 원활하지 못해 피부표면이 귤껍질처럼 울퉁불퉁해지는 현상(주로 엉덩이, 허벅지, 팔 등에 잘 발생)

18 인체에 있어 피지선이 전혀 없는 곳은?

① 이 마
② 코
③ 귀
④ 손바닥

해설

무피지선 : 손바닥, 발바닥

19 탄수화물에 대한 설명으로 옳지 않은 것은?

① 당질이라고도 하며 신체의 중요한 에너지원이다.
② 섭취부족 시 저혈당 및 피로감이 나타난다.
③ 지나친 섭취 시 체질이 알칼리화되어 피부면역력이 저하된다.
④ 섭취 과잉 시 글리코겐으로 변화되어 간이나 근육에 저장된다.

해설

탄수화물
- 단당류 : 포도당, 과당, 갈락토스
- 이당류 : 맥아당, 설탕, 젖당
- 다당류 : 전분, 섬유소, 글리코겐
- 에너지공급원 : 1g당 4kcal
- 정상적인 혈당유지
- 과다섭취 시 글리코겐으로 전화되어 간이나 근육에 저장
- 과잉공급 시 : 체질을 산성화시켜 피부면역력 저하 (비만의 원인)
- 섭취부족 시 : 탈수, 저혈당, 과다한 피로

정답 16 ④ 17 ④ 18 ④ 19 ③

20 **심장에 대한 설명 중 틀린 것은?**

① 성인 심장은 무게가 평균 250~300g 정도이다.
② 심장은 심방중격에 의해 좌・우심방, 심실은 심실중격에 의해 좌・우심실로 나누어진다.
③ 심장은 2/3가 흉골 정중선에서 좌측으로 치우쳐 있다.
④ 심장근육은 심실보다는 심방에서 매우 발달되어 있다.

해설
심장근육은 온몸으로 혈액을 보내는 심실근육이 더 발달되어 있다.

21 **심장근을 무늬모양과 의지에 따라 분류하였을 때 옳은 것은?**

① 횡문근, 수의근
② 횡문근, 불수의근
③ 평활근, 수의근
④ 평활근, 불수의근

해설
심장은 가로무늬 횡문근이며 불수의근이다.

22 **민감성 피부의 관리방법에 대한 내용으로 잘못된 것은?**

① 예민한 피부를 진정시키고 피부자극을 최소화한다.
② 피부염증완화를 위한 소염화장수를 사용한다.
③ 진정 및 보습효과가 있는 팩을 사용한다.
④ 무색, 무취, 무알코올의 화장품을 사용한다.

해설
무알코올의 유연화장수를 사용한다.

23 **마스크의 효과에 대한 설명으로 올바른 것은?**

① 고무마스크는 온열 효과가 있다.
② 석고 마스크는 노화 피부, 건조 피부, 예민 피부에 효과적이다.
③ 온열효과는 모공확장을 통한 영양분 침투가 용이하게 한다.
④ 석고마스크 적용 시 밀봉효과를 높이기 위해 고객의 입을 막는다.

해설
석고마스크 : 온열 및 밀봉효과, 예민 피부는 피한다.

24 **테슬라 전류에 대한 설명으로 올바른 것은?**

① 직류전류를 말하며 갈바닉, 스팀기 등이 있다.
② 고주파 기기는 100,000Hz 이상의 교류전류를 이용하여 심부열을 발생시킨다.
③ 테슬라 전류를 사용하는 기기로 갈바닉, 스팀기 등이 있다.
④ 고주파 기기는 100,000Hz 이상의 직류전류를 이용하여 심부열을 발생시킨다.

20 ④ 21 ② 22 ② 23 ③ 24 ② 정답

25 **피부미용기기 중 진공흡입기에 대한 설명으로 잘못된 것은?**

① 피부표면을 진공상태로 만들어 적당한 압을 가하는 관리방법이다.
② 민감성 피부나 모세혈관 확장증 등 민감한 피부에는 사용하지 않는다.
③ 피지, 불순물 제거에 효과적이다.
④ 림프순환을 막아 몸에 부종이 발생되므로 주의하여 사용한다.

해설

진공흡입기는 림프순환에 효과적이다.

26 **다음 중 제2급 감염병이 아닌 것은?**

① 결 핵 ② 파라티푸스
③ 일본뇌염 ④ 폐렴구균 감염증

해설

③ 일본뇌염은 제3급 감염병이다.
제2급 감염병 : 결핵, 수두, 홍역, 콜레라, 장티푸스, 파라티푸스, 세균성 이질, 장출혈성대장균감염증, A형간염, 백일해, 유행성 이하선염, 풍진, 폴리오, 수막구균 감염증, b형헤모필루스인플루엔자, 폐렴구균 감염증, 한센병, 성홍열, 반코마이신내성황색포도알균(VRSA) 감염증, 카바페넴내성장내세균속균종(CRE) 감염증, E형간염

27 **질병전파의 개달물(介達物)에 해당되는 것은?**

① 공기, 물 ② 우유, 음식물
③ 의복, 침구 ④ 파리, 모기

해설

개달물이란 매개체가 숙주에 들어가지 않고 병원체를 운반하는 수단으로 의복, 침구 등이 이에 속한다.

28 **이 · 미용사가 이 · 미용업소 외의 장소에서 이 · 미용을 한 경우 3차 위반 행정처분기준은?**

① 영업장 폐쇄명령
② 영업정지 10일
③ 영업정지 1개월
④ 영업정지 2개월

해설

이 · 미용업소 외의 장소에서 이 · 미용을 한 경우의 행정처분(공중위생관리법 시행규칙 제19조 [별표 7])
• 1차 : 영업정지 1개월
• 2차 : 영업정지 2개월
• 3차 : 영업장 폐쇄명령

29 **인체에 질병을 일으키는 병원체 중 대체로 살아있는 세포에서만 증식하고 크기가 가장 작아 전자현미경으로만 관찰할 수 있는 것은?**

① 구 균
② 간 균
③ 바이러스
④ 원생동물

해설

바이러스는 병원체 중 가장 작아 전자현미경으로 관찰 가능하고, 살아있는 세포 속에서만 생존한다.

정답 25 ④ 26 ③ 27 ③ 28 ① 29 ③

30 갈바닉 전류 중 음극(−)을 이용한 것으로 제품을 피부로 스며들게 하기 위해 사용하는 것은?

① 카타포레시스
② 아나포레시스
③ 테슬라 전류
④ 전기 마스크

해설

아나포레시스는 갈바닉 전류의 음극효과이다.

31 브러싱 기기의 사용법으로 잘못된 것은?

① 회전내용물이 튀지 않도록 양을 적당히 사용한다.
② 브러시를 피부에 수직으로 세워 사용한다.
③ 브러시 끝이 눌리지 않게 가볍게 사용한다.
④ 회전브러시를 지그재그로 움직이면서 사용한다.

해설

브러시가 눌리지 않게 가볍게 원을 그리면서 사용한다.

32 콜라겐과 엘라스틴이 주성분으로 이루어진 피부 조직은?

① 표피 상층
② 표피 하층
③ 진피조직
④ 피하조직

해설

진피 : 교원섬유(콜라겐), 탄력섬유(엘라스틴), 기질(뮤코다당체)로 구성

33 피부 각질형성세포의 일반적 각화주기는?

① 약 1주　② 약 2주
③ 약 3주　④ 약 4주

해설

각질형성세포의 교체주기는 약 28일이다.

34 다음 중 광노화 현상이 아닌 것은?

① 표피 두께 증가
② 멜라닌 세포 이상 항진
③ 체내 수분 증가
④ 진피 내의 모세혈관 확장

해설

광노화 증상
- 건조가 심해져 피부가 거칠어짐
- 기저층의 각질형성 세포 증식이 빨라져 피부가 두꺼워짐
- 교원섬유가 감소하여 피부 탄력 감소, 주름유발
- 진피 내의 모세혈관 확장
- 기미 증가, 검버섯 발생

35 인체의 골격은 약 몇 개의 뼈(골)로 이루어지는가?

① 약 206개　② 약 216개
③ 약 265개　④ 약 365개

30 ② 31 ④ 32 ③ 33 ④ 34 ③ 35 ① **정답**

해설

인체의 골격은 체간골격 80개와 체지골격 126개 총 206개의 뼈로 구성된다.

36 다음 중 골격계의 기능으로 틀린 것은?

① 지지기능 ② 보호기능
③ 순환기능 ④ 저장기능

해설

골격계의 기능 : 신체지지기능, 보호기능, 운동기능, 저장기능, 조혈기능

37 세포 내 소기관 중에서 세포 내의 호흡생리를 담당하고, 이화작용과 동화작용에 의해 에너지를 생산하는 기관은?

① 미토콘드리아
② 리보솜
③ 리소좀
④ 중심소체

해설

미토콘드리아는 이중막 구조로 세포 내 호흡을 담당하고 에너지원 ATP를 생산하는 기관이다.

38 자율신경의 지배를 받는 민무늬근은?

① 골격근(Skeletal Muscle)
② 심근(Cardiac Muscle)
③ 평활근(Smooth Muscle)
④ 승모근(Trapezius Muscle)

해설

평활근(내장근, 민무늬근)은 자율신경계의 지배를 받는 불수의근이다.

39 신경계를 구성하는 기본세포는?

① 혈 액
② 뉴 런
③ 미토콘드리아
④ DNA

해설

신경계를 구성하는 최소단위 : 뉴런

40 다음 중 신경계의 기능으로 틀린 것은?

① 감각기능 ② 조혈기능
③ 전달기능 ④ 운동기능

해설

신경계의 기능 : 감각기능, 운동기능, 조정기능, 전달기능

41 다음 중 일시적 제모방법이 아닌 것은?

① 전기 분해법
② 왁스를 이용한 제모
③ 핀셋을 이용한 제모
④ 화학적 제모

해설

전기 분해법은 영구적 제모

정답 36 ③ 37 ① 38 ③ 39 ② 40 ② 41 ①

42 **우드램프에 대한 설명으로 틀린 것은?**

① 피부분석을 위한 기기이다.
② 클렌징 후 사용한다.
③ 자외선 파장을 이용한 피부 분석기기이다.
④ 밝은 곳에서 사용하는 기기이다.

해설

주위를 어둡게 하고 사용한다.

43 **전류의 압력을 측정하는 단위는?**

① 암페어 ② 볼 트
③ 와 트 ④ 주파수

해설

- 암페어 : 전류의 세기
- 와트 : 일정시간 동안 사용된 전류의 양
- 주파수 : 1초 동안 반복되는 진동 횟수

44 **갈바닉 전류의 양극(+)이 피부에 미치는 효과가 아닌 것은?**

① 신경안정
② 진정효과
③ 모공, 한선, 혈관 수축
④ 모공 세정

45 **다음 중 기능성 화장품의 영역이 아닌 것은?**

① 피부의 미백에 도움을 주는 제품
② 피부의 주름 개선에 도움을 주는 제품
③ 피부의 보습에 도움을 주는 제품
④ 자외선으로부터 피부를 보호하는 데 도움을 주는 제품

해설

보습제는 기능성이 아닌 일반화장품에 속한다.

46 **화장품의 사용 목적과 가장 거리가 먼 것은?**

① 인체에 대한 약리적인 효과를 주기 위해 사용한다.
② 인체를 청결, 미화하기 위하여 사용한다.
③ 용모를 변화시키기 위하여 사용한다.
④ 피부, 모발의 건강을 유지하기 위하여 사용한다.

해설

화장품은 의약품에 해당하는 물품은 제외된다.

47 **아로마 오일의 사용법 중 확산법으로 맞는 것은?**

① 따뜻한 물에 넣고 몸을 담근다.
② 아로마 램프나 스프레이를 이용한다.
③ 수건에 적신 후 피부에 붙인다.
④ 손수건, 티슈 등에 1~2방울 떨어뜨리고 심호흡을 한다.

해설

확산법은 아로마 램프, 오일 워머 등을 이용하여 아로마 오일을 공기 중에 발산시켜 사용하는 방법이다.

정답: 42 ④ 43 ② 44 ④ 45 ③ 46 ① 47 ②

48 여드름 피부용 화장품에 사용되는 성분과 가장 거리가 먼 것은?

① 살리실산
② 글리시리진산
③ 아줄렌
④ 알부틴

해설

알부틴은 미백용 화장품의 원료이다.

49 순도 100% 소독약 원액 2mL에 증류수 98mL를 혼합하여 100mL의 소독약을 만들었다면 이 소독약의 농도는?

① 2% ② 3%
③ 5% ④ 98%

해설

수용액 : 용질량(소독약) ÷ 용질량(희석액) × 100 = 농도(100%)
(2 / 98) × 100 = 2%

50 다음 중 자비소독을 하기에 가장 적합한 것은?

① 스테인리스 볼
② 제모용 고무장갑
③ 플라스틱 스패튤러
④ 피부관리용 팩붓

해설

자비소독은 끓는 물을 이용한 소독법으로 의류나 타월, 도자기, 금속 등의 소독에 적합하다.

51 다음 중 파리가 매개할 수 있는 질병과 거리가 먼 것은?

① 아메바성 이질
② 장티푸스
③ 발진티푸스
④ 콜레라

해설

- 파리가 매개하는 감염병은 장티푸스, 파라티푸스, 아메바성 이질, 콜레라, 결핵 등이다.
- 발진티푸스는 주로 이(Louse)를 통해 감염된다.

52 식품의 혐기성 상태에서 발육하여 체외독소로서 신경독소를 분비하며 치명률이 가장 높은 식중독으로 알려진 것은?

① 살모넬라 식중독
② 보툴리누스균 식중독
③ 웰치균 식중독
④ 알레르기성 식중독

해설

보툴리누스균은 세균성 식중독 중 가장 치명률이 높다. 식품의 혐기성 상태에서 발육하여 신경계 증상을 일으킨다.

53 다음 중 상처나 피부 소독에 가장 적합한 것은?

① 석탄산
② 과산화수소수
③ 포르말린수
④ 차아염소산나트륨

정답 48 ④ 49 ① 50 ① 51 ③ 52 ② 53 ②

해설

과산화수소는 강력한 산화력에 의한 살균으로 피부, 상처 소독에 좋다.

54 일반적으로 사용하는 소독제로서 에탄올의 적정 농도는?

① 30% ② 50%
③ 70% ④ 90%

해설

에탄올은 70%를 사용한다.

55 행정처분 사항 중 1차 위반 시 영업장 폐쇄명령에 해당하는 것은?

① 영업정지처분을 받고도 영업정지 기간 중 영업을 한 때
② 손님에게 성매매 알선 등의 행위를 한 때
③ 소독한 기구와 소독하지 아니한 기구를 각각 다른 용기에 넣어 보관하지 아니한 때
④ 1회용 면도기를 손님 1인에 한하여 사용하지 아니한 때

해설

1차 위반 시 영업장 폐쇄명령에 해당하는 경우(공중위생관리법 시행규칙 제19조 [별표 7])
- 영업신고를 하지 않은 경우
- 영업정지 기간 중 영업을 한 경우
- 공중위생영업자가 정당한 사유 없이 6개월 이상 계속 휴업하는 경우
- 공중위생영업자가 부가가치세법에 따라 관할 세무서장에게 폐업신고를 하거나 관할 세무서장이 사업자 등록을 말소한 경우

56 공중보건에 대한 설명으로 가장 적절한 것은?

① 개인을 대상으로 한다.
② 예방의학을 대상으로 한다.
③ 집단 또는 지역사회를 대상으로 한다.
④ 사회의학을 대상으로 한다.

해설

공중보건학은 집단 또는 지역주민을 대상으로 한다.

57 영구적 제모에 대한 설명이 아닌 것은?

① 영구적 제모에는 전기분해법과 레이저 제모가 있다.
② 전기 분해법은 모유두까지 파괴하며 한 번시술로 영구제모 효과를 볼 수 있다.
③ 레이저 제모는 사용이 편리하고 효율적이며 안전하다.
④ 레이저 제모는 털을 만드는 세포를 영구적으로 파괴하는 것이다.

해설

영구제모를 위해서는 반복 시술을 받아야 한다.

54 ③ 55 ① 56 ③ 57 ② **정답**

58 왁스를 이용한 제모에 대한 설명으로 맞는 것은?

① 하드왁스는 부직포가 필요 없으며 국소 부위에 주로 사용한다.
② 털의 길이는 길수록 제모가 잘된다.
③ 모간까지 제모되므로 4~5주 정도 지속된다.
④ 소프트 왁스는 좁은 부위를 제거하며 즉각적인 효과를 기대할 수 있다.

해설

왁스를 이용한 제모
- 털의 길이는 1cm 남긴 후 제모한다.
- 모근까지 제모한다.
- 소프트 왁스는 넓은 부위에 사용한다.

59 소프트 왁스의 사용방법으로 잘못된 것은?

① 시술자 손소독과 함께 시술부위 소독 후 적용
② 털 방향으로 왁스 도포
③ 털 반대방향으로 부직포 제거
④ 부직포 제거 시 통증 완화를 위해 천천히 제거

해설

부직포 제거 시 빠른 속도로 제거

60 직류와 교류에 대한 설명으로 옳은 것은?

① 교류를 갈바닉 전류라고도 한다.
② 교류전류에는 정현파, 평류, 단속 평류가 있다.
③ 교류전류에는 정현파, 감응, 격동 전류가 있다.
④ 직류전류에는 정현파, 감응, 격동 전류가 있다.

해설

전 류
- 전도체를 따라 한 방향으로 흐르는 전자의 흐름을 전류라고 한다.
- 전류에는 직류와 교류가 있다.
- 직류를 갈바닉 전류라고도 한다.
- 교류전류에는 정현파, 감응, 격동 전류가 있다.
- 직류는 전류의 흐르는 방향이 시간의 흐름에 따라 변하지 않는다.

정답 | 58 ① 59 ④ 60 ③

상시복원문제

01 세계 여러 나라의 피부미용 용어로 잘못 짝지어진 것은?

① 독일 – Kosmetik
② 프랑스 – Esthetique
③ 영국 – Aesthetic
④ 미국 – Skin Care

해설

세계 여러 나라의 피부미용 용어
- 독일 : Kosmetik
- 프랑스 : Esthetique
- 영국 : Cosmetic
- 미국 : Skin Care, Esthetic, Aesthetic
- 일본 : エステ(에스테)

02 서양의 피부미용 역사에 대한 설명으로 맞는 것은?

① 이집트는 종교의식을 중심으로 한 미용이 발달하였다.
② 현대에 클렌징크림이 개발되었다.
③ 그리스 시대에 콜드크림의 원조인 연고가 만들어졌고 공중목욕 문화가 발달하였다.
④ 로마시대에는 화장 등 미용행위가 억제되었고 깨끗한 피부관리에 중점을 두었다.

해설

②는 근세시대, ③은 로마시대, ④는 중세시대에 관한 설명이다.

03 피부분석 및 상담에 대한 설명으로 옳지 않은 것은?

① 상담을 통해 고객의 피부상태에 맞는 관리방법과 관리방향을 세운다.
② 상담을 통해 알게 된 고객의 사생활 및 정보를 유출하지 않는다.
③ 피부상태는 수시로 변화하므로 매번 분석내용을 고객카드에 기록한다.
④ 병력사항은 고객을 위해 질문하거나 알려고 하지 않는다.

해설

알레르기와 같은 병력사항을 상담하고 기록하여 관리방향을 세워야 한다.

04 피부유형 분석을 위한 방법이나 기기로 적당하지 않은 것은?

① 문진법 ② 견진법
③ 우드램프 ④ 고주파기

해설

고주파기기는 혈액순환과 피부재생, 주름제거에 효과가 있다.

정답 1 ③ 2 ① 3 ④ 4 ④

05 다음 중 피지분비 상태에 따른 피부유형이 아닌 것은?

① 중성 피부 ② 여드름 피부
③ 지성 피부 ④ 과색소 침착 피부

해설

색소 침착에 따라 과색소 침착 피부와 저색소 침착 피부로 나뉜다.

06 피부유형에 대한 설명으로 옳지 않은 것은?

① 지성 피부는 피지분비 과다로 여드름이나 뾰루지가 생기기 쉽다.
② 중성 피부는 유・수분이 균형을 이루며 피부가 유연하고 피부결이 섬세하다.
③ 민감성 피부는 모세혈관이 확장되어 실핏줄이 보이는 피부이다.
④ 여드름 피부는 비염증성 여드름과 염증성 여드름으로 구분이 가능하다.

해설

③은 모세혈관 확장 피부에 대한 설명이다.

07 클렌징에 대한 설명으로 옳은 것은?

① 화장품의 잔여물과 피부분비물 및 각질 등을 깨끗이 제거하는 것이다.
② 다음 단계의 제품 흡수를 용이하게 하고 피부의 생리적인 기능과 신진대사를 원활하게 한다.
③ 잔여물을 깨끗하게 제거하기 위해 약간의 속도감과 자극이 필요하다.
④ 화장품의 잔여물과 피지막 등에 자극을 주어 가능한 깨끗이 제거한다.

해설

① 각질을 제거하는 것은 각질제거 단계에서 실시한다.
③ 일정한 속도와 리듬감을 유지하면서 자극적이지 않게 클렌징 동작을 한다.
④ 피지막, 피부 산성막을 손상시키지 않게 제거한다.

08 온습포에 대한 설명으로 잘못된 것은?

① 피부의 온도를 상승시키고 모공이 확대된다.
② 팔 안쪽에 온도를 체크한 후 사용한다.
③ 피부관리의 마지막 단계에서 사용한다.
④ 전 단계 화장품의 잔여물 및 노폐물 제거에 용이하다.

해설

③은 냉습포에 대한 설명이다.

09 클렌징 제품에 대한 설명으로 옳은 것은?

① 클렌징 크림은 세정력이 약하므로 지성 피부는 피한다.
② 클렌징 로션은 O/W 타입으로 모든 피부에 사용 가능하다.
③ 클렌징 오일은 가벼운 화장을 지우기에 좋다.
④ 클렌징 젤은 보습제가 함유되어 건성 피부에 좋다.

해설

① 클렌징 크림은 세정력이 우수하여 진한 화장에 좋다.
③ 클렌징 오일은 물에 쉽게 용해되며, 진한 화장에 효과적이다.
④ 클렌징 젤은 지성, 여드름 피부에 사용한다.

정답 5 ④ 6 ③ 7 ② 8 ③ 9 ②

10 다음 중 화장수에 대한 설명으로 옳지 않은 것은?

① 피부진정과 쿨링 작용을 한다.
② 살균효과가 있어 지성, 여드름 피부에 사용 가능한 소염 화장수가 있다.
③ 세안 후 남아 있는 세안제의 알칼리 성분을 제거하여 피부를 중성으로 조절해 준다.
④ 피부의 pH 밸런스를 조절한다.

해설

화장수의 기능
- 세안 후 잔여 노폐물이나 메이크업 잔여물을 제거하여 피부를 청결하게 함
- 피부의 pH 밸런스 조절
- 피부진정 및 쿨링 작용
- 세안 후 남아 있는 세안제의 알칼리 성분을 제거하여 피부를 약산성으로 조절
- 보습제·유연제의 함유로 각질층을 촉촉하게 하고 다음 단계 제품의 흡수를 높임

11 각질 제거에 대한 설명으로 잘못된 것은?

① 죽은 각질세포를 제거하고 피부 안색을 맑게 한다.
② 각질 제거 후 다음 단계에서의 영양물질의 흡수를 좋게 한다.
③ 각질 제거 후 자외선에 직접 노출되지 않게 한다.
④ 상처 부위나 모세혈관 확장 피부에는 자극적이지 않게 가볍게 사용한다.

해설

각질 제거는 상처 부위나 모세혈관 확장 피부 등에는 피해서 사용한다.

12 다음 중 스크럽에 대한 설명으로 옳지 않은 것은?

① 스크럽 도포 → 각질연화 → 러빙 → 제거의 순서로 사용한다.
② 과각화나 큰 모공에는 피해서 사용한다.
③ 알갱이를 이용한 피부와의 마찰을 통한 각질제거 방법이다.
④ 물리적 각질제거 방법이다.

해설

스크럽은 민감성, 여드름, 염증 피부 등에는 피해서 사용한다.

13 다음 중 물리적 딥 클렌징이 아닌 것은?

① 스크럽　　② 고마지
③ 아 하　　④ 스킨 스크러버

해설

아하(AHA)는 과일산을 이용한 화학적 필링방법이다.

물리적 딥 클렌징
- 스크럽 : 알갱이를 이용하여 피부와의 마찰을 통해 각질 제거
- 고마지 : 고마지를 도포하여 근육결 방향으로 밀면서 각질 제거
- 기기를 이용한 딥 클렌징 : 브러시 기기, 갈바닉 기기의 디스인크러스테이션, 진공흡입기, 스킨 스크러버 등

14 다음 중 매뉴얼 테크닉의 주의사항으로 잘못된 것은?

① 피부상태를 고려하여 동작을 적용한다.
② 심장에서 말초 방향으로 실시한다.
③ 시작과 마지막에 쓰다듬기 동작을 사용한다.
④ 생리 중이거나 심하게 피곤한 경우는 피한다.

10 ③　11 ④　12 ②　13 ③　14 ② **정답**

해설

② 말초에서 심장 방향으로 실시한다.

15 팩의 제거방법에 따른 종류 중 필오프 타입에 대한 설명으로 옳은 것은?

① 물로 씻어서 제거하는 팩이다.
② 예민 피부는 피하고 너무 두껍게 바르지 않는다.
③ 보습과 영양효과가 뛰어난 크림 타입이다.
④ 얇은 필름막을 물로 녹여서 제거하는 팩이다.

해설

①, ④ 워시오프 타입 팩에 대한 설명이다.
③ 티슈오프 타입에 대한 설명이다.

16 석고팩에 대한 설명으로 잘못된 것은?

① 온열 및 밀봉효과가 있다.
② 노화, 건성 피부에 효과적이다.
③ 눈과 입을 가리고 사용한다.
④ 석고 베이스 크림을 사용하여 유효성분이 석고의 온도에 의해 파괴되지 않게 사용한다.

해설

석고 팩 사용 시 입은 가리지 않고 눈은 젖은 화장솜을 이용해 가리고 사용한다.

17 건성 피부의 관리방법으로 올바른 것은?

① 보습기능이 있는 수렴 화장수를 사용한다.
② 콜라겐, 하이알루론산 등이 함유된 보습팩을 사용한다.
③ 주 2회 이상 물리적 또는 화학적 각질제거제를 사용한다.
④ 클렌징 로션을 사용하고 반드시 이중세안을 실시한다.

해설

① 보습기능이 있는 유연 화장수를 사용한다.
③ 주 1회 각질제거제를 사용한다.
④ 클렌징 로션 사용 시에는 이중세안이 필요 없고, 클렌징 크림 사용 시 이중세안을 실시한다.

18 제모에 대한 설명으로 잘못된 것은?

① 전기 분해법, 탈모제를 이용한 제모는 영구 제모이다.
② 면도기와 화학적 제모는 모근을 제모한다.
③ 면도기, 핀셋, 왁스를 이용한 제모는 일시적 제모이다.
④ 레이저 제모는 영구 제모법이다.

해설

탈모제를 이용한 제모는 화학적 방법으로, 일시적 제모이다.

19 여드름 관리에 효과적인 성분이 아닌 것은?

① 스테로이드(Steroid)
② 과산화벤조일(Benzoyl Peroxide)
③ 살리실산(Salicylic Acid)
④ 글라이콜산(Glycolic Acid)

정답 15 ② 16 ③ 17 ② 18 ① 19 ①

해설

스테로이드는 호르몬제로 약품으로 구분된다.

20 우리 피부의 세포가 기저층에서 생성되어 각질세포로 변화하여 피부 표면으로부터 떨어져 나가는 데 걸리는 기간은?

① 대략 28일 ② 대략 60일
③ 대략 100일 ④ 대략 120일

해설

각질형성세포의 교체주기는 28일이다.

21 피부 색상을 결정짓는 데 주요한 요인이 되는 멜라닌색소를 만들어 내는 피부층은?

① 투명층 ② 과립층
③ 각질층 ④ 기저층

해설

멜라닌세포는 표피의 기저층에 존재하며 자외선으로부터 피부손상을 막아 준다.

22 교원섬유(Collagen)와 탄력섬유(Elastin) 등으로 구성되어 있어 강한 탄력성을 지니고 있는 곳은?

① 표 피 ② 진 피
③ 피하조직 ④ 근 육

해설

진피는 교원섬유(콜라겐)와 탄력섬유(엘라스틴)로 구성되어 있다.

23 주로 사춘기 이후에 발달하고 모공을 통하여 분비되어 독특한 체취를 발생시키는 것은?

① 소한선
② 대한선
③ 피지선
④ 갑상선

해설

아포크린선(대한선)은 사춘기 이후에 주로 발달하며 특유의 체취를 발생시킨다.

24 다음 중 셀룰라이트(Cellulite)의 설명으로 옳은 것은?

① 수분이 정체되어 부종이 생긴 현상
② 영양 섭취의 불균형 현상
③ 피하지방이 축적되어 뭉친 현상
④ 화학물질에 대한 저항력이 강한 현상

해설

셀룰라이트는 피하지방층으로 인해 혈액과 림프액의 순환이 원활하지 못해 피부 표면이 귤껍질처럼 울퉁불퉁해지는 현상이다.

25 다음 중 기미, 주근깨 피부관리에 가장 적합한 비타민은?

① 비타민 A
② 비타민 B_2
③ 비타민 C
④ 비타민 K

해설

비타민 C는 멜라닌 색소 형성 억제기능으로 기미, 주근깨 등의 색소침착 피부관리에 많이 사용된다.

20 ① 21 ④ 22 ② 23 ② 24 ③ 25 ③ **정답**

26 다음 중 기미가 생기는 원인으로 가장 거리가 먼 것은?

① 정서적 불안
② 비타민 C의 과다
③ 내분비 기능장애
④ 질이 좋지 않은 화장품의 사용

해설
비타민 C는 멜라닌 색소 형성을 억제한다.

27 다음 중 원발진에 해당하는 피부변화에 속하는 것은?

① 가 피
② 미 란
③ 위 축
④ 구 진

해설
가피(딱지), 미란, 위축은 속발진에 해당한다.

28 세포에 대한 설명으로 틀린 것은?

① 생명체의 구조 및 기능적 기본단위이다.
② 세포는 핵과 세포섬유로 이루어져 있다.
③ 세포 내에는 핵이 핵막에 의해 둘러싸여 있다.
④ 기능이나 소속된 조직에 따라 원형, 아메바, 타원 등 다양한 모양을 하고 있다.

해설
세포는 핵, 세포질, 세포막으로 구성되어 있다.

29 췌장에서 분비되는 단백질 분해효소는?

① 펩신(Pepsin)
② 트립신(Trypsin)
③ 리페이스(Lipase)
④ 펩티데이스(Peptidase)

해설
췌장은 단백질을 분해하는 트립신, 탄수화물을 분해하는 아밀레이스, 지방을 분해하는 리페이스를 분비한다.

30 세포 내 소화기관으로 노폐물과 이물질을 처리하는 역할을 하는 기관은?

① 미토콘트리아
② 리보솜
③ 리소좀
④ 골지체

해설
리소좀(용해소체)은 세균이나 각종 이물질의 식균작용을 한다.

31 혈액의 기능으로 틀린 것은?

① 노폐물 배설작용
② 호르몬 분비작용
③ 산소와 이산화탄소의 운반작용
④ 삼투압과 산, 염기 평형의 조절작용

해설
호르몬을 생산하고 분비하는 곳은 내분비계이다.

정답 26 ② 27 ④ 28 ② 29 ② 30 ③ 31 ②

32 다음 중 소화기계가 아닌 것은?

① 폐, 신장
② 간, 담낭
③ 비장, 위
④ 소장, 대장

해설

폐는 호흡기계, 신장은 비뇨기계이다.

33 다음 중 골과 골 사이의 충격을 흡수하는 결합조직은?

① 섬 유
② 연 골
③ 관 절
④ 조 직

해설

연골은 골격계통의 하나로, 결합조직이며 완충역할을 한다.

34 난자를 형성하는 성선인 동시에, 에스트로겐과 프로게스테론을 분비하는 내분비선은?

① 난 소
② 고 환
③ 태 반
④ 췌 장

해설

난소에서는 여성호르몬인 에스트로겐과 프로게스테론을 분비한다.

35 전기에 대한 설명으로 옳은 것은?

① 전류 – 전도체를 따라 한 방향으로 흐르는 전자의 흐름
② 암페어 – 전류를 흐르게 하는 압력
③ 전력 – 전류가 잘 통하는 물질
④ 주파수 – 전류의 세기

해설

② 암페어 : 전류의 세기
③ 전력 : 일정 시간 동안 사용되는 전류량
④ 주파수 : 1초 동안 반복되는 진동 횟수

36 정교한 피부분석이 가능하고 관리사와 고객이 동시에 분석 가능한 피부분석기기는?

① 확대경 ② 스킨스코프
③ 루카스 ④ 우드램프

해설

피부분석기기

- 확대경 : 육안으로 구분하기 힘든 문제성 피부 관찰에 용이
- 우드램프 : 자외선 램프에 표시되는 색을 통해 피부상태 분석
- 스킨스코프 : 관리사와 고객이 동시에 피부상태를 보면서 분석할 수 있는 기기
- 유분 측정기 : 특수 플라스틱 테이프를 이용하여 측정
- 수분 측정기 : 유리 탐침을 피부에 눌러 측정

37 다음 중 피부분석기기가 아닌 것은?

① 유·수분 측정기
② 우드램프
③ 스킨스코프
④ 적외선 램프

32 ① 33 ② 34 ① 35 ① 36 ② 37 ④ 정답

해설

적외선 램프는 영양 침투기기이다.

38 광선기기에 대한 설명으로 잘못된 것은?

① 적외선 램프, 원적외선 사우나, 원적외선 마사지기 등의 적외선기가 있다.
② 자외선 광선기기 사용 전에 적외선 사용기기를 사용하여 효과를 높인다.
③ 선탠기, 살균 소독기, 우드램프 등의 자외선기가 있다.
④ 살균 소독기의 경우 살균이 강한 화학선이므로 주의하여 사용한다.

해설

적외선기기는 자외선 광선기기 사용 전에는 사용을 피한다.

39 다음 중 컬러테라피 기기에 대한 설명으로 옳은 것은?

① 열을 이용한 피부 및 전신을 관리하는 기기이다.
② 피부에 일정한 컬러를 적용하여 일정한 시간 동안 조사하는 방법이다.
③ 빨강은 신경안정 및 스트레스성 여드름 관리에 좋다.
④ 파랑은 염증 및 열 진정효과, 부종완화에 좋다.

해설

① 빛의 에너지를 활용한다.
② 인체 각각의 부위에 맞는 컬러를 적용한다.
③ 빨강은 혈액순환 증진, 세포재생, 셀룰라이트 개선에 효과적이다.

40 고주파기에 대한 설명으로 잘못된 것은?

① 직접법과 간접법이 있다.
② 직접법은 오일을 바르지 않은 상태에서 안면에 거즈를 덮고 시술한다.
③ 간접법은 건성 피부, 노화 피부에 효과적이다.
④ 간접법은 스파클링 효과를 이용해 관리한다.

해설

직접법은 피부에 푸른색 유리관으로 스파크를 일으켜 모공수축, 살균효과, 염증성 여드름 등을 관리한다(스파클링 효과).

41 다음 중 내용이 옳지 않은 것은?

① 자외선 차단제에는 물리적 차단제와 화학적 차단제가 있다.
② 물리적 차단제에는 벤조페논, 옥시벤존, 옥틸다이메틸파바 등이 있다.
③ 화학적 차단제에는 피부에 유해한 자외선을 흡수하여 피부침투를 차단하는 방법이다.
④ 물리적 차단제는 자외선이 피부에 흡수되지 못하도록 피부 표면에서 빛을 반사 또는 산란시키는 방법이다.

해설

물리적 차단제의 대표 성분으로는 타이타늄다이옥사이드, 징크옥사이드가 있다.

42 화장품 제조의 3대 기술이 아닌 것은?

① 가용화 기술 ② 유화 기술
③ 분산 기술 ④ 융용 기술

정답 38 ② 39 ④ 40 ④ 41 ② 42 ④

해설

화장품의 3대 기술은 유화, 분산, 가용화이다.

43 다음 중 에센셜 오일의 추출방법이 아닌 것은?

① 수증기 증류법 ② 압착법
③ 혼합법 ④ 앱솔루트

해설

에센셜 오일을 추출하는 방법 : 수증기 증류법, 압착법, 앱솔루트(Absolute), 인퓨즈드(Infused), 엔플루라지(Enfleurage)

44 기능성 화장품의 범위가 아닌 것은?

① 피부 주름 개선에 도움을 준다.
② 자외선으로부터 보호한다.
③ 피부를 청결히 하여 피부 건강을 유지한다.
④ 피부 미백에 도움을 준다.

45 다음 중 향료의 함유량이 가장 적은 것은?

① 퍼퓸(Perfume)
② 오데 토일렛(Eau de Toilette)
③ 오데 코롱(Eau de Cologne)
④ 샤워 코롱(Shower Cologne)

해설

샤워 코롱은 향료의 농도가 1~3%로 지속시간이 가장 짧다.

46 화장품의 4대 요건이 아닌 것은?

① 안전성 ② 안정성
③ 보습성 ④ 사용성

해설

화장품의 4대 요건 : 안전성, 안정성, 사용성, 유효성

47 다음 중 화장품의 특성에 대해 잘못 설명한 것은?

① 피부 청결과 미화를 목적으로 한다.
② 부작용이 없어야 한다.
③ 치약, 염색제, 여성청결제 등이 포함된다.
④ 용모를 밝게 변화시키거나 피부, 모발의 건강을 유지시킨다.

해설

치약, 염색제, 여성청결제 등은 의약외품으로 분류된다.

48 식중독에 관한 설명으로 옳은 것은?

① 세균성 식중독 중 치사율이 가장 낮은 것은 보툴리누스 식중독이다.
② 테트로도톡신은 감자에 다량 함유되어 있다.
③ 식중독은 급격한 발생률, 지역과 무관한 동시 발생의 특성이 있다.
④ 식중독은 원인에 따라 세균성, 화학물질, 자연독, 곰팡이독으로 분류된다.

해설

① 보툴리누스균 식중독은 신경독에 의해 일어나는 독소형 식중독으로 치명률이 가장 높다.
② 솔라닌은 감자에 함유된 독성물질이다.

43 ③ 44 ③ 45 ④ 46 ③ 47 ③ 48 ④ 정답

49 다음 중 동물과 전염병의 병원소로 연결이 잘못된 것은?

① 소 - 결핵
② 쥐 - 말라리아
③ 돼지 - 일본뇌염
④ 개 - 공수병

해설

모기 매개 전염병 : 말라리아, 사상충, 황열, 일본뇌염

50 감염병예방법상 제1급 감염병에 속하지 않는 것은?

① 세균성 이질
② 마버그열
③ 페스트
④ 보툴리눔독소증

해설

세균성 이질은 제2급 감염병이다.

51 공중보건학의 개념과 가장 관계가 먼 것은?

① 지역주민의 수명 연장에 관한 연구
② 전염병 예방에 관한 연구
③ 성인병 치료기술에 관한 연구
④ 육체적·정신적 효율 증진에 관한 연구

해설

공중보건학의 목적 : 질병 예방, 수명 연장, 신체적·정신적 건강 및 효율의 증진

52 다음 중 소독약품의 적정 희석농도로 틀린 것은?

① 석탄산 - 3%
② 승홍 - 0.1%
③ 알코올 - 70%
④ 크레졸 - 0.3%

해설

크레졸의 희석 농도는 3%이다.

53 병원체의 배설물, 토사물 등을 멸균하는 데 가장 효과적인 방법은?

① 소각법
② 알코올 소독
③ 크레졸 소독
④ 매몰법

해설

병원체의 배설물, 토사물 등은 불에 태워 멸균하는 것이 가장 효과적이다.

54 다음 중 음료수 소독방법이 아닌 것은?

① 자비 소독
② 자외선 소독
③ 화학적 소독
④ 승홍액 소독

해설

음료수의 소독법으로는 자비소독, 자외선, 화학적 소독방법 등이 있다.

정답 49 ② 50 ① 51 ③ 52 ④ 53 ① 54 ④

55 **알코올 소독의 미생물 세포에 대한 주된 작용은?**

① 세균포자의 분해
② 단백질 변성
③ 효소의 완전 파괴
④ 병균체의 완전 융해

해설

알코올 소독은 미생물의 단백질 변성이나 용균, 대사기전에 저해작용을 일으키는 화학적 소독법으로, 세균포자 및 사상균에 대해서는 효과가 없다.

56 **혈청이나 약제, 백신 등 열에 불안정한 액체의 멸균에 주로 이용되는 멸균법은?**

① 초음파 멸균법 ② 방사선 멸균법
③ 초단파 멸균법 ④ 여과멸균법

해설

여과멸균법은 가열에 의해 변질 가능성이 있는 재료의 멸균에 사용된다.

57 **미용업자가 점빼기, 문신 등 의료행위를 하다 적발되는 경우 1차 행정처분은?**

① 경 고 ② 영업정지
③ 영업장 폐쇄명령 ④ 면허취소

해설

행정처분기준(공중위생관리법 시행규칙 제19조 [별표 7])
점빼기 · 귓불뚫기 · 쌍꺼풀수술 · 문신 · 박피술 그 밖에 이와 유사한 의료행위를 한 경우
• 1차 위반 : 영업정지 2월
• 2차 위반 : 영업정지 3월
• 3차 위반 : 영업장 폐쇄명령

58 **이 · 미용영업자가 영업정지명령을 받고도 계속하여 영업을 한 때의 벌칙사항은?**

① 3년 이하의 징역 또는 1천만원 이하의 벌금
② 1년 이하의 징역 또는 1천만원 이하의 벌금
③ 1년 이하의 징역 또는 3백만원 이하의 벌금
④ 2년 이하의 징역 또는 5백만원 이하의 벌금

해설

영업정지명령 또는 일부 시설의 사용중지명령을 받고도 그 기간 중에 영업을 하거나 그 시설을 사용한 자 또는 영업소 폐쇄명령을 받고도 계속하여 영업을 한 자는 1년 이하의 징역 또는 1천만원 이하의 벌금에 처한다(공중위생관리법 제20조제1항제2호).

59 **공중위생영업소의 위생관리수준을 향상시키기 위하여 위생서비스 평가계획을 수립하는 자는?**

① 대통령
② 보건복지부장관
③ 시 · 도지사
④ 공중위생관련협회

해설

시 · 도지사는 공중위생영업소의 위생관리수준을 향상시키기 위하여 위생서비스평가계획을 수립하여 시장 · 군수 · 구청장에게 통보하여야 한다(공중위생관리법 제13조제1항).

55 ② 56 ④ 57 ② 58 ② 59 ③ **정답**

60 **미용업 영업자가 영업소 폐쇄명령을 받고도 계속 영업을 하는 경우에 내려지는 조치로 적절치 않은 것은?**

① 출입자 검문 및 통제
② 영업소의 간판 기타 영업표지물의 제거
③ 위법한 영업소임을 알리는 게시물 등의 부착
④ 영업을 위하여 필수불가결한 기구 또는 시설물을 사용할 수 없게 하는 봉인

해설

공중위생영업소의 폐쇄 등(공중위생관리법 제11조제5항)
시장・군수・구청장은 공중위생영업자가 영업소 폐쇄명령을 받고도 계속하여 영업을 하는 때에는 관계공무원으로 하여금 해당 영업소를 폐쇄하기 위하여 다음의 조치를 하게 할 수 있다. 영업신고를 하지 아니하고 공중위생영업을 하는 경우에도 또한 같다.

- 해당 영업소의 간판 및 기타 영업표지물의 제거
- 해당 영업소가 위법한 영업소임을 알리는 게시물 등의 부착
- 영업을 위하여 필수불가결한 기구 및 시설물을 사용할 수 없게 하는 봉인

정답 60 ①

상시복원문제

01 피부미용의 기능으로 옳지 않은 것은?

① 관리적 기능
② 심리적 기능
③ 장식적 기능
④ 문제성 피부의 치료적 기능

해설

④ 치료는 피부관리의 업무 영역이 아니다.
피부미용의 기능 : 관리적 기능(피부 보호), 심리적 기능, 장식적(미적) 기능

02 우리나라 피부미용 역사에 대한 설명으로 잘못된 것은?

① 삼국시대에 백분의 제조기술이 발달되었다.
② 고려시대에 피부보호 및 미백효과에 좋은 면약이 개발되었다.
③ 조선시대에는 전통 화장술이 완성되었으며, 혼례 미용법이 발달하였다.
④ 1960년대 이후 박가분이 판매되었으며, 1980년대 이후 화장품 산업이 확대되었다.

해설

박가분은 근대에 판매되었으며, 1960년대 이후 본격적으로 화장품 산업이 발전하였다.

03 피부상담에 대한 설명으로 잘못된 것은?

① 고객의 피부상태 및 피부유형을 파악하기 위해 실시한다.
② 상담을 통해 고객에게 맞는 관리방법과 방향을 세울 수 있다.
③ 고객이 편안하게 관리받을 수 있게 불안감 및 경계심을 완화시킨 후 관리를 실시한다.
④ 고객의 편의를 위해 피부상태를 매회 분석하지 않고 한 번의 상담으로 관리방향을 정해 관리한다.

해설

피부상태는 수시로 변화하므로 매회 분석내용을 고객카드에 기록하여 피부관리에 활용한다.

04 피부유형 분석 중 문진법에 대한 설명은?

① 사용 화장품, 생활습관 등을 확인하여 고객의 현재 피부상태와의 관련성을 파악한다.
② 스패튤러 등으로 피부에 자극을 주어 판독한다.
③ 모공, 예민도 등을 피부분석기기를 이용하여 판독한다.
④ 자외선을 이용한 우드램프를 이용하여 판독한다.

정답 1 ④ 2 ④ 3 ④ 4 ①

해설

② 촉진법
③ 견진법 및 기기판독법
④ 기기판독법

05 건성 피부에 대한 설명으로 틀린 것은?

① 유·수분량의 균형이 깨진 상태로 각질층 수분함유량이 10% 이하이다.
② 약간의 모공이 보이며 잔주름이 많다.
③ 피부가 얇고 피부결이 섬세하다.
④ 건성 피부, 표피수분부족 건성 피부, 진피수분부족 건성 피부로 나뉜다.

해설

건성 피부는 모공이 거의 보이지 않는다.

06 피부유형에 대한 설명으로 옳지 않은 것은?

① 건성 피부는 모공이 거의 보이지 않으며 잔주름이 많다.
② 표피수분부족 건성 피부는 유전적이며 표피성 잔주름이 발생한다.
③ 지성 피부는 모공이 넓고 피부결이 거칠다.
④ 진피수분부족 건성 피부는 탄력저하와 함께 굵고 깊은 주름이 생기기 쉽다.

해설

표피수분부족 건성 피부는 연령과 상관없이 잘못된 피부관리와 화장품 사용 등 외부 환경에 의해 발생한다.

07 클렌징에 대한 설명으로 잘못된 것은?

① 다음 단계의 제품 흡수를 용이하게 한다.
② 피부유형 및 화장의 상태에 맞게 사용한다.
③ 근육결에 따라 위를 향할 때 힘을 빼고 내릴 때 힘을 가볍게 준다.
④ 처음부터 끝까지 일정 속도와 리듬감을 유지한다.

해설

③ 위를 향할 때 힘을 주고 내릴 때 힘을 뺀다.

08 냉습포에 대한 설명으로 맞는 것은?

① 모공이 수축되는 수렴과 진정효과가 있다.
② 예민성 피부, 모세혈관 확장 피부 등에는 사용하지 않는다.
③ 모공이 확대되는 효과가 있다.
④ 다음 단계의 영양분 흡수를 용이하게 한다.

해설

냉습포는 피부에 긴장을 주고 모공수축, 진정효과가 있으며 피부관리의 마지막에 주로 사용한다.

09 클렌징 크림에 대한 설명으로 옳은 것은?

① 오일 성분이 함유되지 않는 오일 프리제품으로 세정력이 우수하다.
② 친유성으로 이중세안이 필요하며 세정력이 우수하다.
③ 지성 피부에 효과적이다.
④ 친수성 오일로 물에 쉽게 용해된다.

정답 5 ② 6 ② 7 ③ 8 ① 9 ②

해설

① 클렌징 젤에 대한 설명이다.
③ 건성 피부에 효과적이다.
④ 클렌징 오일에 대한 설명이다.

10 **화장수의 종류에 대한 설명으로 옳지 않은 것은?**

① 건성, 노화 피부에는 유연 화장수를 사용한다.
② 피지가 많은 피부에는 수렴 화장수를 사용한다.
③ 유연 화장수는 피부를 촉촉하게 하고 모공수축 효과가 있다.
④ 지성, 여드름 피부에는 소염 화장수를 사용한다.

해설

수렴 화장수는 모공수축 효과가 있으며, 피지가 많은 피부에 사용한다.

11 **딥 클렌징에 대한 설명으로 잘못된 것은?**

① 노화된 각질은 연화하여 제거한다.
② 안색을 맑게 하고, 피부결을 부드럽게 한다.
③ 각질 및 모공 속의 노폐물까지 제거한다.
④ 일주일에 2~3번 정기적으로 실시하고, 건성 피부는 일주일에 1~2회 정도 실시한다.

해설

피부상태에 따라 주 1~2회 실시하고, 건성 및 민감성 피부는 2주에 1회 정도 실시한다.

12 **효소(Enzyme)에 대한 설명으로 옳지 않은 것은?**

① 물리적 방법이다.
② 펩신, 트립신 등의 성분을 이용한다.
③ 모든 피부에 사용 가능하다.
④ 효소활성화를 위해 스티머 또는 온습포를 사용한다.

해설

① 화학적 방법이다.

13 **매뉴얼 테크닉에 대한 설명이 잘못된 것은?**

① 심리적으로 안정감을 주고 신경을 진정시켜 주는 효과가 있다.
② 피부세포에 산소와 영양분을 공급해 준다.
③ 내분비 기능의 조절을 통한 치료효과가 있다.
④ 부드러운 동작으로 긴장된 근육을 이완시키고, 통증을 완화할 수 있다.

해설

내분비 기능의 조절효과는 있으나 치료는 피부관리의 업무 범위가 아니다.

14 **제거방법에 따른 팩의 분류로 잘못된 것은?**

① 워시오프 타입 – 물로 씻어서 제거하는 팩
② 필오프 타입 – 건조되면서 얇은 필름막이 만들어지며 이를 떼어내는 팩
③ 티슈오프 타입 – 티슈로 닦아 제거하는 팩
④ 파우더 타입 – 분말의 형태로 증류수, 화장수와 섞어서 사용하는 팩

10 ③ 11 ④ 12 ① 13 ③ 14 ④ **정답**

해설

팩은 형태에 따라 파우더 타입, 크림 타입, 젤 타입, 머드 타입, 종이 타입, 고무 타입으로 나뉜다.
※ 파우더 타입의 팩은 우유, 꿀, 에센스 등을 함께 사용하면 증류수보다 더욱 효과적이다.

15 콜라겐 벨벳 마스크에 대한 설명으로 옳지 않은 것은?

① 온열 및 밀봉효과를 높이기 위해 기포가 생기지 않게 사용한다.
② 수용성 앰플을 사용한다.
③ 콜라겐을 건조시켜 종이 형태로 만든 시트 타입의 마스크이다.
④ 노화 피부, 건조 피부, 예민 피부에 효과적이다.

해설

온열효과는 석고 마스크, 파라핀 마스크의 효과이다.

16 다음 중 여드름 피부에 대한 설명으로 옳지 않은 것은?

① 과다한 피지 제거를 위해 스크럽 등 물리적인 각질제거 방법을 적용한다.
② 여드름 피부의 완화를 위한 전문적인 세정제를 사용한다.
③ 아하, 티트리, 유황 등의 성분이 함유된 화장품을 사용한다.
④ 피지 제거, 진정, 보습, 항염 등의 효과가 있는 팩을 사용한다.

해설

여드름 피부의 관리방법
- 클렌징 : 여드름 피부 완화를 위해 전문적인 세정제 사용
- 딥 클렌징 : 물리적인 방법은 피지선을 자극하여 여드름을 더 심화시킬 수 있으므로 화학적 방법인 효소 사용(면포성 여드름의 경우 AHA 사용 가능)
- 화장수 : 항염, 살균 등의 기능이 있는 소염 화장수 사용
- 팩 : 피지 제거, 보습, 진정, 항염 등의 효과가 있는 팩 사용
- 화장품 성분 : 티트리, 아하(AHA), 유황 등

17 다음에서 설명하는 제모의 방법은?

모근 하나하나에 전기침을 꽂은 후에 순간적으로 전류를 흘려보내 모근을 파괴하는 방법으로 모유두까지 파괴되는 영구 제모방법이다.

① 전기분해법
② 레이저 제모
③ 핀셋 제모
④ 왁스를 이용한 제모

해설

영구적 제모
- 전기분해법 : 모근 하나하나에 전기침을 꽂은 후에 순간적으로 전류를 흘려보내 모근 및 모유두까지 파괴하는 방법으로 영구 제모를 위해서는 반복 시술을 받아야 한다.
- 레이저 제모 : 털을 만드는 세포를 영구적으로 파괴하는 방법으로 사용이 편리하고 효율적이며 안전하다.

정답 15 ① 16 ① 17 ①

18 **다음 중 림프 드레이니지에 대한 설명으로 잘못된 것은?**

① 덴마크의 에밀 보더(Emil Vodder) 박사에 의해 창시되었다.
② 림프 순환을 촉진시켜 노폐물 배출을 원활하게 하고, 면역기능을 향상시키는 마사지 기법이다.
③ 민감성 피부, 심한 부종, 셀룰라이트, 여드름 피부는 피해서 적용한다.
④ 정지상태 원동작, 펌프 기법, 퍼올리기 동작 등의 방법이 있다.

해설

림프 드레이니지(Lymph Drainage)
- 적용 가능 피부 : 민감성 피부, 여드름 피부, 모세혈관 확장 피부, 심한 부종, 염증 피부
- 금지 피부 : 심부전증, 혈전증, 급성염증, 악성종양, 감염성 피부, 알레르기성 피부

19 **지성 피부의 화장품 적용 목적 및 효과로 가장 거리가 먼 것은?**

① 모공 수축
② 피지분비의 정상화
③ 유연 회복
④ 항염, 정화기능

해설

③ 유연 회복은 건성 피부에 해당한다.
지성 피부는 과다한 피지를 제거하고 피지분비를 억제할 수 있는 관리가 이루어져야 한다.

20 **자외선에 대한 설명으로 틀린 것은?**

① 자외선 C는 오존층에 의해 차단될 수 있다.
② 자외선 A의 파장 영역은 320~400nm이다.
③ 자외선 B는 유리에 의하여 차단할 수 있다.
④ 피부에 가장 깊게 침투하는 것은 중파장(자외선 B)이다.

해설

피부에 가장 깊이 침투하는 자외선은 장파장(UV-A)이다.

21 **다음 중 자외선의 영향으로 인한 부정적인 효과는?**

① 홍반반응 ② 비타민 D의 형성
③ 살균효과 ④ 강장효과

해설

홍반, 색소침착, 일광화상, 광노화, 광과민 반응은 자외선에 의한 부정적 효과이다.

22 **기미에 대한 설명으로 틀린 것은?**

① 피부 내에 멜라닌 합성이 되지 않아 야기되는 것이다.
② 30~40대의 중년 여성에게 잘 나타나고 재발이 잘된다.
③ 선탠기에 의해서도 기미가 생길 수 있다.
④ 경계가 명확한 갈색의 점으로 나타난다.

해설

기미는 멜라닌형성세포의 과도한 생성으로 발생된다.

정답 18 ③ 19 ③ 20 ④ 21 ① 22 ①

23 피부의 노화 원인과 가장 관련이 적은 것은?

① 노화 유전자와 세포노화
② 항산화제
③ 아미노산 라세미화(Racemization)
④ 텔로미어(Telomere)의 단축

해설

항산화제는 노화의 원인이 되는 프리라디칼(활성산소)을 제거하는 물질이다.

24 피부의 각화과정(Keratinization)이란?

① 피부가 손톱, 발톱으로 딱딱하게 변하는 것을 말한다.
② 피부 세포가 기저층에서 각질층까지 분열되어 올라가 죽은 각질세포로 되는 현상을 말한다.
③ 기저세포 중 멜라닌 색소가 많아져서 피부가 검게 되는 것을 말한다.
④ 피부가 거칠어져서 주름이 생겨 늙는 것을 말한다.

해설

각화과정 : 기저층에서 기저세포의 분열과정 → 유극층에서 유극세포의 합성과정 → 과립층에서 케라토하이알린 과립 형성과정 → 각질층에서의 각질세포 변화과정 → 각질층 형성

25 피부의 가장 바깥쪽에 있으며 편평한 층으로 이루어진 상피조직은?

① 표 피　② 진 피
③ 피하조직　④ 근 육

해설

표피는 피부의 가장 바깥쪽에 있으며 편평한 층으로 이루어진 상피조직으로 두께는 신체부위와 각질층의 두께에 따라 달라진다. 표피는 약산성 보호막을 형성하며 멜라닌색소와 베리어층은 빛과 열로부터 피부를 보호하며, 평균 두께는 0.06~1mm이다.

26 한선에 대한 설명 중 틀린 것은?

① 체온 조절기능이 있다.
② 진피와 피하지방 조직의 경계 부위에 위치한다.
③ 입술을 포함한 전신에 존재한다.
④ 에크린선과 아포크린선이 있다.

해설

③ 입술, 손톱, 음부는 제외된다.

27 다음 중 가장 이상적인 피부의 pH 범위는?

① pH 3.5~4.5　② pH 5.2~5.8
③ pH 6.5~7.2　④ pH 7.5~8.2

해설

피부의 가장 이상적인 pH는 5.5이다.

28 다음 중 요의 생성 및 배설과정에 해당하지 않는 것은?

① 사구체 여과
② 사구체 농축
③ 세뇨관 재흡수
④ 세뇨관 분비

정답 23 ② 24 ② 25 ① 26 ③ 27 ② 28 ②

안심Touch

해설

요의 생성 : 사구체 여과 → 세뇨관 재흡수 → 세뇨관 분비

29 췌장에서 분비되는 지방 분해효소는?

① 펩신(Pepsin)
② 트립신(Trypsin)
③ 리페이스(Lipase)
④ 펩티데이스(Peptidase)

해설

췌장은 단백질을 분해하는 트립신, 탄수화물을 분해하는 아밀레이스, 지방을 분해하는 리페이스를 분비한다.

30 담즙을 만들며, 포도당을 글리코겐으로 저장하는 소화기관은?

① 간 ② 위
③ 충 수 ④ 췌 장

해설

간은 포도당을 글리코겐으로 저장하며, 해독작용, 담즙 생성 및 혈액응고에 관여한다.

31 다음 중 소화기관으로 맞는 것은?

① 폐 ② 난 소
③ 신 장 ④ 간

해설

폐는 호흡기계, 난소는 생식기계, 신장은 비뇨기계이다.

32 조직 사이에서 산소와 영양을 공급하고, 이산화탄소와 대사 노폐물이 교환되는 혈관은?

① 동 맥
② 정 맥
③ 모세혈관
④ 림프관

해설

물질교환을 통해 영양분과 산소를 공급하고 노폐물을 교환하는 혈관은 모세혈관이다.

33 성장호르몬에 대한 설명으로 틀린 것은?

① 분비 부위는 뇌하수체 후엽이다.
② 기능 저하 시 어린이의 경우 저신장증이 된다.
③ 기능으로는 골, 근육, 내장의 성장을 촉진한다.
④ 분비 과다 시 어린이는 거인증, 성인의 경우 말단비대증이 된다.

해설

뇌하수체 후엽에서 분비되는 호르몬은 항이뇨호르몬과 옥시토신이다. 성장호르몬은 뇌하수체 전엽에서 분비된다.

34 인체의 구성요소 중 기능적, 구조적 최소 단위는?

① 조 직 ② 기 관
③ 계 통 ④ 세 포

해설

모든 생물체의 기본단위는 세포이다.

29 ③ 30 ① 31 ④ 32 ③ 33 ① 34 ④ **정답**

35 다음 중 전류에 대한 설명으로 잘못된 것은?

① +극에서 −극으로 흐른다.
② 전도체를 따라 한 방향으로 흐르는 전자의 흐름을 말한다.
③ 전자와 전류의 방향은 같다.
④ 1초에 한 점을 통과하는 전하량으로 전류의 세기를 나타낸다.

해설

③ 전자와 전류의 방향은 반대이다.

36 다음에서 설명하고 있는 피부미용기기는 무엇인가?

육안으로 구분하기 힘든 문제성 피부 관찰에 용이하고 면포 제거 등에 효과적이다.

① 확대경
② 우드램프
③ 스킨스코프
④ 유·수분 측정기

해설

피부분석기기
- 확대경 : 육안으로 구분하기 힘든 문제성 피부 관찰에 용이
- 우드램프 : 자외선 램프에 표시되는 색을 통해 피부 상태 분석
- 스킨스코프 : 관리사와 고객이 동시에 피부상태를 보면서 분석할 수 있는 기기
- 유분 측정기 : 특수 플라스틱 테이프를 이용하여 측정
- 수분 측정기 : 유리 탐침을 피부에 눌러 측정

37 온열작용과 근육이완 효과가 있고 영양분 침투가 용이한 영양 침투기기는?

① 적외선 램프
② 스프레이 머신
③ 확대경
④ 우드램프

38 다음 중 전신미용기기에 대한 설명으로 잘못된 것은?

① 진공흡입기는 민감 피부, 모세혈관 확장 피부, 알레르기성 피부는 피해서 사용한다.
② 엔더몰로지기는 공기압을 이용한 압박요법으로 다리부종 등에 많이 사용한다.
③ 초음파기는 노폐물 제거, 영양분 침투의 효과가 있다.
④ 고주파기는 심부열을 발생시켜 혈액순환, 재생효과가 있다.

해설

엔더몰로지기는 셀룰라이트 분해 시 많이 사용되며, 용도에 맞는 제품을 바른 후 말초에서 심장 방향으로 사용한다. 공기압을 이용한 압박요법은 프레셔테라피에 관한 설명이다.

39 다음의 피부미용기기 중 열을 이용한 관리기기가 아닌 것은?

① 스티머
② 파라핀왁스기
③ 고주파기
④ 엔더몰로지기

정답 35 ③ 36 ① 37 ① 38 ② 39 ④

해설

광선 및 열을 이용한 관리기기
- 광선 관리기기 : 적외선기(적외선 램프, 원적외선 사우나, 원적외선 마사지기), 자외선기(선탠기, 살균 소독기, 우드램프), 컬러테라피 기기
- 열 관리기기 : 스티머, 파라핀왁스기, 왁스워머, 고주파기, 적외선

40 전신 피부미용기기 중 진공흡입기에 대한 설명으로 잘못된 것은?

① 피부자극을 통한 피부기능을 활성화시킨다.
② 민감 피부, 정맥류, 여드름 피부 등에는 피해서 사용한다.
③ 진동에 의해 근육운동과 지방분해 효과가 있다.
④ 피지 및 노폐물 제거, 림프순환에 효과적이다.

해설

③은 바이브레이터기에 대한 설명이다.

41 화장품 원료에 대한 설명으로 옳은 것은?

① 에탄올은 청량감, 수렴, 살균, 소독효과가 있다.
② 광물성 오일은 피부 자극은 없으나 부패하기 쉽다.
③ 양이온성 계면활성제는 자극이 덜해 기초화장품에 주로 사용된다.
④ PEG, PPG 등의 폴리올계는 세균 억제, 방부 목적으로 사용한다.

해설

② 광물성 오일은 변질의 우려는 없으나 피부 호흡을 방해한다.
③ 양이온성 계면활성제는 살균, 소독 등에 사용된다.
④ 폴리올계 보습제는 피부 유연 보습의 대표 성분이다.

42 활성성분의 사용 목적으로 옳지 않은 것은?

① 하이알루론산 - 피부 보습
② 아줄렌 - 산도 조절
③ 레티놀 - 항산화
④ 알부틴 - 멜라닌색소 억제

해설

아줄렌은 항염, 항알레르기, 피부진정 효과가 있다.

43 계면활성제의 설명으로 옳지 않은 것은?

① 표면장력을 높여 표면을 비활성화시키는 물질이다.
② 친수성기와 친유성기로 구성된다.
③ 음이온성 계면활성제는 세정작용이 뛰어나다.
④ 비이온성 계면활성제는 기초화장품에 사용된다.

해설

계면활성제는 표면장력을 낮춰 표면을 활성화시키는 물질이다.

40 ③ 41 ① 42 ② 43 ① 정답

44 다음 중 에센셜 오일의 설명으로 옳지 않은 것은?

① 식물에서 분리된 향기물질의 혼합체이다.
② 휘발성이 강하다.
③ 물에 잘 녹는다.
④ 좋은 향을 지니며, 수많은 성분으로 이루어진 복합체이다.

해설

에센셜 오일은 지방과 오일에 잘 녹는다.

45 다음 중 용매를 이용한 에센셜 오일의 추출 방법이 아닌 것은?

① 앱솔루트
② 인퓨즈드
③ 엔플루라지
④ 압착법

해설

압착법은 껍질 등을 직접 압착하여 추출하는 것이다.

46 미백화장품 성분의 메커니즘으로 옳지 않은 것은?

① 알부틴 – 타이로시네이스의 작용 억제
② 코직산 – 도파의 산화 억제
③ 아하 – 멜라닌색소 제거
④ 하이드로퀴논 – 멜라닌세포 사멸

해설

코직산은 타이로시네이스의 작용 억제 효과가 있다.

47 자외선 차단제에 대한 설명으로 옳지 않은 것은?

① 구성성분은 산란제와 흡수제로 구분된다.
② 시간이 경과하면 덧발라준다.
③ 산란제는 차단효과가 우수하나 백탁이 심하다.
④ 흡수제는 물리적 산란작용을 한다.

해설

흡수제는 화학적 흡수작용과 관련이 있다.

48 다음 중 동일한 병원체에 의하여 발생하는 인수공통전염병은?

① 천연두
② 콜레라
③ 디프테리아
④ 결 핵

해설

인수공통감염병은 사람과 동물이 동일한 병원체에 의해 감염된 상태를 말하며 결핵, 광견병, 페스트, 탄저, 살모넬라 등이 있다.

49 다음 중 식품의 혐기성 상태에서 발육하여 신경계 증상이 주증상으로 나타나는 것은?

① 살모넬라 식중독
② 보툴리누스균 식중독
③ 포도상구균 식중독
④ 장염 비브리오 식중독

해설

보툴리누스균 식중독은 신경독에 의해 일어나는 독소형 식중독으로 치명률이 가장 높다.

정답 44 ③ 45 ④ 46 ② 47 ④ 48 ④ 49 ②

50 **다음 중에서 접촉 감염지수가 가장 높은 질병은?**

① 두 창
② 소아마비
③ 디프테리아
④ 성홍열

해설

감염지수란 미감염자가 병원체에 접촉되어 발병하는 비율을 말하며, 홍역과 두창이 가장 높고 폴리오(소아마비)가 가장 낮다.

51 **한 지역이나 국가의 공중보건 수준을 나타내는 가장 대표적인 지표는?**

① 신생아수
② 영아사망률
③ 신생아사망률
④ 노인사망률

해설

영아사망률은 일반사망률에 비해 통계적 유의성이 높고 조사망률이 크기 때문에 국가의 건강수준을 나타내는 가장 대표적 지표이다.

52 **미생물 및 아포를 가진 것을 전부 제거하는 것을 무엇이라 하는가?**

① 멸 균　　② 소 독
③ 방 부　　④ 정 균

해설

멸균은 병원성 또는 비병원성 미생물 및 아포를 전부 사멸시키는 것을 말한다.

53 **자외선의 작용이 아닌 것은?**

① 살균작용
② 비타민 D 합성
③ 피부의 색소침착
④ 아포 사멸

해설

자외선은 살균작용이 강하지만, 아포를 사멸시킬 수는 없다.

54 **보통 상처의 표면을 소독하는 데 이용하며 발생기 산소가 강력한 산화력으로 미생물을 살균하는 소독제는?**

① 석탄산　　② 과산화수소
③ 크레졸　　④ 에탄올

해설

과산화수소는 강력한 산화력에 의한 살균으로 피부, 상처소독에 좋다.

55 **자비소독에 관한 내용으로 옳지 않은 것은?**

① 물에 탄산나트륨을 넣으면 살균력이 강해진다.
② 소독할 물건은 열탕 속에 완전히 잠기도록 한다.
③ 100℃에서 15~20분간 소독한다.
④ 금속기구, 고무, 가죽의 소독에 적합하다.

해설

자비소독은 끓는 물을 이용한 소독법으로 의류나 타월, 도자기 등의 소독에 적합하다.

50 ① 51 ② 52 ① 53 ④ 54 ② 55 ④ 정답

56 고압증기멸균기의 소독 대상물로 적합하지 않은 것은?

① 금속성 기구
② 의 류
③ 분말제품
④ 약 액

해설

고압증기멸균법은 이·미용기구, 의류, 고무제품, 약액 등에 사용된다.

57 과태료에 대한 설명 중 틀린 것은?

① 과태료는 관할 시장·군수·구청장이 부과 징수한다.
② 과태료처분에 불복이 있는 자는 그 처분을 고지받은 날부터 30일 이내에 처분권자에게 이의를 제기할 수 있다.
③ 기간 내에 이의를 제기하지 아니하고 과태료를 납부하지 아니한 때에는 지방세 체납처분의 예에 의하여 과태료를 징수한다.
④ 과태료에 대하여 이의 제기가 있을 경우 청문을 실시한다.

해설

과태료에 대해 이의 제기를 받은 관할 법원은 재판을 행한다.

58 광역시 지역에서 이·미용업소를 운영하는 사람이 영업소의 주소를 변경하고자 할 때의 조치사항으로 옳은 것은?

① 시장에게 변경허가를 받아야 한다.
② 관할 구청장에게 변경허가를 받아야 한다.
③ 시장에게 변경신고를 하면 된다.
④ 관할 구청장에게 변경신고를 하면 된다.

해설

공중위생영업을 하고자 하는 자는 공중위생영업의 종류별로 보건복지부령이 정하는 시설 및 설비를 갖추고 시장·군수·구청장에게 신고하여야 한다. 보건복지부령이 정하는 중요사항(영업소의 명칭 또는 상호, 영업소의 주소 등)을 변경하고자 하는 때에도 또한 같다(공중위생관리법 제3조제1항).

59 다음 중 공중위생관리법에서 규정하는 명예공중위생감시원의 위촉대상자가 아닌 것은?

① 공중위생관련 협회장이 추천하는 자
② 소비자 단체장이 추천하는 자
③ 공중위생에 대한 지식과 관심이 있는 자
④ 3년 이상 공중위생 행정에 종사한 경력이 있는 공무원

해설

명예공중위생감시원의 자격 등(공중위생관리법 시행령 제9조의2제1항)

- 공중위생에 대한 지식과 관심이 있는 자
- 소비자단체, 공중위생관련 협회 또는 단체의 소속직원 중에서 당해 단체 등의 장이 추천하는 자

정답 56 ③ 57 ④ 58 ④ 59 ④

60 다음 중 이·미용영업에 있어 벌칙 기준이 다른 것은?

① 영업신고를 하지 아니한 자
② 영업소 폐쇄명령을 받고도 계속하여 영업을 한 자
③ 일부 시설의 사용중지 명령을 받고 그 기간 중에 영업을 한 자
④ 면허의 취소 중에 계속하여 업무를 행한 자

해설

①, ②, ③의 경우 1년 이하의 징역 또는 1천만원 이하의 벌금, ④는 300만원 이하의 벌금에 처한다(공중위생관리법 제20조제3항제5조).

벌칙(공중위생관리법 제20조제1항)

다음에 해당하는 자는 1년 이하의 징역 또는 1천만원 이하의 벌금에 처한다.

- 영업 신고를 하지 아니한 자
- 영업정지명령 또는 일부 시설의 사용중지명령을 받고도 그 기간 중에 영업을 하거나 그 시설을 사용한 자 또는 영업소 폐쇄명령을 받고도 계속하여 영업을 한 자

60 ④ 정답

상시복원문제

01 피부미용에 대한 설명으로 잘못된 것은?

① 두피를 제외한 전신의 피부를 청결하고 아름답게 가꾸는 것이다.
② 피부상태를 분석하고 관리하는 것이다.
③ 피부관리, 제모, 속눈썹 연장이 업무 영역에 해당된다.
④ 핸드 테크닉, 미용제품 등을 사용하는 전신 미용술이다.

해설
속눈썹 연장은 메이크업 업무 영역이다.

02 피부분석 및 상담에 대한 설명으로 올바르지 않은 것은?

① 관리효과를 높이기 위해 생활습관, 식생활, 일상 업무 등을 파악한다.
② 상담을 통해 알게 된 고객의 사생활 및 정보를 유출하지 않는다.
③ 상담은 고객의 불안감 및 경계심을 완화시키고 안정적이고 적극적인 상태로 유도한다.
④ 관리방법과 절차는 수시로 바뀔 수 있으므로 미리 설명하지 않는다.

해설
상담에서 고객의 피부상태에 맞는 관리방법과 절차 등을 설명해야 한다.

03 피부유형 분석 방법이 아닌 것은?

① 문진법 ② 유·수분 측정기
③ 촉진법 ④ 갈바닉

해설
갈바닉은 직류를 이용한 앰플침투용 기기이다.

04 피지분비 상태에 따른 피부유형이 아닌 것은?

① 중성 피부 ② 건성 피부
③ 지성 피부 ④ 예민 피부

해설
피지분비 상태에 따라 건성 피부, 중성 피부, 지성 피부, 지루성 피부, 여드름 피부로 구분할 수 있다.

05 피부유형에 대한 설명으로 잘못된 것은?

① 건성 피부는 피지분비 과다로 여드름이나 뾰루지가 생기기 쉽다.
② 중성 피부는 유·수분이 균형을 이루고 있어 피부가 유연하고 피부결이 섬세하다.
③ 모세혈관 확장 피부는 모세혈관이 확장되어 실핏줄이 보이는 피부이다.
④ 여드름 피부의 비염증성에는 화이트헤드와 블랙헤드가 있다.

정답 1 ③ 2 ④ 3 ④ 4 ④ 5 ①

해설

①은 지성 피부에 대한 설명이다.

06 클렌징에 대한 설명으로 잘못된 것은?

① 화장품의 잔여물과 피부의 분비물 등을 깨끗이 제거하는 것이다.
② 피부를 자극하지 않게 일정한 속도를 유지하면서 화장품 잔여물을 부드럽게 제거한다.
③ 각질 탈락을 통해 단계의 제품 흡수를 용이하게 하고 피부의 생리적인 기능과 신진대사를 원활하게 한다.
④ 화장품의 잔여물과 피지막 등에 자극을 주지 않으면서 가능한한 깨끗이 제거한다.

해설

각질 제거는 딥 클렌징에 해당된다.

07 냉습포에 대한 설명으로 잘못된 것은?

① 피부의 온도를 상승시키고 모공이 확대된다.
② 모공이 수축되는 수렴과 진정효과가 있다.
③ 피부관리의 마지막 단계에서 사용한다.
④ 딥 클렌징 아하(AHA)를 사용한다.

해설

①은 온습포에 대한 설명이다.

08 클렌징 크림에 대한 설명으로 적절한 것은?

① 클렌징 크림은 세정력이 약하므로 두꺼운 화장은 잘 지워지지 않는다.
② 클렌징 크림은 O/W 타입으로 모든 피부에 사용 가능하다.
③ 클렌징 크림은 가벼운 화장을 지우기에 좋다.
④ 클렌징 크림은 건성 피부에 좋다.

해설

①, ③ 클렌징 크림은 세정력이 우수하여 진한 메이크업을 지우기에 좋다.
② W/O 타입이다.

09 유연화장수에 대한 설명으로 맞는 것은?

① 피지가 많은 피부에 좋다.
② 살균효과가 있어 지성, 여드름 피부에 사용 가능하다.
③ 피부 각질층을 부드럽고 촉촉하게 하는 기능이 있다.
④ 모공 수축효과가 있다.

해설

①, ④는 수렴화장수에 대한 설명이다.
② 소염화장수에 대한 설명이다.

10 각질 제거에 대한 설명으로 맞는 것은?

① 죽은 각질세포를 제거하고 피부 안색을 맑게 한다.
② 화장품의 잔여물 및 노폐물을 제거한다.
③ 물리적 각질 제거제로 아하(AHA)가 있다.
④ 건성 피부는 일주일에 2~3번 사용하여 과다한 각질을 제거한다.

6 ③ 7 ① 8 ④ 9 ③ 10 ① **정답**

해설

② 클렌징에 대한 설명이다.
③ 아하(AHA)는 화학적 각질 제거제이다.
④ 건성 피부는 일주일에 1번 정도 사용한다.

11 엔자임에 대한 설명으로 옳지 않은 것은?

① 화학적 각질 제거제이다.
② 예민 피부에는 사용하지 않는다.
③ 각질 제거 분해효소인 트립신, 펩신 등의 성분을 사용한다.
④ 물과 섞어서 사용하면 온습포로 온도와 습도를 맞춰준다.

해설

엔자임은 모든 피부에 사용 가능하다.

12 물리적 방법의 딥 클렌징으로 옳은 것은?

① 스크럽
② 아 하
③ 엔자임
④ 클리코닉

해설

물리적 딥 클렌징

- 스크럽 : 알갱이를 이용하여 피부와의 마찰을 통해 각질 제거
- 고마지 : 고마지를 도포하여 근육결 방향으로 밀면서 각질 제거
- 기기를 이용한 딥 클렌징 : 브러시기기, 갈바닉 기기의 디스인크러스테이션, 진공흡입기, 스킨 스크러버 등

13 매뉴얼 테크닉의 주의사항으로 옳은 것은?

① 피부의 탄력을 위해 마찰을 충분히 한다.
② 심장에서 말초 방향으로 실시한다.
③ 시작과 마지막에 쓰다듬기 동작을 사용한다.
④ 생리 중이거나 몸이 건강하지 않을 때 적용하여 피로감을 해소한다.

해설

매뉴얼 테크닉은 피부에 자극이 되지 않게 부드럽게 실시하고, 말초에서 심장 방향으로 실시한다.

14 크림팩에 대한 설명으로 옳지 않은 것은?

① 유화형태로 물로 씻어 제거한다.
② 노화나 건성 피부에 효과적이다.
③ 피부 타입에 따라 건성, 지성, 중성으로 구분하여 사용 가능하다.
④ 얇은 필름막을 떼어낸다.

해설

④는 필오프 타입에 대한 설명이다.

15 석고팩에 대한 설명으로 맞는 것은?

① 온열 및 밀봉효과가 있다.
② 예민 피부에 효과적이다.
③ 눈과 입을 가리고 사용한다.
④ 가능한 한 두껍게 발라 온열효과를 높인다.

해설

석고팩은 열이 발생하므로 예민한 피부는 피하고, 입은 가리지 않고 눈은 젖은 화장솜으로 가리고 사용한다. 석고는 두껍게 바를수록 열이 많이 나므로 너무 두껍게 바르면 피부화상을 입을 수도 있다.

정답 11 ② 12 ① 13 ③ 14 ④ 15 ①

16 지성 피부 관리방법으로 잘못된 것은?

① 피지흡착 효과가 있는 머드팩을 사용한다.
② 수렴 화장수를 사용한다.
③ 주 2회 물리적 또는 화학적 각질 제거제를 사용한다.
④ 클렌징 크림을 사용하고 이중세안을 하지 않는다.

해설

④ 클렌징 크림은 유분이 많으므로 이중세안을 해야 한다. 지성 피부는 사용을 피한다.

17 다음 중 제모의 종류로 잘못된 것은?

① 전기 분해법, 레이저 제모는 영구 제모이다.
② 면도기와 화학적 제모는 모간을 제모한다.
③ 면도기, 핀셋, 왁스를 이용한 제모는 일시적 제모이다.
④ 왁스는 크림, 액체 등의 형태로 만들어진 화학성분을 이용한다.

해설

④는 화학적 제모에 대한 설명이다.

18 전기에 대한 설명으로 잘못된 것은?

① 전류 – 전도체를 따라 한 방향으로 흐르는 전자의 흐름
② 암페어 – 전류의 세기
③ 전력 – 전류가 잘 통하는 물질
④ 주파수 – 1초 동안 반복되는 진동 횟수

해설

③ 전력 : 일정 시간 동안 사용되는 전류량

19 자외선 램프에 표시되는 색을 통해 피부상태를 분석하는 피부분석기기는?

① 확대경
② 스킨스코프
③ 루카스
④ 우드램프

해설

피부분석기기
- 확대경 : 육안으로 구분하기 힘든 문제성 피부 관찰에 용이
- 우드램프 : 자외선 램프에 표시되는 색을 통해 피부상태 분석
- 스킨스코프 : 관리사와 고객이 동시에 피부상태를 보면서 분석할 수 있는 기기
- 유분 측정기 : 특수 플라스틱 테이프를 이용하여 측정
- 수분 측정기 : 유리 탐침을 피부에 눌러 측정

20 다음 중 피부분석기기로 맞는 것은?

① 유·수분 측정기
② 루카스
③ 초음파
④ 적외선 램프

해설

②는 토닉 분무기기, ③, ④는 영양 침투기기이다.

정답: 16 ④ 17 ④ 18 ③ 19 ④ 20 ①

21 **영양 침투기기에 대한 설명으로 잘못된 것은?**

① 적외선 램프는 온열작용, 근육이완과 함께 영양분 침투가 용이하다.
② 초음파는 음파를 이용한 기기이다.
③ 리프팅기는 탄력 및 주름관리 효과가 있다.
④ 영양 침투기기로 혈액순환을 촉진시키는 전동브러시가 있다.

해설

④ 전동브러시는 클렌징 및 딥 클렌징기기이다.

22 **우드램프에 대한 설명으로 잘못된 것은?**

① 적외선 파장을 이용한 기기이다.
② 주위 조명을 어둡게 하고 아이패드로 눈을 보호한 후 사용한다.
③ 색소침착은 암갈색으로 반응한다.
④ 지성, 피지, 여드름은 오렌지색으로 반응한다.

해설

① 자외선 파장을 이용한 기기이다.

23 **이온토포레시스(이온영동법)에 대한 설명으로 잘못된 것은?**

① 영양분 침투와 혈액순환 촉진에 효과가 있다.
② 알칼리 성분으로 건성 피부에 좋다.
③ 오일타입은 전이되지 않으므로 수용성 앰플을 사용한다.
④ 전극봉이 피부에 부착된 상태에서 기기를 작동한다.

해설

알칼리 성분은 디스인크러스테이션에 대한 설명이다.

24 **다음 중 자외선의 작용이 아닌 것은?**

① 살균효과
② 비타민 A 합성
③ 홍반 형성
④ 피부의 색소침착

해설

자외선의 작용 : 비타민 D 합성, 살균작용, 색소침착

25 **피지선에 대한 설명으로 틀린 것은?**

① 피지를 분비하는 선으로 진피층에 위치한다.
② 손바닥에는 피지선이 없다.
③ 1일 피지분비량은 10~20g 정도이다.
④ 피지선이 많은 부위는 코 주위이다.

해설

③ 피지의 분비량은 1~2g/1일이다.

26 **기미 피부의 관리방법으로 틀린 것은?**

① 정신적인 스트레스를 최소화한다.
② 자외선을 자주 이용하여 멜라닌을 관리한다.
③ 비타민 C가 함유된 음식을 섭취한다.
④ 화학적 필링과 AHA 성분을 이용한다.

정답 21 ④ 22 ① 23 ② 24 ② 25 ③ 26 ②

해설

자외선에 의해서 색소침착이 된다.

27 장기간에 걸쳐 반복하여 긁거나 비벼서 표피가 건조하고 가죽처럼 두꺼워진 상태는?

① 결 절 ② 태선화
③ 켈로이드 ④ 반 흔

해설

태선화 : 피부가 두꺼워져 딱딱해지는 현상(만성피부염, 아토피)

28 표피 중에서 피부로부터 수분이 증발하는 것을 막는 층은?

① 각질층 ② 기저층
③ 과립층 ④ 유극층

해설

표피의 과립층은 수분이 외부로 빠져 나가지 않도록 방어하는 역할을 한다.

29 한선에 대한 설명 중 틀린 것은?

① 체온 조절기능이 있다.
② 진피와 피하지방 조직의 경계 부위에 위치한다.
③ 입술을 포함한 전신에 존재한다.
④ 에크린선과 아포크린선이 있다.

해설

한선은 입술, 손톱, 음부를 제외한 전신에 분포한다.

30 피부에 있어 색소세포가 가장 많이 존재하는 곳은?

① 표피의 각질층
② 표피의 기저층
③ 진피의 유두층
④ 진피의 망상층

해설

멜라닌 세포는 대부분 표피의 기저층에 위치한다.

31 다음 중 뼈의 분류에서 편평골에 해당하는 것은?

① 상완골 ② 두개골
③ 슬개골 ④ 요 골

해설

편평골 : 견갑골, 흉골, 늑골, 두개골

32 중추신경계에 대한 내용으로 틀린 것은?

① 뇌와 척수는 중추신경계의 장기이다.
② 대뇌는 뇌에서 가장 크고 많은 부분을 차지한다.
③ 뇌줄기는 중간뇌, 다리뇌, 숨뇌(연수)로 나뉜다.
④ 31쌍의 척수신경이 있다.

해설

말초신경계는 12쌍의 뇌신경과 31쌍의 척수신경으로 구성되어 있다.

27 ② 28 ③ 29 ③ 30 ② 31 ② 32 ④ 정답

33 성장기까지 뼈의 길이 성장을 주도하는 것은?

① 골 막
② 골 수
③ 골단판
④ 치밀골

해설

뼈 길이 성장은 골단층(성장판)이라는 골단판에서 관여한다.

34 다음 중 소화기관으로 맞는 것은?

① 신 우
② 난 소
③ 신 장
④ 간

해설

① 신우 : 비뇨기계
② 난소 : 생식기계
③ 신장 : 비뇨기계

35 세포막의 기능으로 틀린 것은?

① 세포의 경계를 형성한다.
② 단백질을 합성하는 장소이다.
③ 물질을 확산에 의해 통과시킬 수 있다.
④ 조직을 이식할 때 자기 조직이 아닌 것을 인식할 수 있다.

해설

RNA : DNA 암호를 받아 단백질 합성에 직접 작용하는 고분자 화합물

36 성장호르몬에 대한 설명으로

① 분비 부위는 뇌하수체 후엽
② 기능 저하 시 어린이의 경우 저
된다.
③ 기능으로는 골, 근육, 내장의 성장
진한다.
④ 과다 분비 시 어린이는 거인증, 성인
말단비대증이 된다.

해설

뇌하수체 후엽에서 분비되는 호르몬은 항이뇨호르몬과 옥시토신이다. 성장호르몬은 뇌하수체 전엽에서 분비된다.

37 세포막을 통한 물질의 이동 방법이 아닌 것은?

① 여 과 ② 확 산
③ 삼 투 ④ 수 축

해설

세포막을 통한 물질의 이동방법에는 여과, 확산, 삼투 등이 있다.

38 비누에 대한 설명으로 틀린 것은?

① 비누의 세정작용은 비누 수용액이 오염과 피부 사이에 침투하여 부착을 약화시켜 떨어지기 쉽게 하는 것이다.
② 거품이 풍성하고 잘 헹구어져야 한다.
③ pH가 중성인 비누는 세정작용뿐만 아니라 살균, 소독효과가 뛰어나다.
④ 메디케이티드(Medicated) 비누는 소염제를 배합한 제품으로 여드름, 면도 상처 및 피부 거칠음 방지 효과가 있다.

정답 33 ③ 34 ④ 35 ② 36 ① 37 ④ 38 ③

물리적 자외선에 사용되는 산란

40 **미백 화장품의 기능으로 틀린 것은?**

① 각질세포의 탈락을 유도하여 멜라닌 색소 제거
② 타이로시네이스를 활성하여 도파(DOPA) 산화 억제
③ 자외선 차단 성분이 자외선 흡수 방지
④ 멜라닌 합성과 확산 억제

해설

알부틴, 코직산과 같은 성분은 타이로시네이스의 작용을 억제하여 미백을 돕는다.

41 **피지 조절, 항우울과 함께 분만 촉진에 효과적인 아로마 오일은?**

① 라벤더 ② 로즈마리
③ 자스민 ④ 오렌지

해설

자스민, 네롤리, 일랑일랑, 로즈 등 꽃에서 추출한 에센셜 오일은 여성호르몬과 관련이 있으며 항우울에 효과가 있다.

42 **유연화장수의 작용으로 가장 거리가 먼 것은?**

① 피부에 보습을 주고 윤택하게 해 준다.
② 피부에 남아 있는 비누의 알칼리 성분을 중화시킨다.
③ 각질층에 수분을 공급해 준다.
④ 피부의 모공을 넓혀 준다.

해설

유연화장수는 피부 각질층을 부드럽고 촉촉하게 하여 건성, 노화 피부에 사용한다.

43 **진피층에도 함유되어 있으며 보습기능으로 피부관리 제품에 사용되는 성분은?**

① 알코올
② 콜라겐
③ 판테놀
④ 글리세린

해설

콜라겐은 진피의 90%를 차지하는 섬유단백질로 피부 탄력, 신축성, 피부 보습, 주름 등에 관여한다.

44 **기능성 화장품의 범위가 아닌 것은?**

① 피부를 청결히 하여 피부 건강을 유지한다.
② 피부 주름 개선에 도움을 준다.
③ 자외선으로부터 피부를 보호한다.
④ 피부 미백에 도움을 준다.

39 ① 40 ② 41 ③ 42 ④ 43 ② 44 ① **정답**

45 바이러스에 대한 설명으로 틀린 것은?

① 독감 인플루엔자를 일으키는 원인이 여기에 해당한다.
② 크기가 작아 세균여과기를 통과한다.
③ 살아 있는 세포 내에서 증식이 가능하다.
④ 유전자는 DNA와 RNA를 모두 가지고 있다.

해설

바이러스는 DNA나 RNA를 유전체로 가지고 있으며, 단백질로 둘러싸여 있다.

46 감염병의 예방 및 관리에 관한 법률상 제1급 감염병이 아닌 것은?

① 페스트
② 탄 저
③ 디프테리아
④ 결 핵

해설

결핵은 제2급 감염병에 해당한다.

47 장염 비브리오 식중독의 설명으로 가장 거리가 먼 것은?

① 원인균은 보균자의 분변이 주원인이다.
② 복통, 설사, 구토 등이 생기며 발열이 있고 2~3일이면 회복된다.
③ 예방은 저온저장, 조리기구, 손 등의 살균을 통해서 할 수 있다.
④ 여름철에 집중적으로 발생한다.

48 제2, 3급 감염병의 신고기간으로 옳은 것은?

① 즉시 신고 ② 24시간 이내
③ 7일 이내 ④ 한 달 이내

해설

정의(감염병의 예방 및 관리에 관한 법률 제2조)

- 제2급 감염병이란 전파 가능성을 고려하여 발생 또는 유행 시 24시간 이내에 신고하여야 하고, 격리가 필요한 감염병을 말한다. 다만, 갑작스러운 국내 유입 또는 유행이 예견되어 긴급한 예방·관리가 필요하여 질병관리청장이 보건복지부장관과 협의하여 지정하는 감염병을 포함한다.
- 제3급 감염병이란 그 발생을 계속 감시할 필요가 있어 발생 또는 유행 시 24시간 이내에 신고하여야 하는 감염병을 말한다. 다만, 갑작스러운 국내 유입 또는 유행이 예견되어 긴급한 예방·관리가 필요하여 질병관리청장이 보건복지부장관과 협의하여 지정하는 감염병을 포함한다.

49 모기가 매개하는 감염병이 아닌 것은?

① 일본뇌염 ② 콜레라
③ 말라리아 ④ 사상충증

해설

콜레라는 파리에 의해 매개되는 감염병이다.

50 일산화탄소(CO)와 가장 관계가 적은 것은?

① 혈색소와의 친화력이 산소보다 강하다.
② 실내공기 오염의 대표적인 지표로 사용한다.
③ 중독 시 중추신경계에 치명적인 영향을 미친다.
④ 냄새와 자극이 없다.

정답 45 ④ 46 ④ 47 ① 48 ② 49 ② 50 ②

해설

실내공기오염의 지표로 사용되는 것은 이산화탄소(CO_2)이다.

51 **다음 중 일광에 대한 설명으로 옳지 않은 것은?**

① 적외선 파장 영역은 7,800Å 이상이다.
② 가시광선은 물체의 명암과 색 구별을 가능하게 한다.
③ 비타민 D 합성과 관련 있는 것은 자외선이다.
④ 자외선의 파장 영역은 3,800~7,800Å이다.

해설

자외선의 파장 영역은 3,800Å 이하이다.

52 **이·미용기구 소독의 기준으로 옳은 것은?**

① 석탄산수 10%로 20분 이상
② 크레졸 70%로 10분 이상
③ 에탄올 100%로 30분 이상
④ 자외선 $1cm^2$당 85μW 이상으로 20분 이상

해설

① 석탄산수 3% 10분 이상
② 크레졸 3% 10분 이상
③ 에탄올 70% 10분 이상

53 **다음 중 식기류 소독에 가장 적당한 것은?**

① 30% 알코올　② 자비소독
③ 40℃ 온수　④ 염 소

해설

자비소독은 100℃의 물에 15분가량 처리하는 소독법으로 식기, 도자기, 금속, 의복류 소독에 적합하다.

54 **살균력과 침투성은 약하지만 자극이 없고 발포작용에 의해 구강이나 상처소독에 주로 사용되는 소독제는?**

① 페 놀　② 염 소
③ 과산화수소　④ 알코올

해설

과산화수소는 상처의 표면을 소독하는 데 사용하며 발생기 산소의 강력한 산화력으로 미생물을 살균한다.

55 **공중보건학의 대상으로 가장 적합한 것은?**

① 개 인
② 지역주민
③ 의료인
④ 환자집단

해설

공중보건학은 조직된 지역사회의 노력을 통해 질병을 예방하고, 생명 연장과 육체적·정신적 효율을 증진시키는 기술 및 과학이다.

51 ④ 52 ④ 53 ② 54 ③ 55 ② **정답**

56 영업정지명령을 받고도 그 기간 중에 계속 영업을 한 공중위생영업자에 대한 벌칙 기준은?

① 6개월 이하의 징역 또는 500만원 이하의 벌금
② 1년 이하의 징역 또는 1천만원 이하의 벌금
③ 2년 이하의 징역 또는 2천만원 이하의 벌금
④ 3년 이하의 징역 또는 3천만원 이하의 벌금

해설

벌칙(공중위생관리법 제20조제1항제2호)
영업정지명령 또는 일부 시설의 사용중지명령을 받고도 그 기간 중에 영업을 하거나 그 시설을 사용한 자 또는 영업소 폐쇄명령을 받고도 계속하여 영업을 한 자는 1년 이하의 징역 또는 1천만원 이하의 벌금에 처한다.

57 공중위생영업자의 지위를 승계한 자는 며칠 이내에 시·군·구청장에게 신고를 하여야 하는가?

① 7일
② 15일
③ 1개월
④ 2개월

해설

공중위생영업의 승계(공중위생관리법 제3조의2제4호)
공중위생영업자의 지위를 승계한 자는 1월 이내에 보건복지부령이 정하는 바에 따라 시장·군수 또는 구청장에게 신고하여야 한다.

58 영업소 외의 장소에서 이·미용 업무를 행할 수 있는 경우에 해당하지 않는 것은?

① 질병이나 그 밖의 사유로 영업소에 나올 수 없는 자에 대해 이·미용을 하는 경우
② 혼례나 그 밖의 의식에 참여하는 자에 대해 그 의식 직전에 이·미용을 하는 경우
③ 방송 등의 촬영에 참여하는 사람에 대해 이·미용을 하는 경우
④ 특별한 사정이 있다고 사회복지사가 인정한 경우

해설

영업소 외에서의 이용 및 미용 업무(공중위생관리법 시행규칙 제13조)
- 질병·고령·장애나 그 밖의 사유로 영업소에 나올 수 없는 자에 대하여 이용 또는 미용을 하는 경우
- 혼례나 그 밖의 의식에 참여하는 자에 대하여 그 의식 직전에 이용 또는 미용을 하는 경우
- 사회복지시설에서 봉사활동으로 이용 또는 미용을 하는 경우
- 방송 등의 촬영에 참여하는 사람에 대하여 그 촬영 직전에 이용 또는 미용을 하는 경우
- 위의 경우 외에 특별한 사정이 있다고 시장·군수·구청장이 인정하는 경우

59 이·미용업 영업자가 지켜야 하는 사항으로 옳은 것은?

① 부작용이 없는 의약품을 사용하여 순수한 화장의 피부미용을 하여야 한다.
② 기구는 소독하여야 하며 소독하지 않은 기구와 함께 보관하는 때에는 반드시 소독한 기구라고 표시하여야 한다.
③ 1회용 면도날은 사용 후 정해진 소독기준과 방법에 따라 소독하여 재사용하여야 한다.
④ 이·미용업 개설자의 면허증 원본을 영업소 안에 게시하여야 한다.

정답 56 ② 57 ③ 58 ④ 59 ④

해설

공중위생영업자의 위생관리의무 등(공중위생관리법 제4조제3항, 제4항)

- 이·미용기구는 소독을 한 기구와 소독을 하지 아니한 기구로 분리하여 보관하고, 면도기는 1회용 면도날만을 손님 1인에 한하여 사용할 것. 이 경우 이용기구의 소독기준 및 방법은 보건복지부령으로 정한다.
- 이·미용사면허증을 영업소 안에 게시할 것
- 이용업소 표시 등을 영업소 외부에 설치할 것(이용업을 하는 자에 해당)
- 의료기구와 의약품을 사용하지 아니하는 순수한 화장 또는 피부미용을 할 것(미용업을 하는 자에 해당)

60 면허가 취소된 자는 누구에게 면허증을 반납하여야 하는가?

① 보건복지부장관
② 시·도지사
③ 시장·군수·구청장
④ 읍·면장

해설

면허증의 반납 등(공중위생관리법 시행규칙 제12조제1항)
면허가 취소되거나 면허의 정지명령을 받은 자는 지체 없이 관할 시장·군수·구청장에게 면허증을 반납하여야 한다.

60 ③ 정답

상시복원문제

01 피부미용의 역사에 대한 설명으로 잘못된 것은?

① 이집트는 종교의식을 중심으로 한 미용이 발달하였다.
② 그리스는 메이크업보다 깨끗한 피부를 가꾸는 데 중점을 두었다.
③ 르네상스 시대는 향수문화가 발달하였다.
④ 로마시대는 피부에 수증기를 쐬는 약초 스팀법이 등장하였다.

해설
④는 중세시대에 대한 설명이다.

02 우리나라 피부미용 역사에 대한 설명으로 맞는 것은?

① 삼국시대에 백분의 제조기술이 발달되었다.
② 조선시대에 피부보호 및 미백효과에 좋은 면약이 개발되었다.
③ 고려시대는 전통 화장술이 완성되었으며, 혼례 미용법이 발달하였다.
④ 현대에는 1960년대 이후 박가분의 판매와 1980년대 이후 화장품 산업이 확대되었다.

해설
② 면약의 개발은 고려시대이다.
③ 전통 화장술이 완성된 시기는 조선시대이다.
④ 박가분의 판매와 다양한 화장품이 유입된 시기는 근대이다.

03 피부유형 분석 방법 중 견진법에 대한 설명으로 맞는 것은?

① 고객에게 질문을 통해 피부유형을 판독한다.
② 피부를 직접 만져서 피부를 판독한다.
③ 모공, 예민도 등을 육안이나 피부분석기기를 이용하여 판독한다.
④ 피부를 직접 만져 판단하므로 탄력성, 예민도 등을 판독할 수 있다.

해설
①은 문진법, ②, ④는 촉진법의 내용이다.

04 지성 피부에 대한 설명으로 맞는 것은?

① 유·수분량의 균형이 깨진 상태로 각질층 수분 함유량이 10% 이하이다.
② 피지 분비가 많지 않고 피부가 유연하다.
③ 유·수분이 균형을 이루는 가장 이상적인 피부형태이다.
④ 모공이 넓고 피부결이 거칠다.

정답 1 ④ 2 ① 3 ③ 4 ④

해설

① 건성 피부에 대한 설명이다.
② 지성 피부는 피부가 거칠다.
③ 정상 피부에 대한 설명이다.

05 진피수분부족 건성 피부에 대한 설명으로 맞는 것은?

① 표피성 잔주름이 발생한다.
② 연령과 상관없이 발생하며 피부조직이 얇게 보이지 않는다.
③ 주로 외부환경에 의해 발생한다.
④ 탄력 저하 및 피부 늘어짐이 심하고 깊은 주름이 생기기 쉽다.

해설

①, ②, ③은 표피수분부족 건성 피부에 대한 설명이다.

06 클렌징에 대한 설명으로 맞는 것은?

① 스크럽, 엔자임, 고마지, 아하 등의 종류가 있다.
② 두꺼운 화장에는 클렌징 로션이 적합하다.
③ 근육결에 따라 위를 향할 때 힘을 빼고 내릴 때 힘을 가볍게 준다.
④ 처음부터 끝까지 일정한 속도와 리듬감을 유지한다.

해설

② 클렌징 로션은 클렌징 크림보다 세정력이 약해 가벼운 화장에 사용한다.
③ 클렌징 동작 중 원을 그리는 동작은 얼굴의 위를 향할 때 힘을 주고 내릴 때 힘을 뺀다.

07 온습포에 대한 설명으로 맞는 것은?

① 관리의 마지막 단계에 사용한다.
② 예민성 피부, 모세혈관 확장 피부는 피해서 사용한다.
③ 모공 수축과 수렴효과가 있다.
④ 팩 사용 후 적용한다.

해설

온습포
- 전 단계 화장품의 잔여물 및 노폐물 제거에 용이하다.
- 피부의 온도 상승과 모공이 확대된다.
- 혈액순환 촉진과 근육을 이완시키는 효과가 있다.
- 예민성 피부, 모세혈관 확장 피부, 화농성 여드름 피부는 피한다.

08 클렌징 로션에 대한 설명으로 적절한 것은?

① W/O 제품으로 세정력이 우수하다.
② 친유성으로 건성 피부에 적합하다.
③ 가벼운 화장이나 지성 피부에 효과적이다.
④ 친수성 오일로 물에 쉽게 용해된다.

해설

①, ② 클렌징 크림에 대한 설명이다.
④ 클렌징 오일에 대한 설명이다.

09 화장수의 종류에 대한 설명으로 잘못된 것은?

① 건성, 노화 피부에는 수렴화장수를 사용한다.
② 피지가 많은 피부에는 수렴화장수를 사용한다.
③ 유연화장수는 보습효과가 있어 피부를 유연하게 한다.
④ 여드름 피부에는 소염화장수를 사용한다.

5 ④ 6 ④ 7 ② 8 ③ 9 ① **정답**

해설

① 건성, 노화 피부에는 보습효과가 있는 유연화장수를 사용한다.

10 고마지에 대한 설명으로 잘못된 것은?

① 물리적 각질제거 방법이다.
② 손을 가위 모양으로 하고 텐션을 잡고 고마지를 제거한다.
③ 알맹이와 피부의 마찰을 이용한 방법이다.
④ 남은 잔여물은 물을 이용하여 부드럽게 러빙하여 녹힌 후 제거한다.

해설

③ 스크럽에 대한 설명이다.

11 엔자임에 대한 설명으로 잘못된 것은?

① 화학적 방법이다.
② 펩신, 트립신 등의 성분을 이용한다.
③ 사용 후 피부의 진정을 위해 냉습포를 사용한다.
④ 효소활성화를 위해 스티머 또는 온습포를 사용한다.

12 매뉴얼 테크닉에 대한 설명으로 잘못된 것은?

① 마사지라고도 하며 어원은 그리스어 'Masso'에서 유래되었다.
② 반사작용이 증가하는 효과가 있다.
③ 신경을 진정시켜 긴장이 이완된다.
④ 통증 완화를 위해 자극을 주면서 동작한다.

해설

매뉴얼 테크닉은 부드러운 동작으로 실시한다.

13 제거 방법에 따른 팩의 분류로 맞는 것은?

① 티슈오프 타입 – 물로 씻어서 제거하는 팩
② 필오프 타입 – 건조되면서 얇은 필름막이 만들어지며 이를 떼어내는 팩
③ 파우더 타입 – 티슈로 닦아 제거하는 팩
④ 워시오프 타입 – 분말형태로 증류수, 화장수와 섞어서 사용하는 팩

해설

① 티슈오프 타입 : 티슈로 닦아 제거하는 팩으로 영양효과가 뛰어나다.
③ 파우더 타입 : 분말형태로 증류수, 화장수와 섞어서 사용하는 팩이다. 우유, 꿀, 에센스 등을 함께 사용하면 증류수보다 더욱 효과적이다.
④ 워시오프 타입 : 물로 씻어서 제거하는 팩으로 예민한 피부는 피하고 두껍게 바르지 않는다.

14 모델링 마스크에 대한 설명으로 적절한 것은?

① 밀봉효과를 높이기 위해 기포가 생기지 않게 사용한다.
② 베이스 크림을 발라 열로부터 피부 및 영양분을 보호한다.
③ 콜라겐을 건조시켜 종이형태로 만든 시트 타입의 마스크이다.
④ 알긴산이 주원료이며, 영양 공급 및 밀봉효과가 있다.

해설

모델링 마스크(고무팩)의 효과

- 알긴산이 주원료이며, 영양 공급 및 밀봉효과가 있다.
- 유효성분 흡수를 높인다.
- 진정, 보습효과, 노폐물 흡착

정답 10 ③ 11 ③ 12 ④ 13 ② 14 ④

15 예민 피부에 대한 설명으로 적절한 것은?

① 스크럽 등 물리적인 각질 제거 방법을 적용한다.
② 예민 피부의 진정을 위해 티트리, 유황 등의 성분이 함유된 화장품을 사용한다.
③ 클레이 타입의 팩을 사용한다.
④ 진정, 보습 등의 효과가 있는 팩을 사용한다.

16 다음은 무엇에 대한 설명인가?

> 크림, 액체, 연고 등의 형태로 만들어진 화학성분을 이용한 제모로 강알칼리성으로 피부 자극 여부를 확인한 후 사용한다.

① 왁스를 이용한 제모
② 전기분해법
③ 핀셋 제모
④ 화학적 제모

해설

화학적 제모
- 크림, 액체, 연고 등의 형태로 만들어진 화학성분을 이용
- 화학성분이 털을 연화시켜 모간부분만 제거하고 넓은 부위의 털을 통증 없이 제거
- 강알칼리성으로 피부 자극 여부를 확인(첩포시험)한 후 사용

17 림프 드레이니지에 대한 설명으로 맞는 것은?

① 스웨덴 의사 퍼핸링에 의해 창시되었다.
② 림프 순환을 촉진시켜 노폐물 배출을 원활하게 하고, 면역기능을 향상시키는 마사지 기법이다.
③ 전신의 혈관을 자극하여 혈액순환을 촉진시키는 방법이다.
④ 식물에서 추출한 아로마 오일을 사용한다.

해설

림프 드레이니지(Lymph Drainage)
- 적용 가능 피부 : 민감성 피부, 여드름 피부, 모세혈관 확장 피부, 심한 부종, 염증 피부
- 금지 피부 : 심부전증, 혈전증, 급성염증, 악성종양, 감염성 피부, 알레르기성 피부

18 다음 중 전류에 대한 설명으로 맞는 것은?

① +극에서 −극으로 흐른다.
② 전도체를 따라 양 방향으로 흐르는 전자의 흐름을 말한다.
③ 전자와 전류의 방향은 반대이다.
④ 전기의 에너지가 낮은 곳에서 높은 곳으로 연속적으로 전하가 이동하는 현상이다.

19 다음에서 설명하고 있는 피부미용기기는 무엇인가?

> 음파를 이용한 기기로 영양 침투효과가 있다.

① 스킨스코프
② 우드램프
③ 이온토포레시스
④ 초음파

해설

① 스킨스코프 : 정교한 피부 분석을 할 수 있고, 관리사와 고객이 동시에 피부상태를 분석할 수 있음
② 우드램프 : 자외선 램프에 표시되는 색을 통해 피부상태 분석
③ 이온토포레시스 : 갈바닉기기의 이온영동법

정답 15 ④ 16 ④ 17 ② 18 ① 19 ④

20 심부열을 발생시키고 살균효과와 노폐물 배출효과가 있는 영양침투 기기는?

① 적외선 램프
② 스프레이 머신
③ 고주파기
④ 리프팅기

해설

고주파기의 기능 : 심부열 발생, 살균효과, 노폐물 배출, 내분비선의 분비 활성화

21 전신미용기기에 대한 설명으로 맞는 것은?

① 진공흡입기는 피부에 오일이나 크림을 바르고 사용하며, 한 부위에 너무 오래 사용하지 않는다.
② 엔더몰로지기는 공기압을 이용한 압박요법으로 다리 부종 등에 많이 사용한다.
③ 초음파기는 심부열을 발생시키고 노폐물 제거, 영양분 침투의 효과가 있다.
④ 고주파기는 음파를 이용한 기기로 혈액순환, 재생효과가 있다.

해설

② 엔더몰로지기는 셀룰라이트 분해 시 많이 사용되며, 용도에 맞는 제품을 바른 후 말초에서 심장 방향으로 사용한다. 공기압을 이용한 압박요법은 프레셔테라피에 관한 설명이다.
③ 초음파기는 음파를 이용한 기기로 노폐물 제거, 영양분 침투의 효과가 있다.
④ 고주파기는 심부열을 발생시켜 혈액순환, 재생효과가 있다.

22 다음의 피부미용기기 중 열을 이용한 관리기기로 맞는 것은?

① 유・수분 측정기
② 파라핀왁스기
③ 확대경
④ 컬러테라피기기

해설

광선 및 열을 이용한 관리기기
- 광선 관리기기 : 적외선기(적외선 램프, 원적외선 사우나, 원적외선 마사지기), 자외선기(선탠기, 살균소독기, 우드램프), 컬러테라피기기
- 열 관리기기 : 스티머, 파라핀왁스기, 왁스워머, 고주파기, 적외선

23 피부미용기기 중 광선 관리기기에 대한 설명으로 잘못된 것은?

① 자외선기, 스티머, 고주파기 등이 있다.
② 선탠기, 우드램프에 사용하는 자외선기가 있다.
③ 적외선 램프, 원적외선 마사지기와 같은 적외선기가 있다.
④ 적외선기는 자외선 광선기기 사용 전에는 사용을 피한다.

해설

① 스티머, 고주파기는 열 관리기기이다.

24 다음 중 원발진으로만 짝지어진 것은?

① 농포, 결절
② 색소침착, 위축
③ 티눈, 미란
④ 켈로이드, 궤양

정답 20 ③ 21 ① 22 ② 23 ① 24 ①

해설

2차 병변(속발진) : 궤양, 위축, 미란, 태선화, 가피, 인설 등

25 피부구조에 대한 설명 중 옳지 않은 것은?

① 피부는 표피, 진피, 피하지방층의 3개 층으로 구성된다.
② 멜라닌 세포는 표피의 유극층에 산재한다.
③ 멜라닌 세포수는 피부색에 관계없이 일정하다.
④ 각질형성세포는 피부의 각질(케라틴)을 만들어낸다.

해설

멜라닌 세포는 표피의 기저층에 존재한다.

26 세포 내 소화기관으로 노폐물과 이물질을 처리하는 기관은?

① 미토콘드리아 ② 리소좀
③ 골지체 ④ 세포질

해설

리소좀(용해소체)은 세균이나 각종 이물질의 식균작용을 한다.

27 다음 중 척수신경이 아닌 것은?

① 경신경 ② 시신경
③ 천골신경 ④ 흉신경

해설

② 뇌신경에 해당한다.
31쌍의 척수신경 : 경신경, 흉신경, 요신경, 천골신경, 미골신경

28 다음 중 입모근과 가장 관련 있는 것은?

① 수분 조절
② 피지분비 조절
③ 체온 조절
④ 호르몬 조절

해설

입모근(기모근)은 모낭에 연결된 근육으로 교감신경의 지배를 받으며 추위나 공포 같은 외부 자극에 수축되어 모발을 서게 한다.

29 기미, 주근깨 피부관리에 가장 적합한 비타민은?

① 비타민 A ② 비타민 B_2
③ 비타민 C ④ 비타민 K

해설

비타민 C는 멜라닌 색소 형성 억제기능이 있어 기미, 주근깨 등의 색소침착 피부관리에 많이 사용된다.

30 다음 중 적외선의 효과로 올바른 것은?

① 비타민 D 합성에 필수적
② 근육 이완 및 통증 완화
③ 저색소침착증의 치료
④ 살균작용

25 ② 26 ② 27 ② 28 ③ 29 ③ 30 ② **정답**

해설

적외선의 효과 : 근육 이완 및 통증 완화, 면역력 증진

31 보습제의 성분에 해당하지 않는 것은?

① 글리세린
② 하이알루론산염
③ 아미노산
④ 뷰틸스테아레이트

해설

뷰틸스테아레이트는 유성원료로 산뜻한 촉감과 피부 유연성을 부여한다.

32 세포에 대한 설명으로 틀린 것은?

① 생명체의 구조 및 기능적 기본단위이다.
② 세포는 핵과 세포섬유로 이루어져 있다.
③ 세포 내에는 핵이 핵막에 의해 둘러싸여 있다.
④ 기능이나 소속된 조직에 따라 원형, 아메바, 타원 등 다양한 모양을 하고 있다.

해설

세포는 핵, 세포질, 세포막으로 구성되어 있다.

33 췌장에서 분비되는 지방 분해효소는?

① 펩신(Pepsin)
② 트립신(Trypsin)
③ 리페이스(Lipase)
④ 펩티데이스(Peptidase)

해설

췌장은 단백질을 분해하는 트립신, 탄수화물을 분해하는 아밀레이스, 지방을 분해하는 리페이스를 분비한다.

34 뼈의 분류에서 장골에 해당되는 것은?

① 견갑골　② 두개골
③ 대퇴골　④ 늑 골

해설

편평골 : 견갑골, 흉골, 늑골, 두개골

35 뼈의 기능으로 맞는 것은?

㉠ 지 지	㉡ 보 호
㉢ 조 혈	㉣ 운 동

① ㉠, ㉡, ㉢　② ㉠, ㉢
③ ㉡, ㉣　④ ㉠, ㉡, ㉢, ㉣

해설

뼈의 기능 : 지지기능, 보호기능, 조혈기능, 운동기능

36 다음 중 표피층을 순서대로 나열한 것은?

① 각질층 – 유극층 – 투명층 – 과립층 – 기저층
② 각질층 – 투명층 – 과립층 – 유극층 – 기저층
③ 각질층 – 과립층 – 유극층 – 투명층 – 기저층
④ 각질층 – 유극층 – 투명층 – 기저층 – 과립층

정답 31 ④ 32 ② 33 ③ 34 ③ 35 ④ 36 ②

해설

표피의 구조 : 각질층 – 투명층 – 과립층 – 유극층 – 기저층

37 **수요법(Water Therapy, Hydrotherapy) 시 지켜야 할 수칙이 아닌 것은?**

① 식사 직후에 관리가 가능하다.
② 수요법은 보통 5분에서 30분 정도 실시한다.
③ 수요법 후에는 물을 마시도록 한다.
④ 수요법 전에 잠깐 쉬도록 한다.

해설

수요법은 식사 직후에 바로 실시하지 않고 식사 후 1~2시간 지난 다음 실시한다.
수요법(Hydrotherapy) : 각종 미용제품과 함께 물의 다양한 성질을 이용한 관리로 스파요법(Spa Therapy), 해양요법(탈라소 테라피), 온천요법 등이 있다.

38 **캐리어 오일이 아닌 것은?**

① 라벤더 에센셜 오일
② 호호바 오일
③ 아몬드 오일
④ 아보카도 오일

해설

캐리어 오일은 주로 식물의 씨앗에서 추출한 오일로 에센셜 오일을 희석시켜 피부에 자극 없이, 피부 깊숙이 전달해 주는 매개체이다. 종류로 호호바(Jojoba), 아보카도(Avocado), 로즈힙시드(Rosehip Seed), 달맞이유(Evening Primrose Oil) 등이 있다.

39 **기초화장품에 대한 내용으로 틀린 것은?**

① 기초화장품이란 피부의 기능을 정상적으로 발휘하도록 도와주는 역할을 한다.
② 기초화장품의 가장 중요한 기능은 각질층을 충분히 보습시키는 것이다.
③ 마사지크림은 기초화장품에 해당하지 않는다.
④ 화장수의 기본기능으로 각질층에 수분, 보습성분을 공급하는 것이다.

40 **자외선 차단제에 관한 설명으로 틀린 것은?**

① 자외선 차단제는 SPF(Sun Protection Factor)의 지수가 표기되어 있다.
② SPF는 수치가 낮을수록 자외선 차단지수가 높다.
③ 자외선 차단제의 효과는 피부의 멜라닌 양과 자외선에 대한 민감도에 따라 달라질 수 있다.
④ 자외선 차단지수는 제품을 사용했을 때 홍반을 일으키는 자외선의 양을 제품을 사용하지 않았을 때 홍반을 일으키는 자외선의 양으로 나눈 것이다.

해설

SPF(Sun Protection Factor)의 지수는 차단시간과 관련이 있다.

37 ① 38 ① 39 ③ 40 ② **정답**

41 미백 화장품에 사용되는 대표적인 미백성분은?

① 레티노이드
② 알부틴
③ 라놀린
④ 토코페롤 아세테이트

해설

알부틴은 타이로시네이스(Tyrosinase)의 작용을 억제하는 대표적인 미백성분이다.

42 피부 클렌징에 사용하기 적합하지 않은 것은?

① 강알칼리성 비누
② 약산성 비누
③ 탈지를 방지하는 클렌징 제품
④ 보습을 주는 클렌징 제품

해설

강알칼리성 비누는 세정력이 우수하나 피부에 자극을 줄 수 있고 피부장벽에 악영향을 끼친다.

43 크림 파운데이션에 대한 설명 중 가장 적합한 것은?

① 얼굴의 형태를 바꾸어 준다.
② 피부의 잡티나 결점을 커버해 주는 목적으로 사용된다.
③ O/W형은 W/O형에 비해 비교적 사용감이 무겁고 퍼짐성이 낮다.
④ 화장 시 산뜻하고 청량감이 있으나 커버력이 약하다.

해설

크림 파운데이션은 커버력과 지속성이 우수하다.

44 가용화 기술을 적용하여 만들어진 것은?

① 마스카라 ② 향 수
③ 립스틱 ④ 크 림

해설

가용화(Solubilization)는 유성성분을 계면활성제의 미셀작용을 이용하여 투명하게 용해시키는 것으로 화장수, 향수, 에센스 등에 사용된다.

45 물리적 차단제의 대표 성분으로 옳은 것은?

① 타이타늄다이옥사이드
② 벤조페논
③ 알부틴
④ 옥틸다이메틸파바

해설

물리적 차단제의 대표 성분으로는 타이타늄다이옥사이드, 징크옥사이드가 있다.

46 다음 중 절족동물 매개 감염병이 아닌 것은?

① 페스트
② 유행성 출혈열
③ 말라리아
④ 탄 저

해설

절족동물에 속하는 곤충류와 지주류에 의해 질병이 매개되어 다른 숙주가 감염되는 것을 말한다. 탄저는 동물 매개로 발생되는 감염병이다.

정답 41 ② 42 ① 43 ② 44 ② 45 ① 46 ④

47 다음 질병 중 모기가 매개하지 않는 것은?

① 일본뇌염
② 황 열
③ 페스트
④ 말라리아

해설

페스트는 쥐에 기생하는 벼룩이 매개하는 감염병이다.

48 다음 중 감염병에 대한 설명으로 옳지 않은 것은?

① 제1급 감염병은 치명률이 높거나 집단 발생 우려가 큰 감염병이다.
② 제2급 감염병은 계속 감시할 필요가 있는 감염병을 말한다.
③ 파상풍, B형간염, 일본뇌염 등은 제3급 감염병에 속한다.
④ 제1~3급 감염병 외에 유행 여부를 조사하기 위해 표본감시 활동이 필요한 감염병은 제4급에 해당한다.

해설

정의(감염병의 예방 및 관리에 관한 법률 제2조제3호)
제2급 감염병이란 전파가능성을 고려하여 발생 또는 유행 시 24시간 이내에 신고하여야 하고, 격리가 필요한 감염병을 말한다. 다만, 갑작스러운 국내 유입 또는 유행이 예견되어 긴급한 예방·관리가 필요하여 질병관리청장이 보건복지부장관과 협의하여 지정하는 감염병을 포함한다.

49 다음 중 감염병의 구분으로 옳은 것은?

① 제1급 - 페스트
② 제2급 - 탄저
③ 제3급 - 결핵
④ 제4급 - 디프테리아

해설

① 제1급 : 페스트, 탄저, 디프테리아, 사스, 메르스 등
② 제2급 : 결핵, 수두, 홍역, 콜레라, 장티푸스, 세균성이질, A형간염 등
③ 제3급 : 파상풍, B형간혐, C형간염, 말라리아, 발진티푸스, 쯔쯔가무시증 등

50 세균 증식 시 높은 염도를 필요로 하는 호염성균에 속하는 것은?

① 콜레라
② 장티푸스
③ 장염 비브리오
④ 이 질

해설

비교적 높은 농도의 식염이 있는 곳에서 발육·번식하는 세균을 호염성균이라 한다. 식중독의 원인이 되는 장염 비브리오가 대표적이다.

51 소독방법에서 고려되어야 할 사항으로 가장 거리가 먼 것은?

① 소독대상물의 성질
② 병원체의 저항력
③ 병원체의 아포 형성 유무
④ 소독 대상물의 그람 염색 유무

47 ③ 48 ② 49 ① 50 ③ 51 ④ 정답

52 따뜻한 물에 중성세제로 잘 씻은 후 물기를 뺀 다음 70% 알코올에 20분 이상 담그는 소독법으로 가장 적합한 것은?

① 유리제품 ② 고무제품
③ 금속제품 ④ 비닐제품

53 기후 요소에 대한 설명으로 옳지 않은 것은?

① 기온 : 실내온도는 18±2℃
② 기습(습도) : 쾌적습도 10~30%
③ 기류(바람) : 불감기류 - 0.5m/sec 이하
④ 복사열 : 적외선의 열

해설

쾌적습도는 40~70%이다.

54 다음 전자파 중 소독에 가장 일반적으로 사용되는 것은?

① 음극선 ② 엑스선
③ 자외선 ④ 적외선

해설

자외선은 290~320nm 파장의 살균효과를 갖고 있다.

55 이·미용업소의 실내온도로 가장 알맞은 것은?

① 10℃ 이하
② 12~15℃
③ 18~21℃
④ 25℃ 이상

56 보건행정에 대한 설명으로 가장 적합한 것은?

① 공중보건의 목적을 달성하기 위해 공공의 책임하에 수행하는 행정활동
② 개인보건의 목적을 달성하기 위해 공공의 책임하에 수행하는 행정활동
③ 국가 간의 질병 교류를 막기 위해 공공의 책임하에 수행하는 행정활동
④ 공중보건의 목적을 달성하기 위해 개인의 책임하에 수행하는 행정활동

해설

보건행정은 공중보건의 목적을 달성하기 위해 공공의 책임하에 수행하는 행정활동으로, 특성으로 공공성, 사회성, 과학성, 교육성, 봉사성이 있다.

57 다음 계면활성제 중 세정효과가 뛰어나 비누, 샴푸 등에 사용되는 것은?

① 양성 계면활성제
② 비이온 계면활성제
③ 양이온 계면활성제
④ 음이온 계면활성제

해설

계면활성제

- 음이온성 계면활성제 : 세정작용이 뛰어나 비누, 샴푸 등에 사용
- 비이온성 계면활성제 : 피부 자극이 작아 화장수, 크림 등 기초화장품에 사용

정답 52 ① 53 ② 54 ③ 55 ③ 56 ① 57 ④

58 공중위생관리법에 규정된 사항으로 옳은 것은?(단, 예외사항은 제외한다)

① 이 · 미용사의 업무범위에 관하여 필요한 사항은 보건복지부령으로 정한다.

② 이 · 미용사의 면허를 가진 자가 아니어도 이 · 미용업을 개설할 수 있다.

③ 미용사의 업무범위에는 파마, 아이론, 면도, 머리 손질, 피부미용 등이 포함된다.

④ 면허가 없어도 수련과정을 거친 자는 이 · 미용업에 종사할 수 있다.

해설

이용사 및 미용사의 업무범위 등(공중위생관리법 제8조제3항)

이용사 및 미용사의 업무범위와 이용 · 미용의 업무보조범위에 관하여 필요한 사항은 보건복지부령으로 정한다.

59 시장 · 군수 · 구청장이 영업정지가 이용자에게 심한 불편을 주거나 그 밖에 공익을 해할 우려가 있는 경우에 영업정지처분에 갈음한 과징금을 부과할 수 있는 금액기준은?(단, 예외사항은 제외한다)

① 1억원 이하　② 5천만원 이하

③ 3천만원 이하　④ 2천만원 이하

해설

과징금처분(공중위생관리법 제11조의2제1항)

시장 · 군수 · 구청장은 제11조제1항의 규정에 의한 영업정지가 이용자에게 심한 불편을 주거나 그 밖에 공익을 해할 우려가 있는 경우에는 영업정지 처분에 갈음하여 1억원 이하의 과징금을 부과할 수 있다. 다만, 제5조(공중위생영업자의 불법카메라 설치 금지), 성매매알선 등 행위의 처벌에 관한 법률, 아동 · 청소년의 성보호에 관한 법률, 풍속영업의 규제에 관한 법률(성매매알선 등 행위) 또는 이에 상응하는 위반행위로 인하여 처분을 받게 되는 경우를 제외한다.

60 폐쇄명령을 받고도 계속 영업을 했을 때의 조치로 틀린 것은?

① 해당 영업소의 간판, 기타 영업표지물의 제거

② 기구 또는 시설물의 봉인

③ 위법한 영업소임을 알리는 게시물 등의 부착

④ 영업소 시설 등의 개선 명령

해설

공중위생영업소의 폐쇄 등(공중위생관리법 제11조제5항)

시장 · 군수 · 구청장은 공중위생영업자가 영업소 폐쇄명령을 받고도 계속하여 영업을 하는 때에는 관계공무원으로 하여금 해당 영업소를 폐쇄하기 위하여 다음의 조치를 하게 할 수 있다. 영업신고를 하지 아니하고 공중위생영업을 하는 경우에도 또한 같다.

- 해당 영업소의 간판, 기타 영업표지물의 제거
- 해당 영업소가 위법한 영업소임을 알리는 게시물 등의 부착
- 영업을 위하여 필수불가결한 기구 및 시설물을 사용할 수 없게 하는 봉인

58 ① 59 ① 60 ④ 정답

3일만에 끝내는 피부미용사 필기시험 상시문제

개정6판1쇄 발행	2021년 02월 05일 (인쇄 2020년 12월 29일)
초 판 발 행	2015년 02월 05일 (인쇄 2014년 12월 31일)
발 행 인	박영일
책 임 편 집	이해욱
편 저	정연선 · 전현진 · 이혜경
편 집 진 행	윤진영 · 김미애
표지디자인	조혜령
편집디자인	심혜림 · 박진아
발 행 처	(주)시대고시기획
출 판 등 록	제10-1521호
주 소	서울시 마포구 큰우물로 75 [도화동 538 성지 B/D] 9F
전 화	1600-3600
팩 스	02-701-8823
홈 페 이 지	www.sidaegosi.com
I S B N	979-11-254-8901-6(13590)
정 가	17,000원

미용사 분야 전문가를 향한 첫 발걸음!

㈜시대고시기획이 준비한 합격 공략서

네일 분야의 전문가를 위한
최적의 합격 대비서!

'답'만 외우는 미용사 네일 필기 기출문제 + 모의고사

- "빨리보는 간단한 키워드" 핵심요약집 제공!
- 정답이 한눈에 보이는 기출복원문제 7회분 수록
- 적중률 높은 모의고사 7회분 및 상세한 해설 수록

4×6배판 / 13,000원

풍부한 실무 경험으로 탄생한
실기 최적 대비서!

네일미용사 실기 한권으로 끝내기

- 저자 직강 무료 동영상 강의 제공!
- 과제별 올컬러 사진과 상세 설명 수록!
- 가장 최근 발표된 출제기준 완벽 반영!
- 심사기준 및 감점요인, 저자 노하우가 담긴 TIP 제공!

210×260 / 21,000원

미용사 · 이용사 합격은 시대고시가 답이다!

3일만에 완성하는
초단기 합격 프로젝트!

피부미용사 필기

- NCS 교과과정에 따른 최신 출제기준 완벽 반영
- 적중률 UP! 실전모의고사 10회 수록
- 최근 상시복원문제와 친절한 해설

4×6배판 / 17,000원

미용 분야 현직 전문가들의
합격 포인트로 쉽게 합격하자!

메이크업미용사 실기

- 심사기준 및 감점요인, 저자 노하우가 담긴 Tip 제공
- 저자 직강 실기 동영상 강의 DVD 수록
- 이해 쏙쏙! 과제별 올컬러 사진과 친절한 설명

210×260 / 22,000원

이용 전문가가 알려주는
이용사의 모든 것!

이용사(이용장 포함) 필기+실기

- 핵심요약집 빨간키 제공
- 단기합격을 위한 핵심이론+핵심예제+기출복원문제 구성
- 실기 작업형 과제 올컬러 수록

210×260 / 26,000원

※ 표지 이미지와 구성 및 가격은 변경될 수 있습니다.